信息与计算科学教学丛书

初等数论

（第二版）

胡典顺　徐汉文　编著

科学出版社

北京

内　容　简　介

本书共分7章，内容包括整除理论、不定方程、同余、同余方程、二次同余式与平方剩余、原根与指标、连分数等. 书中配有大量例题和不同层次的习题，并且每个例题和习题都提供了详细的解答，供教师教学和学生学习时选用.

本书可作为高等院校数学与应用数学相关专业的教材，也可作为数学竞赛的参考用书，还可供高中数学教师及数学爱好者参考.

图书在版编目(CIP)数据

初等数论/胡典顺，徐汉文编著. —2版. —北京：科学出版社，2017.8

(信息与计算科学教学丛书)

ISBN 978-7-03-054126-0

Ⅰ. ①初…　Ⅱ. ①胡…　②徐…　Ⅲ. ①初等数论　Ⅳ. ①O156.1

中国版本图书馆CIP数据核字(2017)第191539号

责任编辑：高　嵘　王　晶/责任校对：董艳辉

责任印制：吴兆东/封面设计：苏　波

科学出版社 出版

北京东黄城根北街16号

邮政编码：100717

http://www.sciencep.com

北京中科印刷有限公司印刷

科学出版社发行　各地新华书店经销

*

2010年6月第　一　版　开本：787×1092　1/16

2017年8月第　二　版　印张：13

2025年7月第五次印刷　字数：310 000

定价：42.00元

(如有印装质量问题，我社负责调换)

第二版前言

《初等数论》第一版自 2010 年出版以来已经过多次印刷，很多读者对本书给予了积极的评价，不少高校教师选用本书作为《初等数论》这一门课程的教材. 这一切对我们来说既是一种激励，也是一种鞭策，促使我们对第一版进行修改，本次修订就是结合读者反馈意见的基础上进行的.

第二版《初等数论》在框架结构上没有本质的变化，主要变化体现在以下几个方面：

1. 对第一版的疏漏进行了修改；

2. 对相关章节内容结构进行了适当调整，包括删除相关内容和增补了一些新内容，从而使本书内容更加丰富，方便教师的教学；

3. 第一版教材中所有习题都给出了详细的解答，在第二版教材中，考虑到不同学校教师教学的需求，书末为第 1～5 章增加了一个新的部分，即“挑战自我”. 这部分题目都有一定难度，不少题目选自不同级别的数学竞赛题目，题目没有给出答案，供学有余力的同学课后思考. 同时，这部分内容也可以作为老师在课堂上开展研究性学习，让大家共同探索，进一步提高同学们学习本课程的兴趣.

最后，我们向支持本书出版的科学出版社表示衷心感谢！

我们将向采纳本书作为教材的教师免费提供 PowerPoint 课件，请发邮件至：hdsh@mail.ccnu.edu.cn 联系.

胡典顺

2016 年 3 月

第一版前言

初等数论是研究整数性质的一门源远流长的学科，该学科的特点是理论易懂，习题难做。例如，“哥德巴赫猜想”问题容易理解，能够引起人们的兴趣，但是要解决它却非常困难。近几十年来，数论在理论和应用上取得了令人瞩目的进展。我国新一轮数学课程改革在选修系列 4 中设置了“初等数论选讲”这一专题。为了适应这一形势，越来越多的高校开设了初等数论课程。

本书着重介绍初等数论中常用的基础知识、基本方法和基本技巧。本书选材精练，理论联系实际，重难点突出，例题、习题丰富，难度适中，并且每一个例题、习题都给出了思维过程和完整解答，便于自学，让学习者能在短期内窥见初等数论的真髓。本书特别适合高等院校数学与应用数学相关专业的学生，以及师范院校数学系的学生作为《初等数论》的教材使用。

本书是在作者承担的华中师范大学教学研究项目《初等数论》网络课程建设，以及作者的《初等数论》课程讲义的基础上修改而成。作者根据多年的初等数论教学和研究的经验，在编写中，尽量想突破初等数论“题目难做、技巧性强”的瓶颈，力争通俗易懂，展现问题解决的思维过程，让学习者掌握初等数论的基本知识和基本思想方法，取得较好的学习效果。

本书的主要内容有：整数的可除性的基本概念和理论，最大公因数与辗转相除，最小公倍数，算术基本定理，高斯函数及其应用；二元一次不定方程，多元一次不定方程以及勾股数；同余的概念及其基本性质，剩余类及完全剩余系，简化剩余系与欧拉函数，欧拉定理、费马定理及其对循环小数的应用；一次同余式，孙子定理，高次同余式的解数及解法，质数模的同余式；一般二次同余式，单质数的平方剩余与平方非剩余，勒让德符号，雅可比符号等；指数及其基本性质，原根存在的条件，指标及 n 次剩余等；连分数的性质，佩尔方程等。

本书在编写的过程中，我们参阅了国内外相关文献资料，同时得到了华中师范大学数学与统计学学院领导的大力支持，在此致以诚挚谢意！本书初稿在使用过程中，华中师范大学数学与统计学学院徐学文教授提出了宝贵的意见和建议；华中师范大学数学与统计学学院历届本科生对某些问题提出了创造性的解答。最后，我们向支持本书出版的科学出版社表示衷心感谢！

由于我们水平有限，书中可能出现的错误和疏漏在所难免，敬请专家和读者批评、指正。

胡典顺
2010 年 3 月

目　　录

第 1 章　整 除 理 论

1.1　整除的性质

定义 1.1.1　设 a,b 是整数，$b\neq 0$，如果存在整数 c，使得 $a=bc$ 成立，则称 b 整除 a，记作 $b|a$. 如果不存在整数 c，使得 $a=bc$ 成立，则称 b 不整除 a，记作 $b\nmid a$.

另外，每个非零整数 a 都有约数 $1,-1,a,-a$，这四个数称为 a 的平凡约数，a 的另外的约数称为非平凡约数.

性质 1.1.1

(1) $a|b\Rightarrow \pm a|\pm b$；

(2) $a|b,b|c\Rightarrow a|c$；

(3) $b|a_i\ (i=1,2,\cdots,k)\Rightarrow b|a_1x_1+a_2x_2+\cdots+a_kx_k$（其中 x_i 是任意整数）；

(4) $b|a\Rightarrow bc|ac$（其中 c 是任意的非零整数）；

(5) $b|a,a\neq 0\Rightarrow |b|\leqslant|a|$；

(6) $b|a,|a|<|b|\Rightarrow a=0$.

证明　(1) 因 $a|b$，故 $b=aq$，即 $\pm b=\pm aq$，故 $\pm a|\pm b$；

(2) 因 $a|b,b|c$，故 $b=q_1a,c=q_2b$，则 $c=q_1q_2a$，故 $a|c$；

(3) 因为 $b|a_i\ (i=1,2,\cdots,k)$，所以

$$a_i=q_ib\qquad(i=1,2,\cdots,k)$$

$$a_ix_i=q_ix_ib\qquad(i=1,2,\cdots,k)$$

则

$$a_1x_1+a_2x_2+\cdots+a_kx_k=b\quad(q_1x_1+q_2x_2+\cdots+q_kx_k)$$

因此

$$b|a_1x_1+a_2x_2+\cdots+a_kx_k\quad(\text{其中 } x_i \text{ 是任意整数})$$

(4) 因 $b|a$，故 $a=bq$，即 $ac=bcq$，则 $bc|ac$（其中 c 是任意的非零整数）；

(5) 因 $b|a$，故 $a=bq$，即 $|a|=|b||q|$. 又因 $a\neq 0$，则 $q\neq 0$，故 $|q|\geqslant 1$，$|b|\leqslant|a|$；

(6) 因 $b|a$，故 $a=bq$，由(5)知，若 $a\neq 0$，则 $|b|\leqslant|a|$ 与 $|a|<|b|$ 矛盾，因此 $a=0$.

例 1.1.1　已知 $a,b,c,d,t\in\mathbf{Z}$，且 $t|10a-b,t|10c-d$. 求证：$t|ad-bc$.

证明　$ad-bc=c(10a-b)-a(10c-d)$，因 $t|10a-b,t|10c-d$，故 $t|ad-bc$.

例 1.1.2　设 a,b 是两个给定的非零整数，且有整数 x,y，使得 $ax+by=1$. 求证：若 $a|n,b|n$，则 $ab|n$.

证明　因为 $n=n(ax+by)=nax+nby$，又 $ab|na,ab|nb$，所以 $ab|n$.

例 1.1.3　试证任意一个整数与它的各位数字之和的差能被 9 整除，且这个整数与其数字作任意顺序调换后所成的整数的差，也能被 9 整除.

证明 不妨设 $m>0$,且 $m=a_1+10a_2+\cdots+10^{n-1}a_n$.则

$$m-(a_1+a_2+\cdots+a_n)=9(a_2+11a_3+\cdots+\underbrace{11\cdots1}_{n-1个})$$

易知
$$9\mid m-(a_1+a_2+\cdots+a_n).$$
设 $b_1,b_2,\cdots,b_n$ 是 $a_1,a_2,\cdots,a_n$ 的另一个排列,$m'=b_1+10b_2+\cdots+10^{n-1}b_n$.
记 $\alpha=a_1+a_2+\cdots+a_n$,则 $\alpha=b_1+b_2+\cdots+b_n$.
已证 $9\mid m-\alpha$.则 $9\mid m'-\alpha$,则必有 $9\mid m-m'$.

习 题 1.1

1. 证明:若 $3\mid n$ 且 $7\mid n$,则 $21\mid n$.
2. 设 $a=2k-1$,$k\in\mathbf{Z}$,若 $a\mid 2n$,则 $a\mid n$.
3. 设 $f(x)=a_nx^n+a_{n-1}x^{n-1}+\cdots+a_1x+a_0$是整系数多项式,若 $d\mid b-c$,则 $d\mid f(b)-f(c)$.
4. 若 $m-p\mid mn+pq$,则 $m-p\mid mq+np$.
5. 在已知数列 1,4,8,10,16,19,21,25,30,43 中,相邻若干个数之和能被 11 整除的数组共有多少组?
6. 已知 $6\mid a+b+c$.求证:$6\mid a^3+b^3+c^3$.

1.2 素数与合数

定义 1.2.1 若整数 $a\neq0,\pm1$,并且只有约数 $\pm1,\pm a$,则称 a 是素数(或质数),否则称 a 为合数.

注意:①素数也称为不可约数,它总是指正整数;②由定义知,全体正整数可以分为三类:1、素数、合数.

定理 1.2.1 任何大于 1 的整数 a 都至少有一个素约数.

证明 若 a 是素数,则定理是显然的.

若 a 不是素数,那么它有两个以上的正的非平凡约数,可设它们为 $d_1,d_2,\cdots,d_k$ $(k\geqslant2)$.不妨设 d_1 是其中最小的,若 d_1 不是素数,则存在 e_1,e_2,使得 $d_1=e_1e_2$,因此,e_1 和 e_2 也是 a 的正的非平凡约数,这与 d_1 的最小性矛盾.

推论 1.2.1 如果 a 是大于 1 的整数,则 a 的大于 1 的最小约数必为素数.

推论 1.2.2 任何大于 1 的合数 a 必有一个不超过$\sqrt{a}$的素约数.

证明 若 $a=d_1d_2$,其中 $d_1>1$ 是最小素约数,则 $d_1^2\leqslant a$,因此结论成立.

定理 1.2.2 素数的个数是无限的.

证明 假设正整数中只有有限个素数,设为 $p_1,p_2,\cdots,p_k$.

令 $N=p_1\cdot p_2\cdot\cdots\cdot p_k+1$,则 $N>1$.由定理 1.2.1 知,N 有一素因数 p,这里 $p\neq p_i$ $(i=1,2,\cdots,k)$,否则 $p\mid p_1\cdot p_2\cdot\cdots\cdot p_k$,又因 $p\mid N=p_1\cdot p_2\cdot\cdots\cdot p_k+1$,故 $p\mid 1$,这与 p 是素数矛盾.因此 p 是上面 k 个素数以外的素数,得证.

定理 1.2.3　若 p 是一质数，a 是任一整数，则 a 能被 p 整除或 p 与 a 互质.

证明　因为 $(p,a)\mid p$，$(p,a)>0$，由素数的定义 $(p,a)=1$ 或 $(p,a)=p$，所以 $(p,a)=1$ 或 $p\mid a$.

推论 1.2.3　设 $a_1,a_2,\cdots,a_n$ 是 n 个整数，p 是素数，若 $p\mid a_1a_2\cdots a_n$，则 p 一定能整除某一个 a_i.

证明　假设 $a_1,a_2,\cdots,a_n$ 都不能被 p 整除，则由定理 1.2.3 知，$(p,a_i)=1$ $(i=1,2,\cdots,n)$. 因此 $(p,a_1a_2\cdots a_n)=1$，这与 $p\mid a_1a_2\cdots a_n$ 矛盾，结论成立.

定理 1.2.4　任何大于 1 的整数 a 可以写成素数之积，即 $a=p_1p_2\cdots p_n$，其中 p_i $(1\leqslant i\leqslant n)$ 是素数.

证明　当 a 是素数时，定理成立；当 a 是合数时，则必存在素数 p_1，且 $1<p_1\leqslant\sqrt{a}$，故 $a=p_1\,a_1$ $(1<a_1<a)$.

若 a_1 是素数，则可知定理成立；若 a_1 是合数，同理，则必有素数 p_2，以及适合 $1<a_2<a_1$ 的正整数 a_2，使 $a=p_1p_2a_2$ 成立. 由于 a 是有限的，所以有限次地重复上述过程可得 $a=p_1p_2\cdots p_n$，其中 $p_1,p_2,\cdots,p_n$ 均为素数.

定理 1.2.5（算术基本定理）　任何大于 1 的整数 a 可以唯一地表示成

$$a=p_1^{\alpha_1}p_2^{\alpha_2}\cdots p_n^{\alpha_n} \tag{1.2.1}$$

其中，$p_1,p_2,\cdots,p_n$ 是素数，$p_1<p_2<\cdots<p_n$，$\alpha_1,\alpha_2,\cdots,\alpha_n$ 是正整数.

证明　由定理 1.2.4 知，任何大于 1 的整数可表示成(1.2.1)的形式，因此，只需证明式(1.2.1)的唯一性. 事实上，只需证明定理 1.2.4 中表达形式的唯一性.

假设 p_i $(1\leqslant i\leqslant n)$ 与 q_i $(1\leqslant i\leqslant k)$ 都是素数，$p_1<p_2<\cdots<p_n$，$q_1<q_2<\cdots<q_k$，且 $a=p_1p_2\cdots p_n=q_1q_2\cdots q_k$，又 $p_1\mid a=q_1q_2\cdots q_k$，则必有某个 q_j，使得 $p_1\mid q_j$，从而 $p_1=q_j$. 同理，又有某个 p_i，使得 $q_1\mid p_i$，所以 $q_1=p_i$. 又 $p_1\leqslant p_2\leqslant\cdots\leqslant p_n$，$q_1\leqslant q_2\leqslant\cdots\leqslant q_k$，可知 $p_1=q_1$.

重复上述过程，得到 $n=k$，$p_i=q_i$，结论成立.

定理 1.2.5 中的记号 $a=p_1^{\alpha_1}p_2^{\alpha_2}\cdots p_n^{\alpha_n}$ 是 a 的标准分解式.

推论 1.2.4　设 a 是一个大于 1 的整数，且 $a=p_1^{\alpha_1}p_2^{\alpha_2}\cdots p_n^{\alpha_n}$，$\alpha_i$ $(i=1,2,\cdots,n)$ 是正整数，则 a 的正因数 d 可以表示成 $d=p_1^{\beta_1}p_2^{\beta_2}\cdots p_n^{\beta_n}$ $(\alpha_i\geqslant\beta_i\geqslant 0,i=1,2,\cdots,n)$ 的形式.

证明　若 $d\mid a$，则 $a=dq$，又 a 的标准分解式是唯一的，故 d 的标准分解式中出现的素数都在 p_j $(1\leqslant j\leqslant n)$ 中出现，且 p_j 在 d 的标准分解式中出现的指数 $\beta_j\leqslant\alpha_j$. 反过来，当 $\beta_j\leqslant\alpha_j$ 时，显然 d 整除 a.

推论 1.2.5　设 a,b 是任意两个正整数，且

$$a=p_1^{\alpha_1}p_2^{\alpha_2}\cdots p_n^{\alpha_n},\quad b=p_1^{\beta_1}p_2^{\beta_2}\cdots p_n^{\beta_n}\quad(\alpha_i\geqslant 0,\beta_i\geqslant 0;\ i=1,2,\cdots,n)$$

则

$$(a,b)=p_1^{\gamma_1}p_2^{\gamma_2}\cdots p_n^{r_n},\quad [a,b]=p_1^{\delta_1}p_2^{\delta_2}\cdots p_n^{\delta_n}$$

其中

$$\gamma_i=\min\{\alpha_i,\beta_i\},\quad \delta_i=\max\{\alpha_i,\beta_i\}\quad(i=1,2,\cdots,n)$$

注意：已知 $a=p_1^{\alpha_1}p_2^{\alpha_2}\cdots p_n^{\alpha_n}$ 是 a 的标准分解式，则 a 的不同的正约数个数等于 $(1+\alpha_1)(1+\alpha_2)\cdots(1+\alpha_n)$.

例 1.2.1 设 $A=\{d_1,d_2,\cdots,d_k\}$ 是 n 的所有约数的集合,则 $B=\left\{\frac{n}{d_1},\frac{n}{d_2},\cdots,\frac{n}{d_k}\right\}$ 也是 n 的所有约数的集合.

证明 (1) A 和 B 的元素个数相同;

(2) 若 $d_i\in A$,即 $d_i\mid n$,则 $\left.\frac{n}{d_i}\right| n$,反之亦然;

(3) 若 $d_i\neq d_j$,则 $\frac{n}{d_i}\neq\frac{n}{d_j}$.

例 1.2.2 以 $d(n)$ 表示 n 的正约数的个数.例如,$d(1)=1,d(2)=2,d(3)=2,d(4)=3\cdots$.问 $d(1)+d(2)+\cdots+d(2\,005)$ 是否为偶数?

解 因为 n 的每个约数 d,都有 $n=d\cdot\frac{n}{d}$,所以 n 的正约数 d 与 $\frac{n}{d}$ 是成对出现的,只有当 $d=\frac{n}{d}$,即 $n=d^2$ 时,d 与 $\frac{n}{d}$ 才是同一个数.因此当且仅当 n 是完全平方数时,$d(n)$ 是奇数.

因为 $44^2<2\,005<45^2$,所以在 $d(1),d(2),\cdots,d(2\,005)$ 中恰好有 44 个奇数,因此 $d(1)+d(2)+\cdots+d(2\,005)$ 为偶数.

例 1.2.3 若 n 是奇数,则 $8\mid n^2-1$.

证明 令 $n=2k+1$,则 $n^2-1=4k(k+1)$,k 与 $k+1$ 一奇一偶,故 $8\mid n^2-1$.

例 1.2.4 用例 1.2.2 中的记号,问 $d^2(1)+d^2(2)+\cdots+d^2(2\,005)$ 被 4 除的余数是多少?

解 由例 1.2.2 知,$d(1),d(2),\cdots,d(2\,005)$ 中有 44 个奇数,不妨设为 a_i $(i=1,2,\cdots,44)$,其余都是偶数.又 $4\mid(a_1^2-1)+(a_2^2-1)+\cdots+(a_{44}^2-1)+44$,所以,所求余数是 0.

例 1.2.5 设 $a_1,a_2,\cdots,a_n$ 是整数,且 $a_1+a_2+\cdots+a_n=0$,$a_1a_2\cdots a_n=n$.则 $4\mid n$.

证明 若 n 是奇数,则 $a_1,a_2,\cdots,a_n$ 都是奇数,则 $a_1+a_2+\cdots+a_n=0$ 不可能,所以 $2\mid n$.即在 $a_1,a_2,\cdots,a_n$ 中至少有一个偶数.

如果只有一个偶数,不妨设为 a_1,则 2 不整除 a_i $(2\leqslant i\leqslant n)$.由 $a_2+a_3+\cdots+a_n=-a_1$ 知,左边是 $(n-1)$ 个奇数的和,右边是偶数,这是不可能的.所以,在 $a_1,a_2,\cdots,a_n$ 中至少有两个偶数,即 $4\mid n$.

例 1.2.6 假设 $n>2$,试证:n 与 $n!$ 之间至少有一个素数.

证明 设不大于 n 的素数为 $p_1,p_2,\cdots,p_k$,作 $q=p_1\cdot p_2\cdot\cdots\cdot p_k-1$,显然 q 有异于 p_i 的素因数 p,易知 $p>n$,又 $p<q<n!-1<n!$.即 p 为满足条件的素数.

例 1.2.7 证明:在 $1,2,\cdots,2n$ 中任取 $n+1$ 个数,其中至少有一个能被另一个整除.

证明 记 $i=2^{\alpha_i}\lambda_i$,$2\nmid\lambda_i$,$i=1,2,\cdots,2n$,则 λ_i 为 $1,2,\cdots,2n$ 中的奇数,即 λ_i 只能取 n 个数值,在 $n+1$ 个这样的数中,必存在 $\lambda_i=\lambda_j$ $(i\neq j)$,于是易知,i 与 j 成倍数关系.

习 题 1.2

1. 设 r 是正奇数.证明:对任意的正整数 n,有 $n+2\nmid 1^r+2^r+\cdots+n^r$.
2. 证明:存在无穷多个正整数 a,使得 n^4+a $(n=1,2,\cdots)$ 都是合数.

3. 设 p 是 n 的最小素约数，$n=pn_1$，$n_1>1$. 证明：若 $p>\sqrt[3]{n}$，则 n_1 是素数.

4. 设 a 是自然数，问 a^4-3a^2+9 是素数还是合数？

5. 若 n 是合数. 证明：n 位数 $\underbrace{11\cdots1}_{n\text{个}}$ 也是合数.

6. 试证：形如 $3n+2$ 的素数有无穷多个.

7. 求三个素数，使得它们的积为和的 5 倍.

8. (1) 迪波瓦尔(DeBouvelles)曾断言：对所有 $n\geqslant1$，$6n-1$ 和 $6n+1$ 中至少有一个是素数. 举例说明他的断言错了；

(2) 证明：有无穷多 n 个，使 $6n-1$ 和 $6n+1$ 同时为合数.

9. 设 a,b 是正整数. 证明：$(a,b)[a,b]=ab$.

10. 设 a,b 是正整数. 证明：存在 a_1,a_2,b_1,b_2，使得 $a=a_1a_2$，$b=b_1b_2$，$(a_2,b_2)=1$，并且 $[a,b]=a_2b_2$.

1.3　最大公约数

定义 1.3.1　整数 $a_1,a_2,\cdots,a_k$ $(k\geqslant2)$，若整数 d 是它们之中每一个数的因数，那么 d 就称为 $a_1,a_2,\cdots,a_k$ 的一个公因数. 整数 $a_1,a_2,\cdots,a_k$ 的公因数中最大的一个称为最大公因数(或最大公约数)，记作 $(a_1,a_2,\cdots,a_k)$. 若 $(a_1,a_2,\cdots,a_k)=1$，就说 $a_1,a_2,\cdots,a_k$ 互质或互素. 若 $a_1,a_2,\cdots,a_k$ 中每两个整数互质，就说它们两两互质.

定理 1.3.1　(1) $(a_1,a_2,\cdots,a_k)=(|a_1|,|a_2|,\cdots,|a_k|)$；

(2) $(a,1)=1$，$(a,0)=|a|$，$(a,a)=|a|$；

(3) $(a,b)=(b,a)$；

(4) 若 p 是素数，a 是整数，则 $(p,a)=1$ 或 $p\mid a$；

(5) 若 $a=pb+r$，则 $(a,b)=(b,r)$.

证明　(1) 设 d 是 $a_1,a_2,\cdots,a_k$ 的任一公因数，即 $d\mid a_i(i=1,2,\cdots,k)$. 显然 $d\,\big|\,|a_i|$ $(i=1,2,\cdots,k)$，故 d 也是 $|a_1|,|a_2|,\cdots,|a_k|$ 的一个公因数.

同理可证，$|a_1|,|a_2|,\cdots,|a_k|$ 的任一公因数 d' 也是 $a_1,a_2,\cdots,a_k$ 的一个公因数，这样就证得 $|a_1|,|a_2|,\cdots,|a_k|$ 与 $a_1,a_2,\cdots,a_k$ 有相同的公因数，因而它们的最大公因数也相同，即 $(a_1,a_2,\cdots,a_k)=(|a_1|,|a_2|,\cdots,|a_k|)$.

(2)，(3) 显然成立；

(4) 设 $(p,a)=d$，则 $d\mid p$，$d\mid a$、由 $d\mid p$ 得 $d=1$ 或 p，前者推出 $(p,a)=1$，后者推出 $p\mid a$；

(5) 若 $d\mid a$，$d\mid b$，则 $d\mid r=a-pb$. 反之，若 $d\mid b$，$d\mid r$，则 $d\mid a=pb+r$. 因此 a 与 b 的全体公约数的集合就是 b 与 r 的全体公约数的集合，这两个集合中最大正整数当然相等，所以 $(a,b)=(b,r)$.

定理 1.3.2　若 a,b $(b>0)$ 是任意两个整数，且

$$
\begin{aligned}
&a = bq_1 + r_1, 0 < r_1 < b \\
&b = r_1 q_2 + r_2, 0 < r_2 < r_1 \\
&\cdots\cdots \\
&r_{n-2} = r_{n-1} q_n + r_n, 0 < r_n < r_{n-1} \\
&r_{n-1} = r_n q_{n+1} + r_{n+1}, r_{n+1} = 0
\end{aligned}
\tag{1.3.1}
$$

则

$$(a,b) = r_n$$

证明　$r_n = (0,r_n) = (r_{n+1},r_n) = (r_n,r_{n-1}) = \cdots = (r_1,b) = (a,b).$

定理 1.3.3　设 a,b 是任意两个不全为零的整数.

(1) 若 m 是任意一个正整数,则

$$(am,bm) = (a,b)m$$

(2) 若 δ 是 a,b 的任意一个公约数,则

$$\left(\frac{a}{\delta},\frac{b}{\delta}\right) = \frac{(a,b)}{|\delta|}$$

特别地

$$\left(\frac{a}{(a,b)},\frac{b}{(a,b)}\right) = 1$$

证明　(1) 当 a,b 中有一个为 0 时,定理显然成立,设 a,b 都不为 0. 由定理 1.3.1,有

$$(am,bm) = (|a|m, |b|m)$$

即

$$(a,b)m = (|a|,|b|)m$$

因此不妨假设 a,b 都是正整数. 在式(1.3.1)中,把各式两边同乘以 m,即得

$$
\begin{aligned}
&am = (bm)q_1 + r_1 m \quad (0 < r_1 m < bm) \\
&bm = (r_1 m)q_2 + r_2 m \quad (0 < r_2 m < r_1 m) \\
&\cdots\cdots \\
&r_{n-2}m = (r_{n-1}m)q_n + r_n m \quad (0 < r_n m < r_{n-1}m) \\
&r_{n-1}m = (r_n m)q_{n+1}
\end{aligned}
$$

由定理 1.3.2,得

$$(am,bm) = r_n m = (a,b)m$$

因而得证;

(2)
$$\left(\frac{a}{\delta},\frac{b}{\delta}\right)|\delta| = \left(\frac{|a|}{|\delta|}|\delta|,\frac{|b|}{|\delta|}|\delta|\right) = (|a|,|b|) = (a,b)$$

所以 $\left(\frac{a}{\delta},\frac{b}{\delta}\right) = \frac{(a,b)}{|\delta|}$ 成立. 当 $\delta = (a,b)$ 时,上式即 $\left(\frac{a}{(a,b)},\frac{b}{(a,b)}\right) = 1.$

例 1.3.1　证明:若 n 是正整数,则 $\frac{21n+4}{14n+3}$ 是既约分数.

证明　由 $a = bq + r, 0 \leqslant r < b$,则 $(a,b) = (b,r)$,得

$$(21n+4,14n+3) = (7n+1,14n+3) = (7n+1,1) = 1$$

所以，$\frac{21n+4}{14n+3}$ 是既约分数.

例 1.3.2　设 a,b 是整数，且 $9 \mid a^2+ab+b^2$，则 $3 \mid (a,b)$.

证明　因 $9 \mid a^2+ab+b^2$，则 $9 \mid (a-b)^2+3ab$，故 $3 \mid (a-b)^2+3ab$，即 $3 \mid (a-b)^2$，$3 \mid a-b$，$9 \mid (a-b)^2$，$9 \mid 3ab$，$3 \mid ab$. 因此 $3 \mid a$ 或 $3 \mid b$.

若 $3 \mid a$，且 $3 \mid a-b$，故 $3 \mid b$；若 $3 \mid b$，且 $3 \mid a-b$，故 $3 \mid a$；故 $3 \mid (a,b)$.

例 1.3.3　设 $m,n>0$，$mn \mid (m^2+n^2)$，则 $m=n$.

证明　设 $(m,n)=d$，则 $m=m_1d$，$n=n_1d$，其中 $(m_1,n_1)=1$. 于是，已知条件转化为 $m_1n_1 \mid (m_1^2+n_1^2)$，有 $m_1 \mid (m_1^2+n_1^2)$，从而转化为 $m_1 \mid n_1^2$. 但是，因 $(m_1,n_1)=1$，故 $(m_1,n_1^2)=1$，结合 $m_1 \mid n_1^2$ 知，必有 $m_1=1$，同时 $n_1=1$，因此 $m=n$.

例 1.3.4　证明定理 1.3.2 中的 $n \leqslant \frac{2\lg b}{\lg 2}$.

证明　对 $a=bq_1+r_1$，$0<r_1<b$，有 $a>2r_1$，则

$$b>r_1$$

同理，$b=r_1q_2+r_2$，$0<r_2<r_1$，则

$$b>2r_2$$

$r_1=r_2q_3+r_3$，$0<r_3<r_2$，则

$$r_1>2r_3$$

……

$r_{n-2}=r_{n-1}q_n+r_n$，$0<r_n<r_{n-1}$，则

$$r_{n-2}>2r_n$$

把以上不等式相乘得

$$b^2r_1\cdot\cdots\cdot r_{n-2}>2^{n-1}r_1\cdot\cdots\cdot r_n$$

即

$$b^2>2^{n-1}r_{n-1}\cdot r_n,$$

则

$$b^2>2^{n-1}r_{n-1}\cdot r_n \geqslant 2^{n-1}\cdot 2=2^n$$

得证.

习　题　1.3

1. 求(1) $(-1857,1573)$；

(2) $(30,45,84)$；

(3) $(2n-1,n-2)$.

2. 证明：若 $a>0$ 且 $(b,c)=1$，则 $(a,bc)=(a,b)(a,c)$.

3. 证明：若 $(a,4)=(b,4)=2$，则 $(a+b,4)=4$.

4. 证明：$(a,b,c)(ab,bc,ca)=(a,b)(b,c)(c,a)$.

5. 若$(a,b)=1, c\mid a+b$,则$(c,a)=(c,b)=1$.

6. 证明:从任意5个互素的三位数中,能选出4个数是互素的.

7. 设k,l是给定的两个正整数.证明:有无穷多个正整数$m\geqslant k$,使得C_m^k与l互素.

1.4 最小公倍数

定义 1.4.1 整数$a_1,a_2,\cdots,a_n$的公共倍数称为$a_1,a_2,\cdots,a_n$的公倍数,$a_1,a_2,\cdots,a_n$的正公倍数中的最小的一个称为$a_1,a_2,\cdots,a_n$的最小公倍数,记作$[a_1,a_2,\cdots,a_n]$.

定理 1.4.1 (1) $[a,1]=|a|,[a,a]=|a|$;

(2) $[a,b]=[b,a]$;

(3) $[a_1,a_2,\cdots,a_n]=[|a_1|,|a_2|,\cdots,|a_n|]$;

(4) 若$a\mid b$,则$[a,b]=|b|$.

证明 (1),(2) 显然;

(3) 设$m_1=[a_1,a_2,\cdots,a_n], m_2=[|a_1|,|a_2|,\cdots,|a_n|]$,则由$a_i\mid m_1$推出$|a_i|\,|\,|m_1|$,即$m_2\mid m_1$.同理可得$m_1\mid m_2$,故$m_1=m_2$;

(4) 显然$a\,|\,|b|, b\,|\,|b|$,又若$a\mid m', b\mid m', m'>0$,则$|b|\leqslant m'$,故$[a,b]=|b|$.

定理 1.4.2 对任意正整数a,b,有$[a,b]=\dfrac{ab}{(a,b)}$.

证明 设m是a与b的一个公倍数,则

$$m=ak_1,\quad m=bk_2$$

故

$$ak_1=bk_2$$

于是

$$\frac{a}{(a,b)}k_1=\frac{b}{(a,b)}k_2$$

因

$$\left(\frac{a}{(a,b)},\frac{b}{(a,b)}\right)=1$$

故

$$\frac{b}{(a,b)}\Big|\, k_1$$

即

$$k_1=\frac{b}{(a,b)}t\quad (t\text{ 是整数})$$

从而

$$m=ak_1=\frac{ab}{(a,b)}t$$

另一方面,对于任意的整数t,由$m=\dfrac{ab}{(a,b)}t$所确定的m显然是a与b的公倍数,因此a与b的公倍数必是$m=\dfrac{ab}{(a,b)}t$的形式,当$t=1$时,得到最小公倍数$[a,b]=\dfrac{ab}{(a,b)}$.

推论 1.4.1 两个整数的任何公倍数可以被它们的最小公倍数整除.

证明 因为$m=\dfrac{ab}{(a,b)}t$是a与b的公倍数的形式,且$t=1$时是最小公倍数,所以结论成立.

推论 1.4.2 设m,a,b是正整数,则$[ma,mb]=m[a,b]$.

证明　$$[ma,mb]=\frac{ma\cdot mb}{(ma,mb)}=\frac{m^2ab}{m(a,b)}=\frac{mab}{(a,b)}=m[a,b]$$

定理 1.4.3　若 $a_1,a_2,\cdots,a_n$ 是 $n\ (n\geqslant 2)$ 个正整数，记$[a_1,a_2]=m_2,[m_2,a_3]=m_3,\cdots,[m_{n-2},a_{n-1}]=m_{n-1},[m_{n-1},a_n]=m_n$，则$[a_1,a_2,\cdots,a_n]=m_n$.

证明　由$[a_1,a_2]=m_2,[m_2,a_3]=m_3,\cdots,[m_{n-1},a_n]=m_n$ 知，$m_i\mid m_{i+1}\ (i=2,3,\cdots,n-1)$，且 $a_1\mid m_2,a_i\mid m_i\ (i=2,3,\cdots,n)$，故 m_n 是 $a_1,a_2,\cdots,a_n$ 的一个公倍数；另一方面，设 m 是 $a_1,a_2,\cdots,a_n$ 的任意一个公倍数，则 $a_1\mid m,a_2\mid m$，由推论 1.4.1，得 $m_2\mid m$. 又 $a_3\mid m$，同样由推论 1.4.1，得 $m_3\mid m$. 依此类推，最后可得 $m_n\mid m$，因此 $m_n\leqslant|m|$，$m_n=[a_1,a_2,\cdots,a_n]$.

例 1.4.1　设 a,b,c 是正整数，则$[a,b,c](ab,bc,ca)=abc$.

证明　由定理 1.4.3 知
$$[a,b,c]=[[a,b],c]$$
又
$$[a,b]=\frac{ab}{(a,b)}$$
故
$$[a,b,c]=[[a,b],c]=\frac{[a,b]c}{([a,b],c)}$$
又
$$(ab,bc,ca)=(ab,(bc,ca))=(ab,c(a,b))$$
$$=\left(ab,\frac{abc}{[a,b]}\right)=\frac{(ab[a,b],abc)}{[a,b]}$$
$$=\frac{ab([a,b],c)}{[a,b]}$$
以上两式相乘可知结论成立.

例 1.4.2　求正整数 a,b，使得 $a+b=120,(a,b)=24,[a,b]=144$.

解　因 $ab=(a,b)[a,b]=24\times144=3456$，又 $a+b=120$，故 $a=48,b=72$ 或 $a=72,b=48$.

例 1.4.3　设 a,b 是正整数，证明$(a+b)[a,b]=a[b,a+b]$.

证明　因$(a+b)[a,b]=(a+b)\cdot\dfrac{ab}{(a,b)}=a\cdot\dfrac{b(a+b)}{(a,b)}$

又
$$b(a+b)=[b,a+b](b,a+b)$$
而
$$(b,a+b)=(a,b)$$
故
$$b(a+b)=[b,a+b](a,b)$$
即
$$\frac{b(a+b)}{(a,b)}=[b,a+b]$$
因此结论成立.

例 1.4.4　设 $a_nx^n+a_{n-1}x^{n-1}+\cdots+a_1x+a_0$ 是一个整系数多项式，且 a_0,a_n 都不是零，则方程 $a_nx^n+a_{n-1}x^{n-1}+\cdots+a_1x+a_0=0$ 的有理根只能是以 a_0 的因数作分子，以 a_n 的因数作分母的既约分数，并由此推出整数系多项式$\sqrt{2}$ 不是有理数.

证明　设 $x=\dfrac{q}{p}$ 是方程 $a_nx^n+a_{n-1}x^{n-1}+\cdots+a_1x+a_0=0$ 的有理根，其中$(p,q)=1$.

把 $x=\dfrac{q}{p}$ 代入该方程，有

$$a_n\left(\frac{q}{p}\right)^n+a_{n-1}\left(\frac{q}{p}\right)^{n-1}+\cdots+a_1\frac{q}{p}+a_0=0$$
$$\Rightarrow a_nq^n+a_{n-1}q^{n-1}p+\cdots+a_1qp^{n-1}+a_0p^n=0$$
$$\Rightarrow a_0p^n=-q(a_nq^{n-1}+a_{n-1}q^{n-2}p+\cdots+a_1p^{n-1})$$
$$a_nq^n=-p(a_{n-1}q^{n-1}+a_1qp^{n-2}+\cdots+a_0p^{n-1})$$
$$\Rightarrow q\mid a_0p^n,p\mid a_nq^n.$$

由
$$(p,q)=1\Rightarrow q\mid a_0,p\mid a_n$$

又 $x^2-2=0$ 以 $\sqrt{2}$ 为正根，而 $x^2-2=0$ 的有理根只能为 $\pm1,\pm2$，它们都不可能等于 $\sqrt{2}$，故 $\sqrt{2}$ 不为有理数.

习　题　1.4

1. 求 $[221,391,136]$.
2. $[a,b,c]=abc$ 的充要条件是：$(a,b)=(b,c)=(c,a)=1$.
3. 设 a,b 是正整数. 证明：若 $[a,b]=(a,b)$，则 $a=b$.
4. 证明：设 $(m,a)=1$，则 $(m,ab)=(m,b)$.
5. 证明：$(a,uv)\mid(a,u)(a,v)$.

1.5　辗转相除法

定理 1.5.1　若 a,b 是两个整数，且 $b>0$，则存在两个整数 q 及 r，使得 $a=qb+r$ $(0\leqslant r<b)$ 成立，且 q 和 r 是唯一的.

证明　作整数序列 $\cdots,-3b,-2b,-b,0,b,2b,3b,\cdots$ 则 a 必在上述序列的某两项之间，即存在一个整数 q 使得 $qb\leqslant a<(q+1)b$ 成立.

令 $a-qb=r$，则 $a=bq+r,0\leqslant r<b$.

下面证明 q,r 的唯一性，设 q_1,r_1 是满足 $a=bq+r$ $(0\leqslant r<b)$ 的两个整数，则 $a=bq_1+r_1$ $(0\leqslant r_1<b)$，因而 $bq+r=bq_1+r_1$，于是 $b(q-q_1)=r_1-r$，故 $b|q-q_1|=|r_1-r|$. 由于 $0\leqslant r,r_1<b$，所以上式右边是小于 b 的. 如果 $q\neq q_1$，则上式左边 $\geqslant b$. 这是不可能的，因此 $q=q_1,r_1=r$.

定义 1.5.1　设 a 和 b 是整数，$b>0$，依次作带余数除法：

$$\begin{aligned}
&a=bq_1+r_1 && (0<r_1<b)\\
&b=r_1q_2+r_2 && (0<r_2<r_1)\\
&\cdots\cdots\\
&r_{n-2}=r_{n-1}q_n+r_n && (0<r_n<r_{n-1})\\
&r_{n-1}=r_nq_{n+1}+r_{n+1} && (r_{n+1}=0)
\end{aligned}\tag{1.5.1}$$

且
$$b > r_1 > r_2 > \cdots > r_{n-1} > r_n > r_{n+1}$$
这一组带余数除法称为辗转相除法.

定理 1.5.2 使用式(1.5.1)中的记号,记

$$P_0 = 1,\quad P_1 = q_1,\quad P_k = q_k P_{k-1} + P_{k-2}\quad (k \geqslant 2)$$
$$Q_0 = 0,\quad Q_1 = 1,\quad Q_k = q_k Q_{k-1} + Q_{k-2}\quad (k \geqslant 2)$$

则
$$aQ_k - bP_k = (-1)^{k-1} r_k\quad (k = 1, 2, \cdots, n)$$

证明 ① 当 $k = 1$ 时,
$$aQ_1 - bP_1 = a - bq_1 = r_1$$
即 $k = 1$ 时结论成立.

当 $k = 2$ 时,
$$Q_2 = q_2 Q_1 + Q_0 = q_2, P_2 = q_2 P_1 + P_0 = q_2 q_1 + 1$$
则
$$aQ_2 - bP_2 = aq_2 - b(q_2 q_1 + 1) = (a - bq_1)q_2 - b = r_1 q_2 - b = - r_2$$
即 $k = 2$ 时结论成立.

② 假设结论对于不超过 m 的正整数都成立,则

$$\begin{aligned}
aQ_m - bP_m &= a(q_m Q_{m-1} + Q_{m-2}) - b(q_m P_{m-1} + P_{m-2}) \\
&= (aQ_{m-1} - bP_{m-1})q_m + (aQ_{m-2} - bP_{m-2}) \\
&= (-1)^{m-2} r_{m-1} q_m + (-1)^{m-3} r_{m-2} \\
&= (-1)^{m-2} \cdot (r_{m-1} q_m - r_{m-2}) = (-1)^{m-1} \cdot r_m
\end{aligned}$$

即 $k = m$ 时结论也成立.由 ①,② 知,结论成立.

推论 1.5.1 若 a,b 是任意两个非零整数,则存在整数 x,y,可使 $ax + by = (a,b)$ 成立.

证明 在 $aQ_k - bP_k = (-1)^{k-1} r_k, k = 1, 2, \cdots, n$ 中,令 $k = n$,则
$$aQ_n - bP_n = (-1)^{n-1} r_n$$
其中 $(a,b) = r_n$.

推论 1.5.2 若 a,b 是非零整数,则 a 与 b 互素的充要条件是存在整数 x,y,适合 $ax + by = 1$.

证明 若 $(a,b) = 1$,由推论 1.5.1 知成立.

若 $ax + by = 1$,设 $d = (a,b)$,则 $d \mid a, d \mid b$,故 $d \mid ax + by = 1$,即 $d \mid 1$,则 $d = 1$,因此 $(a,b) = 1$,a,b 互素.

例 1.5.1 求 $(125,17)$,以及 x,y,使得 $125x + 17y = (125,17)$.

解
$$\begin{aligned}
&125 = 17 \times 7 + 6, && q_1 = 7, && r_1 = 6 \\
&17 = 6 \times 2 + 5, && q_2 = 2, && r_2 = 5 \\
&6 = 5 \times 1 + 1, && q_3 = 1, && r_3 = 1 \\
&5 = 1 \times 5, && q_4 = 5, && r_4 = 0
\end{aligned}$$

所以
$$(125, 17) = 1$$
因
$$aQ_k - bP_k = (-1)^{k-1} r_k$$

故 $$aQ_3 - bP_3 = (-1)^{3-1} r_3$$

又 $$Q_0 = 0, Q_1 = 1$$

则 $$Q_2 = q_2 Q_1 + Q_0 = 2 \times 1 + 0 = 2$$

$$Q_3 = q_3 Q_2 + Q_1 = 1 \times 2 + 1 = 3$$

同理 $P_0 = 1, P_1 = q_1 = 7$,则

$$P_2 = q_2 P_1 + P_0 = 2 \times 7 + 1 = 15$$

$$P_3 = q_3 P_2 + P_1 = 1 \times 15 + 7 = 22$$

即 $$125 \times 3 - 17 \times 22 = 1, \quad x = 3, \quad y = -22$$

另解:由等式 $6 = 5 + 1$ 起逐步回代,得

$$\begin{aligned} 1 &= 6 - 5 = 6 - (17 - 2 \times 6) = 3 \times 6 - 17 \\ &= 3 \times (125 - 17 \times 7) - 17 \\ &= 3 \times 125 - 22 \times 17 \end{aligned}$$

所以 $$125 \times 3 - 17 \times 22 = 1, \quad x = 3, \quad y = -22$$

例 1.5.2 任给的五个整数中,必有三个数之和被 3 整除.

解 设 $a_i = 3q_i + r_i$ $(0 \leqslant r_i < 3, i = 1,2,3,4,5)$.

(1) 若在 r_i 中数 0,1,2 都出现,不妨设 $r_1 = 0, r_2 = 1, r_3 = 2$,则 $a_1 + a_2 + a_3 = 3(q_1 + q_2 + q_3) + 3$ 成立;

(2) 若在 r_i 中数 0,1,2 至少有一个不出现,则至少有三个 r_i 取相同的值,令 $r_1 = r_2 = r_3 = r$ $(r = 0, 1$ 或 $2)$,则 $a_1 + a_2 + a_3 = 3(q_1 + q_2 + q_3) + 3r$ 成立.

例 1.5.3 设 $a_0, a_1, \cdots, a_n \in \mathbf{Z}$, $f(x) = a_n x^n + \cdots + a_1 x + a_0$.已知 $f(0)$ 与 $f(1)$ 都不是 3 的倍数.证明:若方程 $f(x) = 0$ 有整数解,则 $3 \mid f(-1)$.

证明 对于任意整数 x,都有 $x = 3q + r$ $(0 \leqslant r < 3)$.

(1) 若 $r = 0$,即 $x = 3q$,则

$$f(x) = f(3q) = a_n (3q)^n + \cdots + a_1 (3q) + a_0 = 3Q_1 + a_0 = 3Q_1 + f(0) \quad (Q_1 \in \mathbf{Z})$$

因为 $f(0)$ 不是 3 的倍数,所以 $f(x) \neq 0$.

(2) 若 $r = 1$,即 $x = 3q + 1$,则

$$\begin{aligned} f(x) &= f(3q+1) = a_n (3q+1)^n + \cdots + a_1 (3q+1) + a_0 \\ &= 3Q_2 + a_n + \cdots + a_1 + a_0 = 3Q_2 + f(1) \end{aligned}$$

同理可知 $f(x) \neq 0$.综上,若 $f(x) = 0$ 有解,则 $x = 3q' + 2 = 3q - 1$,于是 $0 = f(x) = f(3q-1) = a_n (3q-1)^n + \cdots + a_1 (3q-1) + a_0 = 3Q_3 + a_0 - a_1 + a_2 - \cdots + (-1)^n a_n = 3Q_3 + f(-1)$,所以 $3 \mid f(-1)$.

例 1.5.4 设 n 是奇数,则 $16 \mid n^4 + 4n^2 + 11$.

证明 $n^4 + 4n^2 + 11 = (n^2 - 1)(n^2 + 5) + 16$,因 n 是奇数,故 $8 \mid n^2 - 1, 2 \mid n^2 + 5$,即 $16 \mid n^4 + 4n^2 + 11$.

习　题　1.5

1. 求(525,231) 和 s, t,使得 $(525,231) = s \cdot 525 + t \cdot 231$.

2. 求(288,158)和 s,t,使得(288,158) $= s \cdot 288 + t \cdot 158$.

3. 设 $3 \mid a^2 + b^2$. 证明:$3 \mid a$ 且 $3 \mid b$.

4. 已知 n 是整数. 证明:$3 \mid n(n+1)(2n+1)$.

5. 证明:形如 $3n-1$ 的数不是平方数.

6. 证明:对任意的整数 x,y,$x^2+y^2 \neq 4k+3$,其中 k 为整数.

7. 已知 $9 \mid a^2+b^2+c^2$. 求证:$9 \mid a^2-b^2$ 或 $9 \mid a^2-c^2$ 或 $9 \mid b^2-c^2$.

8. 若 ax_0+by_0 是形如 $ax+by$(x,y 是任意整数,a,b 是两个不全为零的整数)的数中的最小正数,则 $(ax_0+by_0) \mid (ax+by)$,其中 x,y 是任意整数.

9. 若 a,b 是任意两个整数,且 $b \neq 0$. 证明:存在两个整数 s,t,使得 $a = bs+t$,$|t| \leqslant \frac{|b|}{2}$ 成立. 并且当 b 是奇数时,s,t 是唯一存在的. 当 b 是偶数时,结果又如何?

1.6　函数 $[x]$ 和 $\{x\}$

定义 1.6.1　设 x 是实数,以 $[x]$ 表示不超过 x 的最大整数,称它为 x 的整数部分,又称 $\{x\}$ 为 x 的小数部分.

定理 1.6.1　设 x 与 y 是实数,则

(1) $x \leqslant y \Rightarrow [x] \leqslant [y]$;

(2) 若 $m \in \mathbf{Z}$,则 $[m+x] = m+[x]$;

(3) 若 $0 \leqslant x < 1$,则 $[x]=0$;

(4) $[x] \leqslant x < [x]+1$,$x-1 < [x] \leqslant x$,$0 \leqslant \{x\} < 1$;

(5) $[x]+[y] \leqslant [x+y]$,$\{x+y\} \leqslant \{x\}+\{y\}$;

(6) $[x+y] = \begin{cases} [x]+[y], & \text{当}\{x\}+\{y\}<1\text{时}, \\ [x]+[y]+1, & \text{当}\{x\}+\{y\}\geqslant 1\text{时}; \end{cases}$

(7) $[-x] = \begin{cases} -[x], & \text{当 } x \in \mathbf{Z} \text{ 时}, \\ -[x]-1, & \text{当 } x \notin \mathbf{Z} \text{ 时}; \end{cases}$

(8) $\{-x\} = \begin{cases} 0, & \text{当 } x \in \mathbf{Z} \text{ 时}, \\ 1-\{x\}, & \text{当 } x \notin \mathbf{Z} \text{ 时}. \end{cases}$

证明　(1) 由 $[x] \leqslant x \leqslant y < [y]+1$,得

$$[x] < [y]+1$$

故

$$[x] \leqslant [y]$$

(2) 因 $[x] \leqslant x < [x]+1$,故

$$m+[x] \leqslant x+m < [x]+m+1$$

即

$$[x+m] = m+[x]$$

(3),(4) 显然;

(5) 由 $x=[x]+\{x\}$,$y=[y]+\{y\}$,则

$$[x+y]=[[x]+\{x\}+[y]+\{y\}]=[[x]+[y]+\{x\}+\{y\}]$$
$$=[x]+[y]+[\{x\}+\{y\}]\geqslant[x]+[y]$$
$$x+y=[x]+\{x\}+[y]+\{y\}$$

又 $x+y=[x+y]+\{x+y\}$,故

$$[x+y]+\{x+y\}=[x]+\{x\}+[y]+\{y\}$$
$$0\leqslant[x+y]-([x]+[y])=\{x\}+\{y\}-\{x+y\}$$

得

$$\{x\}+\{y\}\geqslant\{x+y\}$$

(6) 由

$$[x+y]=[[x]+\{x\}+[y]+\{y\}]$$
$$=[[x]+[y]+\{x\}+\{y\}]$$
$$=[x]+[y]+[\{x\}+\{y\}]$$

即可得证;

(7) 由

$$[-x]=[-([x]+\{x\})]=-[x]+[-\{x\}]$$

即可得证;

(8) 由

$$\{-x\}=\{-([x]+\{x\})\}=\{-\{x\}\}$$

即可得证.

定理 1.6.2　设 a 与 b 是正整数,则在 $1,2,\cdots,a$ 中能被 b 整除的整数恰有$\left[\frac{a}{b}\right]$个.

证明　能被 b 整除的正整数是 $b,2b,3b,\cdots$,因此,若 $1,2,\cdots,a$ 中能被 b 整除的整数恰好有 k 个,则

$$kb\leqslant a<(k+1)b$$

即

$$k\leqslant\frac{a}{b}<k+1$$

$$k=\left[\frac{a}{b}\right]$$

定理 1.6.3　在 $n!$ 的质因数分解式中,质数 p 的指数是

$$\left[\frac{n}{p}\right]+\left[\frac{n}{p^2}\right]+\left[\frac{n}{p^3}\right]+\cdots=\sum_{r=1}^{\infty}\left[\frac{n}{p^r}\right]$$

证明　$\left[\frac{n}{p}\right]+\left[\frac{n}{p^2}\right]+\left[\frac{n}{p^3}\right]+\cdots$ 是个有限项的和.因为当 $p^k>n$ 时,$\left[\frac{n}{p^k}\right]=0$,可知以后各项均为 0,所以它是一个有限的和.

因为 p 为素数,所以在 $1,2,\cdots,n$ 中共有$\left[\frac{n}{p}\right]$个数是 p 的倍数,在这些 p 的倍数中有$\left[\frac{n}{p^2}\right]$个是 p^2 的倍数,在这些 p^2 的倍数中有$\left[\frac{n}{p^3}\right]$个是 p^3 的倍数,…,则 p 的指数是

$$\left(\left[\frac{n}{p}\right]-\left[\frac{n}{p^2}\right]\right)+2\left(\left[\frac{n}{p^2}\right]-\left[\frac{n}{p^3}\right]\right)+3\left(\left[\frac{n}{p^3}\right]-\left[\frac{n}{p^4}\right]\right)+\cdots=\sum_{r=1}^{\infty}\left[\frac{n}{p^r}\right]$$

推论 1.6.1　设 n 是正整数,则 $n!=\prod_{p\leqslant n}p^{\sum_{r=1}^{\infty}\left[\frac{n}{p^r}\right]}$,其中 $\prod_{p\leqslant n}$ 表示对不超过 n 的所有素数 p 求积.

例 1.6.1　求 2 005!中末尾 0 的个数.

解　因 $\left[\frac{2\,005}{5}\right]+\left[\frac{2\,005}{5^2}\right]+\left[\frac{2\,005}{5^3}\right]+\left[\frac{2\,005}{5^4}\right]=401+80+16+3=500$,则 2 005!中末尾 0 的个数是 500 个.

例 1.6.2　设 x 与 y 是实数,则 $[2x]+[2y]\geqslant[x]+[x+y]+[y]$.

证明　设 $x=[x]+\alpha,y=[y]+\beta,0\leqslant\alpha,\beta<1$,则

$$\text{右边}=[x]+[x+y]+[y]=2[x]+2[y]+[\alpha+\beta]$$
$$\text{左边}=2[x]+2[y]+[2\alpha]+[2\beta]$$

若 $[\alpha+\beta]=0$,则显然

$$[\alpha+\beta]\leqslant[2\alpha]+[2\beta]$$

若 $[\alpha+\beta]=1$,则 α 与 β 中至少有一个不小于 $\frac{1}{2}$,于是

$$[2\alpha]+[2\beta]\geqslant 1=[\alpha+\beta]$$

所以结论成立.

例 1.6.3　求和 $\sum_{N=1}^{1024}[\log_2 N]$.

解

$$[\log_2 N]=\begin{cases}0 & 1\leqslant N<2\\ 1 & 2\leqslant N<2^2\\ 2 & 2^2\leqslant N<2^3\\ \vdots & \vdots\\ 9 & 2^9\leqslant N<2^{10}\\ 10 & N=2^{10}\end{cases}$$

则

$$\sum_{N=1}^{1024}[\log_2 N]=0+1\times(2^2-2)+2\times(2^3-2^2)+\cdots+9\times(2^{10}-2^9)+10$$
$$=8\,204$$

例 1.6.4　计算和式 $\sum_{n=1}^{100}\left[\frac{23n}{101}\right]$ 的值.

解　易知对于 $n=1,2,\cdots,100,\frac{23n}{101}\notin\mathbf{Z}$

而

$$\frac{23n}{101}+\frac{23(101-n)}{101}=23$$

则

$$\left\{\frac{23n}{101}\right\}+\left\{\frac{23(101-n)}{101}\right\}=1$$

从而

$$\left[\frac{23n}{101}\right]+\left[\frac{23(101-n)}{101}\right]=22.$$

因为 $$\sum_{n=1}^{100}\left[\frac{23n}{101}\right]=\sum_{n=1}^{100}\left[\frac{23(101-n)}{101}\right]$$

所以 $$\sum_{n=1}^{100}\left[\frac{23n}{101}\right]=\frac{1}{2}\sum_{n=1}^{100}\left(\left[\frac{23n}{101}\right]+\left[\frac{23(101-n)}{101}\right]\right)=\frac{1}{2}\times 22\times 100=1\,100$$

例 1.6.5 求出所有满足$[x]^2=x\cdot\{x\}$的实数x.

解 因为 $$x=[x]+\{x\}$$

所以 $$\{x\}^2+[x]\cdot\{x\}-[x]^2=0$$

当$[x]^3\geqslant 2$时,$\{x\}^2+[x]\cdot\{x\}<1+[x]<2[x]\leqslant[x]^2$,即$[x]=0$或1,不合要求.

当$[x]=0$时,易知$\{x\}=0$,从而$x=0$.

当$[x]=1$时,易知$\{x\}^2+\{x\}-1=0$,从而$\{x\}=\dfrac{\sqrt{5}-1}{2}$(负值舍去),则$x=\dfrac{1+\sqrt{5}}{2}$.

例 1.6.6 证明:若a,b是任意实数,则$[a]-[b]=[a-b]$或$[a]-[b]=[a-b]+1$.

证明 设$a=[a]+\{a\},b=[b]+\{b\},a-b=[a]-[b]+\{a\}-\{b\}$,显然

$$\{a\}-\{b\}<1$$

当$\{a\}-\{b\}\geqslant 0$时

$$[a-b]=[a]-[b]$$

当$\{a\}-\{b\}<0$时

$$[a-b]=[a]-[b]-1$$

例 1.6.7 证明:若x是任意实数,则$[x]+\left[x+\dfrac{1}{2}\right]=[2x]$.

证明 不妨设$0\leqslant x<1$,分两种情况讨论:

当$0\leqslant x<\dfrac{1}{2}$时,$\dfrac{1}{2}\leqslant x+\dfrac{1}{2}<1,0\leqslant 2x<1$,从而$[x]=0,\left[x+\dfrac{1}{2}\right]=0,[2x]=0$,结论成立.

当$\dfrac{1}{2}\leqslant x<1$时,$1\leqslant x+\dfrac{1}{2}<\dfrac{3}{2},1\leqslant 2x<2$,从而$[x]=0,\left[x+\dfrac{1}{2}\right]=1,[2x]=1$,同样结论成立.

例 1.6.8 对于任意正整数n,计算$\displaystyle\sum_{k=0}^{\infty}\left[\frac{n+2^k}{2^{k+1}}\right]$.

解 令$x=\dfrac{n}{2^{k+1}}$,由$[x]+\left[x+\dfrac{1}{2}\right]=[2x]$,得

$$\left[\frac{n+2^k}{2^{k+1}}\right]=\left[\frac{n}{2^k}\right]-\left[\frac{n}{2^{k+1}}\right]\quad(k=0,1,2,\cdots)$$

将以上各项相加,得$\displaystyle\sum_{k=0}^{\infty}\left[\frac{n+2^k}{2^{k+1}}\right]=[n]=n$.$\left(\text{因为 } k \text{ 满足 } 2^k>n \text{ 时}, \left[\dfrac{n}{2^k}\right]=0\right)$.

习 题 1.6

1. 写出 51 480 的标准分解式.
2. 分解 30!为质因数乘积.

3. 求 200 ～ 500 的整数中 7 的倍数的个数.

4. 若 n 为正整数,则 $\left[\dfrac{[x]}{n}\right]=\left[\dfrac{x}{n}\right]$.

5. 解不等式:$[x]\{x\}<x-1$.

6. 设 x 是任意正实数,n 是正整数,则

$$[x]+\left[x+\frac{1}{n}\right]+\left[x+\frac{2}{n}\right]+\cdots+\left[x+\frac{n-1}{n}\right]=[nx]$$

7. 求正整数 $\left[\dfrac{10^{93}}{10^{31}+3}\right]$ 的末两位数字.

8. k 是自然数,且 $\dfrac{1\,001\cdot 1\,002\cdot\cdots\cdot 2\,005\cdot 2\,006}{11^k}$ 是整数,k 的最大值是多少?

9. 设 n 是任一正整数,且 $n=a_0+a_1p+a_2p^2+\cdots$,p 是质数,$0\leqslant a_i<p$,证明:在 $n!$ 的标准分解式中,质因数 p 的指数是 $h=\dfrac{n-S_n}{p-1}$,其中 $S_n=a_0+a_1+a_2+\cdots$.

第 2 章　不定方程

中国古代数学家张丘建解答了下面的问题:"今有鸡翁一,值钱五;鸡母一,值钱三;鸡雏三,值钱一. 凡百钱,买鸡百只,问鸡翁、母、雏各几何?"

此题系《张丘建算经》卷下的最后一题,作者生卒年代已不易考,该书今传本在《算经十书》之内.

用 x,y,z 分别表示鸡翁、鸡母、鸡雏的数目,得到下列方程组

$$\begin{cases} 5x+3y+\dfrac{1}{3}z=100 \\ x+y+z=100 \end{cases}$$

化简,得

$$7x+4y=100$$

形如这样的方程就是本章要研究的不定方程.

2.1　二元一次不定方程

设 a,b 是非零整数,c 是整数,任何二元一次方程都可以写成

$$ax+by=c \tag{2.1.1}$$

其中 x,y 是整数.

注意:(1) 方程的个数少于未知数的个数且未知数又必须为整数的方程(组) 称为不定方程(组).

(2) 在国外,第一个研究不定方程的是公元前 250 年左右的古希腊数学家丢番图(Diophantus). 在他所著的 13 卷数学书《算术》里,曾对许多不定方程一个一个地研究它们的解. 因此不定方程又称丢番图方程.

下面先研究方程 $7x+4y=100$ 的整数解.

由 $7x+4y=100$,$4y=100-7x$ 解得

$$y=\frac{100-7x}{4}=25-2x+\frac{x}{4}$$

令 $\dfrac{x}{4}=t$,则 $x=4t$,从而

$$y=25-7t$$

故

$$\begin{cases} x=4t \\ y=25-7t \end{cases}\quad (t\text{ 是任意整数})$$

从另一角度看,因为 $7\times 0+4\times 25=100$,设(x,y)是方程的任意一组解,则 $7x+4y=100$,两式相减,得

$$7x+4(y-25)=0$$

即

$$7x=-4(y-25)$$

所以

$$4\mid 7x,\qquad 4\mid x$$

即

$$x=4t$$

从而

$$y=25-7t$$

因此

$$\begin{cases}x=4t\\ y=25-7t\end{cases}\quad(\text{其中 } t \text{ 是任意整数})$$

定理 2.1.1　设 a,b 是非零整数,c 是整数,方程 $ax+by=c$ 有整数解(x,y)的充要条件是 $d\mid c$,其中 $d=(a,b)$.

证明　(必要性) 若方程 $ax+by=c$ 有整数解(x,y),因 $d\mid a,d\mid b$,故 $d\mid ax+by=c$,即 $d\mid c$.

(充分性) 若 $d\mid c$,则存在整数 q,使 $c=dq$,由推论 1.5.1 知,存在整数 x_0,y_0,适合 $ax_0+by_0=d$,则 $ax_0q+by_0q=dq$,即方程 $ax+by=c$ 有整数解(qx_0,qy_0).

定理 2.1.2　若$(a,b)=1$,如果(x_0,y_0)是方程 $ax+by=c$ 的一组解,则它所有整数解都可以写成

$$\begin{cases}x=x_0+bt\\ y=y_0-at\end{cases}$$

其中,t 为任意整数.

证明　由定理2.1.1知,当$(a,b)=1$时,方程(2.1.1)有解,如果(x_0,y_0)是方程(2.1.1)的解,则

$$\begin{aligned}ax+by&=a(x_0+bt)+b(y_0-at)\\&=ax_0+abt+by_0-abt\\&=ax_0+by_0=c\end{aligned}$$

故$\begin{cases}x=x_0+bt\\ y=y_0-at\end{cases}$为方程(2.1.1)的解.

若(x,y)是方程(2.1.1)的解,则

$$ax+by=c$$

由 $ax_0+by_0=c$,得

$$-a(x-x_0)=b(y-y_0)$$

又$(a,b)=1$,则可知存在整数 t,使 $y-y_0=-at$ 成立,从而

$$-a(x-x_0)=b(-at)$$

即

$$x=x_0+bt$$

故

$$\begin{cases}x=x_0+bt\\ y=y_0-at\end{cases}$$

定理 2.1.3　设$(a,b)=d$,$a=a_1d$,$b=b_1d$,如果(x_0,y_0)是方程$ax+by=c$的一组解,则它所有整数解都可以写成

$$\begin{cases}x=x_0+b_1t\\ y=y_0-a_1t\end{cases}$$

其中,t为任意整数.

证明　(1) 显然,$x=x_0+b_1t$,$y=y_0-a_1t$是不定方程的解.

(2) 设$x=x'$,$y=y'$是不定方程的任一组整数解,则

$$ax'+by'=c$$

又　$$ax_0+by_0=c$$

所以　$$ax'+by'=ax_0+by_0$$

即　$$a(x'-x_0)=-b(y'-y_0)$$

因　$$a_1d(x'-x_0)=-b_1d(y'-y_0)$$

故　$$a_1(x'-x_0)=-b_1(y'-y_0)$$

又$(a,b)=d$,$a=a_1d$,$b=b_1d$,则

$$(a_1,b_1)=1$$

故　$$a_1\mid y'-y_0$$

设$y'-y_0=-a_1t$,即

$$y'=y_0-a_1t$$

从而　$$x'=x_0+b_1t$$

故x',y'可表示为定理中的形式.

综合(1),(2)定理得证.

注意:(1) 若$(a,b)=1$,则二元一次不定方程$ax+by=c$总有整数解,且其解为

$$x=x_0+bt,\quad y=y_0-at$$

其中,$t=0,\pm1,\pm2,\cdots$;x_0,y_0为原方程的一组整数解.

(2) 定理中的x_0,y_0可称为不定方程$ax+by=c$的一组特解,对应地,不定方程的所有整数解可称为通解或一般解.

(3) 求不定方程特解的方法主要有观察法、辗转相除法等.

(4) 二元一次不定方程的通解与特解的选取没有关系,而且也可写成

$$x=x_0-\frac{b}{(a,b)}t,\quad y=y_0+\frac{a}{(a,b)}t\quad(t=0,\pm1,\pm2,\cdots)$$

例 2.1.1　求方程$3x+15y=17$的整数解.

解　因为$(3,15)=3$,3不整除17,所以方程无解.

例 2.1.2　求方程$8x+17y=43$的整数解.

解　先求方程$8x+17y=1$的解,易知$(-2,1)$是它的解,从而$(-86,43)$是方程$8x+17y=43$的解,所以

$$\begin{cases}x=-86+17t\\ y=43-8t\end{cases}\quad(t\text{ 为任意整数})$$

例 2.1.3　求方程 $7x+4y=100$ 的非负整数解.

解　由于方程 $7x+4y=100$ 的所有整数解为

$$\begin{cases}x=4t\\y=25-7t\end{cases}$$

其中,t 为任意整数.要求非负整数解,则 $t=0,1,2,3$.从而

$$\begin{cases}x=0\\y=25\end{cases},\quad\begin{cases}x=4\\y=18\end{cases},\quad\begin{cases}x=8\\y=11\end{cases},\quad\begin{cases}x=12\\y=4\end{cases}$$

例 2.1.4　求方程 $111x-321y=75$ 的整数解.

解　即解方程 $37x-107y=25$,先解 $37x+107y=1$.

因为

$$\begin{aligned}107&=37\times2+33 & q_1&=2,r_1=33\\37&=33\times1+4 & q_2&=1,r_2=4\\33&=4\times8+1 & q_3&=8,r_3=1\\4&=1\times4+0 & q_4&=4,r_4=0\end{aligned}$$

又

$$aQ_k-bP_k=(-1)^{k-1}\cdot r_k$$

则

$$aQ_3-bP_3=r_3$$

由 $Q_0=0,Q_1=1$,得

$$Q_2=q_2Q_1+Q_0=1\times1+0=1$$

$$Q_3=q_3Q_2+Q_1=8\times1+1=9$$

由 $P_0=1,P_1=q_1=2$,得

$$P_2=q_2P_1+P_0=1\times2+1=3$$

$$P_3=q_3P_2+P_1=8\times3+2=26$$

则 $37\times(-26)+107\times9=1$,即$(-26,9)$是 $37x+107y=1$ 的解.从而 $37x-107y=1$ 的一组解是$(-26,-9)$,$(-26\times25,-9\times25)$是 $37x-107y=25$ 的一组解,所以

$$\begin{cases}x=-26\times25+107t\\y=-9\times25+37t\end{cases}\quad(t\text{ 为任意整数})$$

另解:逐步回代

$$\begin{aligned}1&=33-4\times8=33-(37-33)\times8\\&=33\times9-37\times8\\&=(107-37\times2)\times9-37\times8\\&=107\times9-37\times26\end{aligned}$$

即

$$37\times(-26)+107\times9=1$$

以下过程略.

例 2.1.5　证明:二元一次不定方程 $ax+by=N,a>0,b>0,(a,b)=1$ 的非负整数解的个数为 $\left[\dfrac{N}{ab}\right]$ 或 $\left[\dfrac{N}{ab}\right]+1$.

证明　设 $\begin{cases}x=x_0\\y=y_0\end{cases}$ 是方程 $ax+by=N$ 的一组整数解,则 $ax+by=N$ 的一切整数解为

$$\begin{cases} x = x_0 + bt \\ y = y_0 - at \end{cases}$$

其中,$t = \pm 0, \pm 1, \pm 2 \cdots$.要使 $x \geqslant 0, y \geqslant 0$,则有

$$-\frac{x_0}{b} \leqslant t \leqslant \frac{y_0}{a}$$

区间$\left[-\frac{x_0}{b}, \frac{y_0}{a}\right]$的长度是$\frac{N}{ab}$,故此区间内整数个数为$\left[\frac{N}{ab}\right]$或$\left[\frac{N}{ab}\right]+1$.

习　题　2.1

1. 求方程 $10x - 7y = 17$ 的整数解.

2. 求方程 $5x + 3y = 52$ 的正整数解.

3. 将 100 分成两份,一份可以被 7 整除,另一份可被 11 整除,求两份分别为多少?

4. 证明:二元一次不定方程 $ax + by = N$ $((a,b) = 1, a > 1, b > 1)$.当 $N > ab - a - b$ 时,有非负整数解;$N = ab - a - b$ 时,则不然.

2.2　n 元一次不定方程

设 n 是大于 2 的正整数,$a_1, a_2, \cdots, a_n$ 是非零整数,c 是整数,任何 n 元一次方程都可以写成 $a_1x_1 + a_2x_2 + \cdots + a_nx_n = c$ 的形式,其中 $x_1, x_2, \cdots, x_n$ 是未知数.

类似于二元一次不定方程,可以得到关于 n 元一次不定方程的一些相似的结论.

定理 2.2.1　已知 $a_1, a_2, \cdots, a_n$ 是非零整数,c 是整数,若 $d = (a_1, a_2, \cdots, a_n)$,方程 $a_1x_1 + a_2x_2 + \cdots + a_nx_n = c$ 有整数解的充要条件是 $d \mid c$.

证明　(必要性)若方程有整数解$(x_1, x_2, \cdots, x_n)$,由 $d \mid a_i (i = 1, 2, \cdots, n)$,得

$$d \mid a_1x_1 + a_2x_2 + \cdots + a_nx_n = c, \quad 即 \quad d \mid c$$

(充分性)若 $d \mid c$,则存在整数 q,使 $c = dq$,由于存在 $y_1, y_2, \cdots, y_n$ 适合 $a_1y_1 + a_2y_2 + \cdots + a_ny_n = d$.所以方程有解$(qy_1, qy_2, \cdots, qy_n)$.

例 2.2.1　求方程 $4x_1 - 6x_2 + 10x_3 - 20x_4 = 15$ 的整数解.

解　因为$(4, -6, 10, -20) = 2$,且 2 不整除 15,所以方程无整数解.

例 2.2.2　求不定方程 $3x + 6y + 12z = 15$ 的整数解.

解　即解方程 $x + 2y + 4z = 5$,则

$$\begin{cases} x + 2y = t \\ t + 4z = 5 \end{cases}$$

由 $t + 4z = 5$,得

$$\begin{cases} t = 1 + 4u \\ z = 1 - u \end{cases} \quad (u \in \mathbf{Z})$$

由 $x + 2y = t$,得

$$\begin{cases} x = -t + 2v \\ y = t - v \end{cases} \quad (v \in \mathbf{Z})$$

以上两式消去 t，得

$$\begin{cases} x = -1 - 4u + 2v \\ y = 1 + 4u - v \\ z = 1 - u \end{cases} \quad (u, v \in \mathbf{Z})$$

例 2.2.3　求不定方程 $x + 2y + 3z = 7$ 的所有正整数解.

解　即解方程组 $\begin{cases} x + 2y = t \\ t + 3z = 7 \end{cases}$，由 $t + 3z = 7$，得

$$\begin{cases} t = 1 + 3u \\ z = 2 - u \end{cases} \quad (u \in \mathbf{Z})$$

由 $x + 2y = t$，得

$$\begin{cases} x = t + 2v \\ y = -v \end{cases} \quad (v \in \mathbf{Z})$$

以上两式消去 t，得

$$\begin{cases} x = 1 + 3u + 2v \\ y = -v \\ z = 2 - u \end{cases} \quad (u, v \in \mathbf{Z})$$

由 $x \geqslant 1, y \geqslant 1, z \geqslant 1$，得

$$\begin{cases} 1 + 3u + 2v \geqslant 1 \\ -v \geqslant 1 \\ 2 - u \geqslant 1 \end{cases}$$

故
$$3u \geqslant -2v \geqslant 2$$

即
$$\frac{2}{3} \leqslant u \leqslant 1$$

故
$$u = 1$$

则由 $3 + 2v \geqslant 0, -v \geqslant 1$，得

$$-\frac{2}{3} \leqslant v \leqslant -1$$

故
$$v = -1$$

则
$$\begin{cases} x = 2 \\ y = 1 \\ z = 1 \end{cases}$$

例 2.2.4　将 $\frac{19}{30}$ 写成三个分数之和，它们的分母分别是 2，3 和 5.

解　设 $\frac{19}{30} = \frac{x}{2} + \frac{y}{3} + \frac{z}{5}$，则 $15x + 10y + 6z = 19$，可得

$$\begin{cases} 15x + 10y = 5t \\ 5t + 6z = 19 \end{cases}$$

由 $5t + 6z = 19$ 知,$(-1,4)$ 是一个解,故

$$\begin{cases} t = -1 + 6u \\ z = 4 - 5u \end{cases} \quad (u \in \mathbf{Z})$$

由 $15x + 10y = 5t$,即 $3x + 2y = t$,得

$$\begin{cases} x = t + 2v \\ y = -t - 3v \end{cases} \quad (v \in \mathbf{Z})$$

即

$$\begin{cases} x = -1 + 6u + 2v \\ y = 1 - 6u - 3v \\ z = 4 - 5u \end{cases} \quad (u,v \in \mathbf{Z})$$

对于任意确定的 u 和 v 的值,都可以给出一种表示法.

令 $u = v = 0$,则 $x = -1, y = 1, z = 4$,故

$$\frac{19}{30} = -\frac{1}{2} + \frac{1}{3} + \frac{4}{5}$$

习　题　2.2

1. 解不定方程:$x_1 - 2x_2 - 3x_3 = 7$.
2. 求方程 $x_1 + 2x_2 + 3x_3 = 41$ 的所有正整数解.
3. 将 $\frac{17}{105}$ 写成三个分数之和,它们的分母分别是 3,5 和 7.

2.3　几类特殊的不定方程

2.3.1　余数分析法

将不定方程的左右两边按某个正整数 m 的余数分类,或者考察方程中的某些项对某个正整数的余数,再利用相关性质进行讨论.

例 2.3.1　证明:若 a 被 9 除的余数是 3,4,5 或 6,则方程 $x^3 + y^3 = a$ 无整数解.

证明　对任意整数 x,y,记 $x = 3q_1 + r_1, y = 3q_2 + r_2$ $(0 \leqslant r_1, r_2 < 3)$,则

$$x^3 = (3q_1 + r_1)^3 = 9Q_1 + R_1 \quad (0 \leqslant R_1 < 9)$$

$$y^3 = (3q_2 + r_2)^3 = 9Q_2 + R_2 \quad (0 \leqslant R_2 < 9)$$

其中,R_1 和 R_2 被 9 除的余数分别与 r_1^3 和 r_2^3 被 9 除的余数相同,即

$$R_1 = 0,1 \text{ 或 } 8, \quad R_2 = 0,1 \text{ 或 } 8$$

所以

$$x^3 + y^3 = 9(Q_1 + Q_2) + R_1 + R_2$$

而 $R_1 + R_2$ 被 9 除的余数只可能是 0,1,2,7 或 8.因此方程 $x^3 + y^3 = a$ 无整数解.

例 2.3.2　证明：方程 $3^x+1=5^y+7^z$，除 $x=y=z=0$，没有其他整数解.

证明　设 (x,y,z) 是方程的整数解，则易知 $x\geqslant 0, y\geqslant 0, z\geqslant 0$.

若 $x>0$，考虑 3^x+1 与 5^y+7^z 被 3 除的余数，易知 3^x+1 被 3 除的余数是 1，而 5^y+7^z 被 3 除的余数是 2^y+1.

由 $3^x+1=5^y+7^z$ 知，即

$$3m+1=3n+2^y+1\quad (m,n\in \mathbf{Z})$$

则 $3\mid 2^y$，这是不可能的，故 $x=0$.

于是 $5^y+7^z=2$，因 $y\geqslant 0, z\geqslant 0$，故 $y=z=0$.

2.3.2　因数(式) 分析法

因数(式) 分解法主要是通过因式分解，将原方程分解为若干个易于讨论的因式或方程. 由于任何非零整数的因数个数是有限的，从而可以对不定方程的解在有限范围内用列举法确定.

例 2.3.3　试求方程 $2x^2+y^2=3x^2y$ 的正整数解.

解　显然 $x^2\mid y^2$，从而 $x\mid y$. 令 $y=tx$，t 是正整数. 则

$$2+t^2=3xt$$

又 $t\mid 2$，则 $t=1,2$. 因此

$$x=y=1;\quad x=1, y=2$$

例 2.3.4　求方程 $x^3+y^3=1\,072$ 的正整数解.

解　因 x,y 都不能等于 1，且 $x\neq y$，故 $x\geqslant 2, y\geqslant 2$，则有

$$x^2-xy+y^2>xy>x+y \tag{2.3.1}$$

$$(x+y)^2>x^2-xy+y^2 \tag{2.3.2}$$

又

$$(x+y)(x^2-xy+y^2)=16\times 67$$

要使 $x+y, x^2-xy+y^2$ 满足式(2.3.1)，式(2.3.2)，则

$$\begin{cases}x+y=16\\x^2-xy+y^2=67\end{cases}$$

因此

$$\begin{cases}x=7\\y=9\end{cases}\quad 或\quad \begin{cases}x=9\\y=7\end{cases}$$

另解　因为 $x^3+y^3=2\cdot 536$，而 536 非立方数，所以 $x\neq y$. 不妨设 $y<x$，于是有

$$8^3<536<x^3<1072<11^3$$

即

$$9\leqslant x\leqslant 10$$

当 $x=10$ 时，$y^3=72$ 无整数解；当 $x=9$ 时，$y^3=343=7^3$.

因此原方程有两组正整数解 $\begin{cases}x=9\\y=7\end{cases}$，或者 $\begin{cases}x=7\\y=9\end{cases}$.

2.3.3　不等分析法

利用量的整数性或不等关系，可以确定方程解的可能取值范围，在此基础上再进行讨论.

例 2.3.5　求方程 $3x^2+7xy-2x-5y-17=0$ 的正整数解.

解　将原方程看成关于 y 的一次方程,变形得

$$y=\frac{-3x^2+2x+17}{7x-5}$$

由于 $x\geqslant 1, y\geqslant 1$,则

$$\begin{cases}x\geqslant 1\\ -3x^2+2x+17\geqslant 7x-5\end{cases}$$

易知

$$1\leqslant x\leqslant 2$$

所以

$$\begin{cases}x=1\\ y=8\end{cases}\quad 或\quad \begin{cases}x=2\\ y=1\end{cases}$$

例 2.3.6　求方程 $5(xy+yz+zx)=4xyz$ 的正整数解.

解　原方程变形为

$$\frac{1}{x}+\frac{1}{y}+\frac{1}{z}=\frac{4}{5}$$

不妨设 $0<x\leqslant y\leqslant z$,则

$$\frac{1}{x}\geqslant\frac{1}{y}\geqslant\frac{1}{z}$$

故

$$\frac{1}{x}<\frac{1}{x}+\frac{1}{y}+\frac{1}{z}\leqslant\frac{3}{x}$$

则

$$\frac{1}{x}<\frac{4}{5}\leqslant\frac{3}{x}$$

即

$$1<x<4$$

得

$$x=2 或 3$$

(1) 若 $x=2$,则

$$\frac{1}{y}+\frac{1}{z}=\frac{3}{10}$$

故

$$\frac{1}{y}<\frac{1}{y}+\frac{1}{z}\leqslant\frac{2}{y}$$

有

$$\frac{1}{y}<\frac{3}{10}\leqslant\frac{2}{y}$$

即

$$3<y<7$$

得 $y=4,5$ 或 6.易得

$$\begin{cases}x=2\\ y=4\\ z=20\end{cases}\quad 或\quad \begin{cases}x=2\\ y=5\\ z=10\end{cases}$$

(2) 若 $x=3$,同理可得,方程无解.故方程的解 (x,y,z) 为:(2,4,20),(2,20,4),(4,2,20),(4,20,2),(20,2,4),(20,4,2),(2,5,10),(2,10,5),(5,2,10),(5,10,2),(10,2,5),(10,5,2).

习　题　2.3

1. 求方程组 $\begin{cases} x+y+z=0 \\ x^3+y^3+z^3=-18 \end{cases}$ 的整数解.

2. 判定不定方程 $x^4+y^4+z^4=2x^2y^2+2y^2z^2+2z^2x^2+24$ 是否有整数解.

3. 证明:不存在正整数 $x_1,x_2,\cdots,x_m,m\geqslant 2$,使 $x_1<x_2<\cdots<x_m$,且 $\dfrac{1}{x_1^3}+\dfrac{1}{x_2^3}+\cdots+\dfrac{1}{x_m^3}=1$.

4. 试证:如果正整数 n 使方程 $x^3-3xy^2+y^3=n$ 有一组整数解 (x_0,y_0),那么这个方程至少有三组整数解.

5. 求一切实数 p,使得三次方程 $5x^3-5(p+1)x^2+(71p-1)x+1=66p$ 的三个根均为自然数.

2.4　勾　股　数

本节讨论二次方程

$$x^2+y^2=z^2 \tag{2.4.1}$$

容易看出,$(x,y,z)=(0,0,0),(0,\pm a,\pm a)$ 及 $(\pm a,0,\pm a)$ 都是方程的解.

若 (x,y,z) 是方程(2.4.1)的解,则对于任何整数 k,(kx,ky,kz) 也是方程的解.此外,若 $(x,y)=k$,则 $k\mid z$,$(x,y,z)=k$.因此,只需要研究方程(2.4.1)满足下列条件的解:

$$x>0,y>0,z>0,(x,y)=1 \tag{2.4.2}$$

满足 $xyz=0$ 的解称为显然解,满足 $xyz\neq 0$ 的解称为非显然解,满足条件 $x>0$,$y>0,z>0,(x,y,z)=1$ 的解称为本原解.

定理 2.4.1　若 (x,y,z) 是方程(2.4.1)满足条件(2.4.2)的解,则下列结论成立:

(1) x 与 y 有不同的奇偶性;

(2) x 与 y 中有且仅有一个数能被 3 整除;

(3) x 与 y 中有且仅有一个数能被 4 整除;

(4) x,y,z 中有且仅有一个数能被 5 整除.

证明　(1) 若 $2\mid x,2\mid y$,则 $2\mid z$,这与 $(x,y,z)=1$ 矛盾.所以 x 与 y 中至少有一个奇数.如果 x 与 y 都是奇数,则 z 是偶数.因为 $8\mid x^2-1,8\mid y^2-1$,则 x^2+y^2 除以 8 的余数是 2,而 z^2 除以 8 的余数是 0 或 4,所以 x,y,z 不可能是方程(2.4.1)的解,结论成立.

(2) 显然 x 与 y 不能都被 3 整除.若 x 与 y 都不能被 3 整除,则

$$x=3k\pm 1,\quad y=3t\pm 1$$

其中,k,t 为整数,则

$$x^2+y^2=3q+2$$

其中,q 是整数.但是,对任意的整数 z,总有

$$z^2=3s \quad 或 \quad 3w+1$$

其中,s,w 是整数,矛盾,因此结论成立.

(3) 显然 x 与 y 不能都被 4 整除.若 x 与 y 都不能被 4 整除,则

$$x=4k\pm1 \quad 或 \quad 4k+2$$

$$y=4t\pm1 \quad 或 \quad 4t+2$$

其中,k,t 是整数.又因为 x 与 y 有不同的奇偶性,所以只能是 $x^2+y^2=8q+5$ 这种情形,其中 q 是整数.但是,对任意的整数 z,总有 $z^2=8s,8s+1$ 或 $8s+4$,其中 s 是整数,矛盾,因此结论成立.

(4) 显然 x,y,z 中不能有两个同时被 5 整除.若它们都不能被 5 整除,则

$$x=5k\pm1 \quad 或 \quad 5k\pm2$$

$$y=5t\pm1 \quad 或 \quad 5t\pm2$$

$$z=5m\pm1 \quad 或 \quad 5m\pm2$$

其中,k,t,m 是整数.则

$$x^2+y^2=5q,5q+2 \quad 或 \quad 5q+3$$

其中,q 是整数.但是,对任意的整数 z,总有

$$z^2=5s+1 \quad 或 \quad 5s+4$$

其中,s 是整数,矛盾,因此结论成立.

引理 2.4.1 不定方程 $xy=z^2$ 满足条件

$$xy=z^2,\quad (x,y)=1 \quad (x>0,y>0,z>0) \tag{2.4.3}$$

的一切正整数解,可以写成下面的形式

$$x=a^2,\quad y=b^2,\quad z=ab,\quad (a,b)=1 \quad (a>0,b>0) \tag{2.4.4}$$

证明 设 x,y,z 是式(2.4.3)的一解,令 $x=a^2p,y=b^2q$,其中 $a>0,b>0,p,q$ 不再被任何平方数整除,则 $a^2\mid z^2,b^2\mid z^2$,因此 $a\mid z,b\mid z$.

又$(x,y)=1$,则$(a^2,b^2)=1$,因而$(a,b)=1$,由此即得 $ab\mid z$.设 $z=abr$,代入式(2.4.3),即得 $pq=r^2$.若 $r^2\neq1$,则有一素数 s,满足 $s^2\mid r^2$,但由 p,q 的定义及$(p,q)=1$,可知$s^2\nmid pq$.故 $r^2=1,pq=1$.但 p,q,r 都是正整数,故 $p=q=r=1$.

因此 $x=a^2,y=b^2,z=ab,(a,b)=1,a>0,b>0$.

反之,式(2.4.4)中 x,y,z 的显然满足式(2.4.3).

定理 2.4.2 不定方程(2.4.1)适合 $x>0,y>0,z>0,(x,y)=1,2\mid x$ 的一切正整数解可以用下列公式表示:

$$x=2ab,\quad y=a^2-b^2,\quad z=a^2+b^2,\quad a>b>0,\quad (a,b)=1$$

其中 a,b 一奇一偶.

证明 (1) 若 x,y,z 由 $x=2ab,y=a^2-b^2,z=a^2+b^2,a>b>0,(a,b)=1$ 确定,容易验证它们满足方程(2.4.1),并且 $2\mid x$.

设 $d=(x,y)$，则由式(2.4.1)得 $d^2 \mid z^2, d \mid z$，因此 $d \mid a^2+b^2, d \mid a^2-b^2$. 于是 $d \mid 2(a^2,b^2)$，又 $(a,b)=1$，得 $d=1$ 或 2. 由于 $2 \nmid y$，所以 $d=1$.

(2) 设 x,y,z 是适合条件 $x>0, y>0, z>0, (x,y)=1, 2 \mid x$ 和式(2.4.1)的任一组正整数解，则 $(x,y)=1, 2 \mid x$，因此 y,z 都是奇数.

又 $\left(\dfrac{x}{2}\right)^2=\dfrac{z+y}{2}\cdot\dfrac{z-y}{2}$，记 $d=\left(\dfrac{z+y}{2},\dfrac{z-y}{2}\right)$，则有 $d \mid \dfrac{z+y}{2}, d \mid \dfrac{z-y}{2}$，所以 $d \mid y, d \mid z$，于是 $d \mid (y,z)$，因此 $d \mid x$，即 $d \mid (x,y)$，故 $d=1$.

由引理 2.4.1 知，存在整数 a,b 使得下式成立：

$$\frac{z+y}{2}=a^2,\quad \frac{z-y}{2}=b^2,\quad \frac{x}{2}=ab,\quad a>0,\quad b>0,\quad (a,b)=1$$

即

$$x=2ab,\quad y=a^2-b^2,\quad z=a^2+b^2$$

由 $y>0$，可知 $a>b$，由于 x 与 y 有不同的奇偶性，则 a 与 b 有不同的奇偶性.

推论 2.4.1　单位圆周上坐标是有理数的点(称为有理点)，可以写成

$$\left(\pm\frac{2ab}{a^2+b^2},\pm\frac{a^2-b^2}{a^2+b^2}\right)\quad \text{或} \quad \left(\pm\frac{a^2-b^2}{a^2+b^2},\pm\frac{2ab}{a^2+b^2}\right)$$

的形式，其中 a 与 b 是不全为零的整数.

证明　设有理数 $x=\dfrac{l}{m}, y=\dfrac{n}{m}(m\neq 0)$ 满足方程 $x^2+y^2=1$，即

$$l^2+n^2=m^2$$

于是得

$$l=\pm 2abd,\quad n=\pm(a^2-b^2)d,\quad m=\pm(a^2+b^2)d$$

或

$$l=\pm(a^2-b^2)d,\quad n=\pm 2abd,\quad m=\pm(a^2+b^2)d$$

由此得

$$(x,y)=\left(\pm\frac{2ab}{a^2+b^2},\pm\frac{a^2-b^2}{a^2+b^2}\right)\quad \text{或} \quad \left(\pm\frac{a^2-b^2}{a^2+b^2},\pm\frac{2ab}{a^2+b^2}\right)$$

反之，代入方程 $x^2+y^2=1$，即知这样的点在单位圆周上.

思考：设有理数 $x=\dfrac{l}{m}, y=\dfrac{n}{m}\ (m\neq 0)$，为什么？

事实上，设 $x=\dfrac{a_1}{b_1}, y=\dfrac{a_2}{b_2}$ 是单位圆周上的有理点，$b_1,b_2>0$，$\dfrac{a_1}{b_1},\dfrac{a_2}{b_2}$ 是既约分数. 由 $x^2+y^2=1$，得

$$a_1^2b_2^2+a_2^2b_1^2=b_1^2b_2^2$$

即

$$a_1^2b_2^2=b_1^2b_2^2-a_2^2b_1^2=b_1^2(b_2^2-a_2^2)$$

而 $(a_1,b_1)=1$，由此推出 $b_1^2 \mid b_2^2, b_1 \mid b_2$，同样可得 $b_2 \mid b_1$，因此 $b_1=b_2$.

例 2.4.1　求 $x^2+y^2=z^2$ 中 $0<z<30$ 的所有互质的解.

解　由 $a^2+b^2<30, a>b>0$，得 $a\leqslant 5$.

又因为 a,b 一奇一偶，求出 a,b 的值即得所求解. 所有互质的解列表 2.4.1.

表 2.4.1 所有互质的解

b	a	x	y	z
1	2	4	3	5
1	4	8	15	17
2	3	12	5	13
2	5	20	21	29
3	4	24	7	25

显然,x 为偶数的本原解为表 2.4.1 所示,故共有合乎条件的 10 组本原解.

例 2.4.2 求 $z=65$ 的不定方程 $x^2+y^2=z^2$ 的全部解.

解 显然解是 $x=\pm 65, y=0; x=0, y=\pm 65$. 为求非显然解,先把 65 表示为 $65=k(a^2+b^2)$,其中 $a>b>0,(a,b)=1$,a,b 一奇一偶. 由 $k\mid 65, 0<k<65$,k 可取 1,5,13.

当 $k=1$ 时,$65=8^2+1^2=7^2+4^2$,即 $a=8,b=1; a=7,b=4$. 相应的解为 $x=\pm 63$, $y=\pm 16; x=\pm 33, y=\pm 56$ 及 $x=\pm 16, y=\pm 63; x=\pm 56, y=\pm 33$.

当 $k=5$ 时,$65=5(3^2+2^2)$,即 $a=3,b=2$,相应的解为 $x=\pm 25, y=\pm 60$ 及 $x=\pm 60$, $y=\pm 25$.

当 $k=13$ 时,$65=13(2^2+1^2)$,即 $a=2,b=1$,相应的解为 $x=\pm 39, y=\pm 52$ 及 $x=\pm 52, y=\pm 39$.

这就求出了所有解. 本原解仅有(63,16,65),(16,63,65),(33,56,65),(56,33,65).

例 2.4.3 解不定方程:$x^2+3y^2=z^2, x>0, y>0, z>0, (x,y)=1$.

解 设 x,y,z 是适合条件的一组解,则

$$3y^2=(z-x)(z+x)$$

得

$$3\mid z-x \quad 或 \quad 3\mid z+x$$

可证两者不能同时成立.

若两者同时成立,则

$$\begin{cases} z-x=3m \\ z+x=3n \end{cases} \Rightarrow \begin{cases} 2z=3m+3n \\ 2x=3m-3n \end{cases}$$

即 $3\mid(2z,2x)$,由 $x^2+3y^2=z^2$,得

$$(2x)^2+3(2y)^2=(2z)^2$$

则 $3\mid 2y$,从而 $3\mid(x,y)$ 与 $(x,y)=1$ 矛盾.

不妨设 $3\mid z-x$,则 $y^2=\frac{z-x}{3}\cdot(z+x)$,可证 $\left(\frac{z-x}{3}, z+x\right)=1$ 或 2.

令 $\left(\frac{z-x}{3}, z+x\right)=d$,则

$$\begin{cases} z-x=3ds \\ z+x=dt \end{cases}$$

即

$$\begin{cases} 2z=d(3s+t) \\ 2x=d(t-3s) \end{cases}$$

从而 $d\mid 2x, d\mid 2z, d\mid 2(z,x)$，所以 $d=1$ 或 2.

当 $d=1$ 时，由 $y^2=\frac{z-x}{3}\cdot(z+x)$，得

$$\frac{z-x}{3}=a^2,\quad z+x=b^2$$

其中，$a>0, b>0$，即

$$x=\frac{b^2-3a^2}{2},\quad y=ab,\quad z=\frac{3a^2+b^2}{2}$$

这里 $a>0, b>0, (a,b)=1, a, b$ 同时为奇数.

当 $d=2$ 时，有

$$\left(\frac{z-x}{6},\frac{z+x}{2}\right)=1,\quad \left(\frac{y}{2}\right)^2=\frac{z-x}{6}\cdot\frac{z+x}{2}$$

得
$$\frac{z-x}{6}=a^2,\quad \frac{z+x}{2}=b^2,\quad \frac{y}{2}=ab$$

即

$$x=b^2-3a^2,\quad y=2ab,\quad z=3a^2+b^2$$

这里 $a>0, b>0, (a,b)=1$.

例 2.4.4　证明：方程 $x^3-2y^3-4z^3=0$ 无正整数解.

证明　设 (x_0,y_0,z_0) 是方程 $x^3-2y^3-4z^3=0$ 的正整数解，且 x_0 是所有正整数中最小者. 因为 $x_0^3=2y_0^3+4z_0^3$，知 x_0 是偶数，令 $x_0=2x_1$，得

$$8x_1^3=2y_0^3+4z_0^3$$

即
$$4x_1^3=y_0^3+2z_0^3$$

由此又知，y_0 是偶数，令 $y_0=2y_1$，得

$$4x_1^3=8y_1^3+2z_0^3$$

即
$$2x_1^3=4y_1^3+z_0^3$$

又知 z_0 是偶数，令 $z_0=2z_1$，得

$$2x_1^3=4y_1^3+8z_1^3$$

即
$$x_1^3=2y_1^3+4z_1^3$$

所以 (x_1,y_1,z_1) 也是 $x^3-2y^3-4z^3=0$ 的正整数解，且 $0<x_1<x_0$，这与 x_0 为最小正整数矛盾.

例 2.4.5　证明：方程 $x^4+y^4=z^2$ 没有正整数解.

证明　若方程有正整数解，设 (x_0,y_0,z_0) 是方程有最小 z_0 的一组解. 令 $d=(x_0,y_0)$，则得 $d^4\mid z_0^2, d^2\mid z_0$，从而 $\left(\frac{x_0}{d},\frac{y_0}{d},\frac{z_0}{d^2}\right)$ 也是方程的解. 因此，由 z_0 的最小性可知

$$d=(x_0,y_0)=1,\quad (x_0^2,y_0^2)=d^2=1$$

显然 x_0^2 与 y_0^2 有不同的奇偶性，不妨设 $2\mid x_0, 2\nmid y_0$. 由定理 2.4.2 知，存在正整数 a, b，使得 $(a,b)=1, a>0, b>0$，其中 a 与 b 有不同的奇偶性，并且

$$x_0^2=2ab,\quad y_0^2=a^2-b^2,\quad z_0=a^2+b^2$$

下面,按照 a 与 b 的奇偶性,考察两种情况.

(1) 若 a 是偶数,b 是奇数,此时

$$a^2 = 4k, \quad b^2 = 4t + 1$$

其中 k,t 为整数.因此

$$y_0^2 = a^2 - b^2 = 4s - 1$$

其中 s 为整数,这与 $2 \nmid y_0, y_0^2 = 4m + 1$,其中 m 是整数,矛盾.

(2) 若 a 是奇数,b 是偶数,则由 $y_0^2 = a^2 - b^2$,得

$$y_0^2 + b^2 = a^2$$

故
$$y_0 = p^2 - q^2, \quad b = 2pq, \quad a = p^2 + q^2,$$

其中$(p,q) = 1, p > q > 0, p,q$ 一奇一偶.由 $x_0^2 = 2ab$,得

$$x_0^2 = 2(p^2 + q^2) \cdot 2pq = 4pq(p^2 + q^2)$$

又$(p,q) = 1$,故 $p,q,p^2 + q^2$ 两两互质,它们都必须是某数的平方,即

$$p = r^2, \quad q = s^2, \quad p^2 + q^2 = t^2$$

于是

$$r^4 + s^4 = p^2 + q^2 = t^2$$

$$z_0 = a^2 + b^2 > a = t^2 \geqslant t$$

这与 z_0 是最小值的假设矛盾.

习　题　2.4

1. 试证 $x^2 + 2y^2 = z^2, (x,y,z) = 1$ 的全部正整数解是

$$x = |a^2 - 2b^2|, \quad y = 2ab, \quad z = a^2 + 2b^2$$

其中,a,b 是满足$(a,b) = 1, 2 \nmid a$ 的任意正整数.

2. 求方程 $x^2 + y^2 = z^4$ 的满足$(x,y) = 1, 2 \mid x$ 的正整数解.

3. 证明不定方程 $x^4 + 4y^4 = z^2, x > 0, y > 0$ 无解.

4. 证明不定方程 $x^4 - y^4 = z^2, y > 0, z > 0$ 无解.

第3章　同　余

3.1　同余的概念及性质

定义 3.1.1　给定正整数 m，如果整数 a 与 b 之差被 m 整除，则称 a 与 b 对于模 m 同余，记作 $a \equiv b(\text{mod} m)$；如果整数 a 与 b 之差不能被 m 整除，则称 a 与 b 对于模 m 不同余，记作 $a \not\equiv b(\text{mod} m)$.

定理 3.1.1　下面的三种叙述是等价的：

(1) $a \equiv b(\text{mod} m)$；

(2) 存在整数 q，使得 $a = b + qm$；

(3) 存在整数 q_1, q_2，使得 $a = q_1 m + r, b = q_2 m + r\ (0 \leqslant r < m)$.

证明　(1)⇒(2). 如果(1) 成立，则

$$m \mid a - b,\quad a - b = mq,\quad a = b + mq$$

知(2) 成立.

(2)⇒(3). 如果(2) 成立，令 $a = q_1 m + r_1, b = q_2 m + r_2$，其中 $0 \leqslant r_1, r_2 \leqslant m - 1$，则

$$q_1 m + r_1 = q_2 m + r_2 + mq$$

由此得 $r_1 = r_2$，知(3) 成立.

(3)⇒(1). 如果(3) 成立，令 $a = q_1 m + r, b = q_2 m + r$，其中 $0 \leqslant r \leqslant m - 1$，则

$$a - b = m(q_1 - q_2),\quad m \mid a - b$$

知(1) 成立.

定理 3.1.2　同余具有如下性质：

(1) $a \equiv a(\text{mod} m)$；

(2) $a \equiv b(\text{mod} m) \Rightarrow b \equiv a(\text{mod} m)$；

(3) $a \equiv b(\text{mod} m), b \equiv c(\text{mod} m) \Rightarrow a \equiv c(\text{mod} m)$.

证明　结论(1)，(2) 显然成立.

(3) 由定理 3.1.1 及 $a \equiv b(\text{mod} m), b \equiv c(\text{mod} m)$ 可知，存在整数 q_1, q_2，使得

$$a = b + mq_1,\quad b = c + mq_2$$

因此

$$a = c + mq_2 + mq_1$$

则

$$a \equiv c(\text{mod} m)$$

注意：为了方便记忆，对同余性质作如下整理. 读者可以自己证明.

同余加减运算

① 若 $a\equiv b(\bmod m)$，c 为整数，则 $a+c\equiv b+c(\bmod m)$.

② 若 $a\equiv b(\bmod m)$，$c\equiv d(\bmod m)$，则 $a+c\equiv b+d(\bmod m)$.

③ 若 $a\equiv b(\bmod m)$，$c\equiv d(\bmod m)$，则 $a-c\equiv b-d(\bmod m)$.

④ 若 $a+b\equiv c(\bmod m)$，则 $a\equiv c-b(\bmod m)$.

同余乘除运算

① 若 $a\equiv b(\bmod m)$，c 为整数，则 $ac\equiv bc(\bmod m)$.

② 若 $a\equiv b(\bmod m)$，c 为正整数，则 $ac\equiv bc(\bmod mc)$.

③ 若 $a\equiv b(\bmod m)$，$c\equiv d(\bmod m)$，则 $ac\equiv bd(\bmod m)$. 特别地，若 $a\equiv b(\bmod m)$，n 为正整数，则 $a^n\equiv b^n(\bmod m)$.

④ 若 a_i，b_i $(0\leqslant i\leqslant n)$ 与 x，y 均为整数，且 $x\equiv y(\bmod m)$，$a_i\equiv b_i(\bmod m)$ $(0\leqslant i\leqslant n)$，则 $\sum\limits_{i=0}^{n}a_ix^i\equiv\sum\limits_{i=0}^{n}b_iy^i(\bmod m)$.

⑤ 若 $(c,m)=1$，则 $a\equiv b(\bmod m)\Leftrightarrow ac\equiv bc(\bmod m)$.

⑥ 若 $a\equiv b(\bmod m)$，且 d 为 m 的正因子，则 $a\equiv b(\bmod d)$.

同余与公约数、公倍数的关系

① 若 $a\equiv b(\bmod m)$，则 $(a,m)=(b,m)$.

② 若 $a\equiv b(\bmod m_i)$ $(1\leqslant i\leqslant k)$，则 $a\equiv b(\bmod [m_1,m_2,\cdots,m_k])$.

例 3.1.1　当 $a\equiv b(\bmod m)$ 时，又 $n>0$，$n\in\mathbf{N}$，则 $a^n\equiv b^n(\bmod m)$.

证明　由 $a\equiv b(\bmod m)$，得 $m\mid a-b$，又

$$a^n-b^n=(a-b)(a^{n-1}+a^{n-2}b+a^{n-3}b^2+\cdots+b^{n-1})$$

故 $m\mid a^n-b^n$，即

$$a^n\equiv b^n(\bmod m)$$

例 3.1.2　设 $N=a_n10^n+a_{n-1}10^{n-1}+\cdots+a_1\cdot 10+a_0$，则

(1) $3\mid N\Leftrightarrow 3\mid\sum\limits_{i=0}^{n}a_i$；

(2) $9\mid N\Leftrightarrow 9\mid\sum\limits_{i=0}^{n}a_i$；

(3) $11\mid N\Leftrightarrow 11\mid\sum\limits_{i=0}^{n}(-1)^ia_i$.

证明　(1) 因为

$$10\equiv 1,10^2\equiv 1,10^3\equiv 1,\cdots,10^n\equiv 1(\bmod 3)$$

所以

$$\begin{aligned}N&=a_n10^n+a_{n-1}10^{n-1}+\cdots+a_110+a_0\\&\equiv a_n+a_{n-1}+\cdots+a_1+a_0(\bmod 3)\end{aligned}$$

结论成立.

(2) 因为　$10\equiv 1,10^2\equiv 1,10^3\equiv 1,\cdots,10^n\equiv 1(\bmod 9)$

所以

$$N = a_n 10^n + a_{n-1} 10^{n-1} + \cdots + a_1 10 + a_0$$
$$\equiv a_n + a_{n-1} + \cdots + a_1 + a_0 (mod\, 9)$$

(3) 因为　$10 \equiv -1, 10^2 \equiv 1, 10^3 \equiv -1, \cdots, 10^n \equiv (-1)^n (\mathrm{mod}\, 11)$

所以

$$N = a_n 10^n + a_{n-1} 10^{n-1} + \cdots + a_1 10 + a_0$$
$$\equiv (-1)^n a_n + (-1)^{n-1} a_{n-1} + \cdots + (-1)^1 a_1 + a_0$$
$$\equiv \sum_{i=0}^{n} (-1)^i a_i (\mathrm{mod}\, 11).$$

例 3.1.3　设 $N = a_n\, 1\,000^n + a_{n-1}\, 1\,000^{n-1} + \cdots + a_1 \cdot 1\,000 + a_0\ (0 \leqslant a_i < 1\,000)$，则

$$7(\text{或 } 11 \text{ 或 } 13) \mid N \Leftrightarrow 7(\text{或 } 11 \text{ 或 } 13) \Big| \sum_{i=0}^{n} (-1)^i a_i$$

证明　因为

$$1\,000 \equiv -1(\mathrm{mod}\, 7 \text{ 或}, \mathrm{mod}\, 11, \text{或 } \mathrm{mod}\, 13)$$

所以

$$N = a_n\, 1\,000^n + a_{n-1}\, 1\,000^{n-1} + \cdots + a_1 1\,000 + a_0$$
$$\equiv (-1)^n a_n + (-1)^{n-1} a_{n-1} + \cdots + (-1)^1 a_1 + a_0$$
$$\equiv \sum_{i=0}^{n} (-1)^i a_i (\mathrm{mod}\, 7, \text{或 } \mathrm{mod}\, 11, \text{或 } \mathrm{mod}\, 13)$$

例 3.1.4　判断 $2^{2^5} + 1$ 能否被 641 整除.

解　因为　$2^2 \equiv 4, 2^4 \equiv 16, 2^8 \equiv 256$

$$2^{16} \equiv 154, 2^{32} \equiv -1(\mathrm{mod}\, 641)$$

所以　$2^{32} + 1 \equiv 0(\mathrm{mod}\, 641)$

即 $641 \mid 2^{2^5} + 1$.

例 3.1.5　求 3^{406} 的个位数字与最后两位数字(十进制).

解　因为

$$3^2 \equiv 9 \equiv -1(\mathrm{mod}\, 10)$$
$$3^4 \equiv 1(\mathrm{mod}\, 10)$$
$$3^{406} = 3^{404} 3^2 \equiv 9(\mathrm{mod}\, 10)$$

所以个位数字是 9. 又因

$$3^6 \equiv 29, \quad 3^7 \equiv 87, \quad 3^8 \equiv 61$$
$$3^9 \equiv 83, \quad 3^{10} \equiv 49, \quad 3^{20} \equiv 1(\mathrm{mod}\, 100)$$

则 $3^{406} \equiv 3^{400} 3^6 \equiv 3^6 \equiv 29(\mathrm{mod}\, 100)$，故最后两位数字是 29.

例 3.1.6　求 $(257^{33} + 46)^{26}$ 被 50 除的余数.

解　原式$\equiv (7^{33} - 4)^{26}$

$$\equiv [7 \cdot (7^2)^{16} - 4]^{26} \equiv [7 \cdot (-1)^{16} - 4]^{26} \equiv (7 - 4)^{26}$$

$$\equiv 3^{26} \equiv 3 \cdot (3^5)^5 \equiv 3 \cdot (-7)^5$$
$$\equiv -3 \cdot 7 \cdot (7^2)^2$$
$$\equiv -21 \equiv 29 \pmod{50}$$

所以,$(257^{33}+46)^{26}$ 被 50 除的余数为 29.

例 3.1.7 设 n 的十进制表示是 $\overline{13xy45z}$,若 $792 \mid n$,求 x,y,z.

解 由 $792 = 8 \times 9 \times 11$ 得,$8|n,9|n,11|n$,且

$$8|n \Rightarrow 8|\overline{45z} \Rightarrow z = 6$$
$$9|n \Rightarrow 9|1+3+x+y+4+5+z = 19+x+y \Rightarrow 9|x+y+1$$
$$11|n \Rightarrow 11|z-5+4-y+x-3+1 = 3-y+x$$

又 $0 \leqslant x,y \leqslant 9$,故

$$x+y+1 = 9 \text{ 或 } 18$$
$$3-y+x = 0 \text{ 或 } 11$$

所以

$$x = 8,\quad y = 0,\quad z = 6$$

例 3.1.8 求 7^{6^5} 的个位数字(十进制).

解 求 7^{6^5} 的个位数字,即求 7^{6^5} 对模 10 的最小非负剩余.由于$(7,10)=1$,则

$$7 \equiv -3 \pmod{10},\quad 7^2 \equiv -1 \pmod{10},\quad 7^4 \equiv 1 \pmod{10}$$

再求指数 6^5 对模 4 的最小非负剩余,则

$$6 \equiv 2 \pmod 4,\quad 6^5 \equiv 2^5 \pmod 4,\quad 6^5 \equiv 0 \pmod 4$$

即 $$6^5 = 4t(t \text{ 是正整数})$$

从而 $$7^{6^5} = 7^{4t} \equiv (7^4)^t \equiv 1^t \equiv 1 \pmod{10}$$

所以 7^{6^5} 的个位数字是 1.

例 3.1.9 任意给定 n 个自然数,按任意方法把它们排成 $a_1,a_2,\cdots,a_n$.证明:必定存在一对下标 k,l 满足 $1 \leqslant k < l \leqslant n$,使得 $a_{k+1}+a_{k+2}+\cdots+a_l \equiv 0 \pmod n$.

证明 构造以下 $n+1$ 个自然数

$$x_0 = 0,\quad x_1 = a_1,\quad x_2 = a_1+a_2,\quad x_3 = a_1+a_2+a_3,\cdots$$
$$x_n = a_1+a_2+\cdots+a_n$$

以上 $n+1$ 个自然数必定存在两个数对于模 n 是同余的,再把它们作差即可.

习　题　3.1

1. 证明:$6 \mid n(n+1)(n+2)$.

2. 设 $f(x)$ 是整系数多项式,并且 $f(1),f(2),\cdots,f(m)$ 都不能被 m 整除,则 $f(x)=0$ 没有整数解.

3. 已知 $99 \mid \overline{62xy427}$,求 x 与 y.

4. 求最小正整数 a,使得存在正奇数 n,满足 $2\,001 \mid 55^n + a \cdot 32^n$.

5. 设 p 是一个素数,$1 \leqslant k \leqslant p-1$.试证:$C_{p-1}^k \equiv (-1)^k \pmod p$.

6. 设集合$\{1,2,\cdots,1\,998\}$被分为999个彼此没有公共元素的二元子集$\{a_i,b_i\}$，并且对$1\leqslant i\leqslant 999$，均有$|a_i-b_i|=1$或6. 试证：和数$\sum_{i=1}^{999}|a_i-b_i|$的末位数字为9.

7. 设$(a,b)=1$，$a+b\neq 0$，且p是一个奇素数. 求证：$\left(a+b,\dfrac{a^p+b^p}{a+b}\right)=1$或$p$.

8. 设p是奇素数，证明：$1^2\times 3^2\times 5^2\times\cdots\times(p-2)^2\equiv(-1)^{\frac{p+1}{2}}(\bmod p)$.

3.2　完全剩余系

由同余的性质知，对给定的模m，整数的同余关系是一个等价关系，因此利用该等价关系，就可以将整数集进行分类.

定义 3.2.1　给定正整数m，对于每个整数$i\ (0\leqslant i\leqslant m-1)$，称集合

$$R_i(m)=\{n\mid n\equiv i(\bmod m),n\in\mathbf{Z}\}$$

是模m的一个剩余类.

例如，模5有五个剩余类，分别是0,1,2,3,4.

定义 3.2.2　设m是正整数，从模m的每一个剩余类中任取一个数$x_i\ (0\leqslant i\leqslant m-1)$，称集合$\{x_0,x_1,\cdots,x_{m-1}\}$是模$m$的一个完全剩余系.

注意：(1) 模m的一个完全剩余系有且仅有m个整数.

(2) $\{0,1,2,\cdots,m-1\}$是模m的最小非负完全剩余系.

(3) $\left\{-\dfrac{m}{2}+1,\cdots,-1,0,1,\cdots,\dfrac{m}{2}\right\}$（当$2|m$）或$\left\{-\dfrac{m-1}{2},\cdots,-1,0,1,\cdots,\dfrac{m-1}{2}\right\}$（当$2\nmid m$）是模$m$的绝对值最小的完全剩余系.

定理 3.2.1　整数集合A是模m的完全剩余系的充要条件是：

(1) A中含有m个整数；

(2) A中任何两个整数对模m不同余.

证明　若A是模m的完全剩余系，显然(1)与(2)成立. 反之，满足(1)与(2)的一组数必分别来自于模m的每一个不同的剩余类，即A是模m的完全剩余系.

定理 3.2.2　设$m\geqslant 1$，a,b是整数，$(a,m)=1$，$\{x_1,x_2,\cdots,x_m\}$是模m的一个完全剩余系，则$\{ax_1+b,ax_2+b,\cdots,ax_m+b\}$也是模$m$的一个完全剩余系.

证明　由定理3.2.1，只需证明：若$x_i\neq x_j$，则$ax_i+b\not\equiv ax_j+b(\bmod m)$.

若$ax_i+b\equiv ax_j+b(\bmod m)$，则

$$ax_i\equiv ax_j(\bmod m)$$

即

$$m\mid a(x_i-x_j)$$

又$(a,m)=1$，故$m\mid x_i-x_j$，即

$$x_i\equiv x_j(\bmod m)$$

得证.

注意：(1) 任意m个连续整数都能构成模m的一个完全剩余系.

(2) 定理 3.2.2 中条件$(a,m)=1$不能去掉.

(3) 由定理 3.2.2 知,若x通过模m的完全剩余系,则$x+b$和ax也通过模m的完全剩余系.

定理 3.2.3　设$m_1,m_2\in\mathbf{N},A\in\mathbf{Z},(A,m_1)=1$,又$X=\{x_1,x_2,\cdots,x_{m_1}\},Y=\{y_1,y_2,\cdots,y_{m_2}\}$分别是模$m_1$与模$m_2$的完全剩余系,则$R=\{Ax+m_1y\mid x\in X,y\in Y\}$是模$m_1m_2$的一个完全剩余系.

证明　由定理 3.2.1 知,只需证明:若$x',x''\in X,y',y''\in Y$,且

$$Ax'+m_1y'\equiv Ax''+m_1y''(\bmod m_1m_2) \tag{3.2.1}$$

则

$$x'=x'',\quad y'=y''$$

若式(3.2.1) 成立,则

$$Ax'+m_1y'\equiv Ax''+m_1y''(\bmod m_1)$$

即

$$Ax'\equiv Ax''(\bmod m_1)$$

因$(A,m_1)=1$,故

$$x'\equiv x''(\bmod m_1)$$

即

$$x'=x''$$

再由式(3.2.1) 及$x'=x''$,得

$$m_1y'\equiv m_1y''(\bmod m_1m_2)$$

故

$$y'\equiv y''(\bmod m_2)$$

即

$$y'=y''$$

推论 3.2.1　若$m_1,m_2\in\mathbf{N},(m_1,m_2)=1$,则当$x_1$与$x_2$分别通过模$m_1$与模$m_2$的完全剩余系时,$m_2x_1+m_1x_2$通过模$m_1m_2$的完全剩余系.

提示:只需在定理 3.2.3 中令$A=m_2$即可.

例 3.2.1　设$A=\{x_1,x_2,\cdots,x_m\}$是模m的一个完全剩余系,以$\{x\}$表示x的小数部分.证明:若$(a,m)=1$,则

$$\sum_{i=1}^{m}\left\{\frac{ax_i+b}{m}\right\}=\frac{1}{2}(m-1)$$

证明　因为$(a,m)=1$,易知$\{ax_1+b,ax_2+b,\cdots,ax_m+b\}$也是模$m$的一个完全剩余系,可设$ax_i+b=km+j\ (0\leqslant j\leqslant m-1)$,所以

$$\sum_{i=1}^{m}\left\{\frac{ax_i+b}{m}\right\}=\sum_{j=0}^{m-1}\left\{k+\frac{j}{m}\right\}=\sum_{j=1}^{m-1}\left\{\frac{j}{m}\right\}$$

$$=\sum_{j=1}^{m-1}\frac{j}{m}=\frac{1}{m}\cdot\frac{m(m-1)}{2}=\frac{m-1}{2}$$

例 3.2.2　证明:任何 11 个连续的正整数中,一定有一个数k,使得$(k,210)=1$.

证明　因$210=2\times3\times5\times7$,要使$(k,210)=1$,故$(k,2)=(k,3)=(k,5)=(k,7)=1$,$k$必是奇数.

由于在任何 11 个连续正整数中,存在 5 个连续奇数或 6 个连续奇数两种情况,只需证明在任何 5 个连续奇数中,一定有一个数k,使得$(k,210)=1$.

易知,5 个连续奇数一定是模 5 的完全剩余系,从而 5 个连续奇数中一定只有一个数是 5 的倍数.

同理,任意 3 个连续奇数是模 3 的完全剩余系.这样,5 个连续整数中最多只有两个数是 3 的倍数;5 个连续奇数中最多只有一个数是 7 的倍数.

因此,任意 5 个连续奇数中至少有一个数不是 3,5,7 的倍数,设此数为 k,它即为所求的数.

例 3.2.3　设 $m>0$,m 是偶数,$\{a_1,a_2,\cdots,a_m\}$ 与 $\{b_1,b_2,\cdots,b_m\}$ 都是模 m 的完全剩余系.证明:$\{a_1+b_1,a_2+b_2,\cdots,a_m+b_m\}$ 不是模 m 的完全剩余系.

证明　因为 $\{1,2,\cdots,m\}$ 与 $\{a_1,a_2,\cdots,a_m\}$ 都是模 m 的完全剩余系,所以

$$\sum_{i=1}^{m}a_i\equiv\sum_{i=1}^{m}i=\frac{m(m+1)}{2}=m\cdot\frac{m}{2}+\frac{m}{2}\equiv\frac{m}{2}(\bmod m)$$

同理

$$\sum_{i=1}^{m}b_i\equiv\frac{m}{2}(\bmod m)$$

若 $\{a_1+b_1,a_2+b_2,\cdots,a_m+b_m\}$ 是模 m 的完全剩余系,则

$$\sum_{i=1}^{m}(a_i+b_i)\equiv\frac{m}{2}(\bmod m)$$

又

$$\sum_{i=1}^{m}(a_i+b_i)=\sum_{i=1}^{m}a_i+\sum_{i=1}^{m}b_i\equiv m\equiv 0(\bmod m)$$

矛盾,结论成立.

例 3.2.4　设 m 是整数,$4\mid m$,$\{a_1,a_2,\cdots,a_m\}$ 与 $\{b_1,b_2,\cdots,b_m\}$ 都是模 m 的完全剩余系.证明:$\{a_1b_1,a_2b_2,\cdots,a_mb_m\}$ 不是模 m 的完全剩余系.

证明　如果 $\{a_1b_1,a_2b_2,\cdots,a_mb_m\}$ 是模 m 的完全剩余系,且 $4\mid m$,则其中的奇数与偶数各半.又 $\{a_1,a_2,\cdots,a_m\}$ 与 $\{b_1,b_2,\cdots,b_m\}$ 也是模 m 的两个完全剩余系,则 a_ib_i 中只能是 a_i,b_i 同奇或同偶(否则 a_ib_i 中奇偶不各半),从而 $a_ib_i\not\equiv 2(\bmod 4)$,这对于 $4\mid m$ 的模 m 的完全剩余系是不可能的.

例 3.2.5　如果 p 是素数,且 $a\not\equiv 0(\bmod p)$,那么存在唯一的 $b\in\{1,2,3,\cdots,p-2,p-1\}$,使得 $ab\equiv 1(\bmod p)$.

证明　因 $(a,p)=1$,由定理 3.2.2 知,$a,2a,3a,\cdots,(p-1)a,pa$ 构成模 p 的一个完全剩余系,故数列 $a,2a,3a,\cdots,(p-1)a,pa$ 中必有唯一整数,使得 $ab\equiv 1(\bmod p)$ 成立.显然,该数不可能是 pa,故得证.

例 3.2.6　求证:对任何正整数 n,都存在仅由数字 0 和 1 组成的数 a,使得 $n\mid a$.

证明　考察 $1,11,111,\cdots,\underbrace{11\cdots1}_{n+1\text{个}}$ 这 $n+1$ 个数,则这 $n+1$ 个数中至少有两个数关于模 n 同余.不妨取 $b=\underbrace{11\cdots1}_{t\text{个}}$,$c=\underbrace{11\cdots1}_{k\text{个}}$ $(t>k)$,则 $b\equiv c(\bmod n)$.于是 $n\mid b-c$,令 $a=b-c$,则 $n\mid a$,且 $a=\underbrace{11\cdots1}_{t-k\text{个}}\underbrace{00\cdots0}_{k\text{个}}$.

例 3.2.7　对于所有奇质数 p 和正整数 n $(n\geqslant p)$,求证:$C_n^p\equiv\left[\frac{n}{p}\right](\bmod p)$.

证明　由于

$$C_n^p=\frac{n(n-1)(n-2)\cdots(n-p+1)}{p!}$$

而 $n,n-1,n-2,\cdots,n-p+1$ 组成模 p 的一个完全剩余系. 即是说,一定存在唯一整数

$$a\in\{n,n-1,n-2,\cdots,n-p+1\}$$

使得 $p\mid a$. 下面证明 $a=\left[\frac{n}{p}\right]\cdot p$,即证

$$n-p+1\leqslant\left[\frac{n}{p}\right]\cdot p\leqslant n$$

令 $n=kp+r$,其中 $0\leqslant r\leqslant p-1$. 即证 $kp+r-p+1\leqslant kp\leqslant kp+r$,显然成立.

$$\begin{aligned}C_n^p&=\frac{n(n-1)\cdots(a+1)(a-1)\cdots(n-p+1)\cdot a}{(p-1)!\cdot p}\\&=\frac{n(n-1)\cdots(a+1)(a-1)\cdots(n-p+1)\cdot\left[\frac{n}{p}\right]\cdot p}{(p-1)!\cdot p}\\&=\frac{n(n-1)\cdots(a+1)(a-1)\cdots(n-p+1)\cdot\left[\frac{n}{p}\right]}{(p-1)!}\end{aligned}$$

因为 $n,n-1,\cdots,a+1,a,a-1,\cdots,n-p+1$ 是模 p 的一个完全剩余系,则

$$n(n-1)\cdots(a+1)(a-1)\cdots(n-p+1)\equiv(p-1)!\pmod p$$

所以

$$\begin{aligned}C_n^p\cdot(p-1)!&=n(n-1)\cdots(a+1)(a-1)\cdots(n-p+1)\cdot\left[\frac{n}{p}\right]\\&\equiv(p-1)!\cdot\left[\frac{n}{p}\right]\pmod p\end{aligned}$$

而 $((p-1)!,p)=1$,所以 $C_n^p\equiv\left[\frac{n}{p}\right]\pmod p$.

习　题　3.2

1. 证明:当 $m>2$ 时,$0^2,1^2,\cdots,(m-1)^2$ 一定不是模 m 的完全剩余系.

2. 设 p 为大于3的素数,且 $a\in\{2,3,\cdots,p-2\}$. 求证:在集合 $\{2,3,\cdots,p-2\}$ 中,存在唯一的一个数 b,满足 $ab\equiv1\pmod p$ 且 $b\neq a$.

3. [威尔逊(*Wilson*)定理] 设 p 是素数,则 $(p-1)!\equiv-1\pmod p$.

4. 证明:若 $2p+1$ 是奇素数,则 $(p!)^2+(-1)^p\equiv0\pmod{2p+1}$.

5. 证明:若 p 是奇素数,$N=1+2+\cdots+(p-1)$,则 $(p-1)!\equiv p-1\pmod N$.

6. 证明威尔逊定理的逆定理:若 $n>1$,并且 $(n-1)!\equiv-1\pmod n$,则 n 是素数.

7. (1) 证明:整数列 $-H,\cdots,-1,0,1,\cdots,H\left(H=\frac{3^{n+1}-1}{3-1}\right)$ 中每一个整数有且只有一种方法表示成 $3^nx_n+3^{n-1}x_{n-1}+\cdots+3x_1+x_0$ 的形状,其中 $x_i=-1,0$ 或 $1,i=0,1,\cdots,n$;

(2) 说明应用 $n+1$ 个特制的砝码,在天平上可以量出 $1 \sim H$ 任何一个的质量.

8. 证明:$x = u + p^{s-t}v, u = 0,1,\cdots,p^{s-t}-1, v = 0,1,\cdots,p^t-1, t \leqslant s$ 是模 p^s 的一个完全剩余系.

9. 若 $m_1,m_2,\cdots,m_k$ 是 k 个两两互质的正整数,$x_1,x_2,\cdots,x_k$ 分别通过模 $m_1,m_2,\cdots,m_k$ 的完全剩余系,则 $M_1x_1+M_2x_2+\cdots+M_kx_k$ 通过模 $m_1m_2\cdots m_k = m$ 的完全剩余系,其中 $m = m_iM_i, i = 1,2,\cdots,k$.

10. 若 $m_1,m_2,\cdots,m_k$ 是 k 个正整数,$x_1,x_2,\cdots,x_k$ 分别通过模 $m_1,m_2,\cdots,m_k$ 的完全剩余系,则 $x_1+m_1x_2+m_1m_2x_3+\cdots+m_1m_2\cdots m_{k-1}x_k$ 通过模 $m_1m_2\cdots m_k$ 的完全剩余系.

3.3　简化剩余系与欧拉函数

由同余的性质,若 $a \equiv b(\bmod m)$,则 $(a,m) = (b,m)$,可知:某个剩余类中如果有一个数与 m 互质,则这个剩余类中每个数都与 m 互质.

定义 3.3.1　设 R 是模 m 的一个剩余类,任意 $a \in R$,都有 $(a,m) = 1$ 成立,则称 R 是模 m 的一个简化剩余类.

例如,模 4 的简化剩余类有两个:

$$R_1 = \{\cdots,-7,-3,1,5,9,\cdots\}$$
$$R_3 = \{\cdots,-5,-1,3,7,11,\cdots\}$$

定义 3.3.2　对于正整数 k,令函数 $\varphi(k)$ 的值等于模 k 的所有简化剩余类的个数,称 $\varphi(k)$ 为 Euler 函数.

例如,容易验证 $\varphi(2) = 1, \varphi(3) = 2, \varphi(4) = 2, \varphi(7) = 6$. 显然,$\varphi(m)$ 就是模 m 的一个完全剩余系中与 m 互素的整数个数.

注意:(1) 特别地,当 p 素数时,$\varphi(p) = p-1, \varphi(p^k) = p^k - p^{k-1}$.

(2) $\varphi(1) = 1$.

定义 3.3.3　对于正整数 m,从模 m 的简化剩余类中各取一个数 x_i,构成一个集合 $\{x_1,x_2,\cdots,x_{\varphi(m)}\}$,称为模 m 的一个简化剩余系.

例如,$\{1,3,5,7\}$ 是模 8 的一个简化剩余系.

显然,模 m 的任何一组简化剩余系有相同的整数个数.

定理 3.3.1　整数集合 A 是模 m 的简化剩余系的充要条件是:

(1) A 中含有 $\varphi(m)$ 个整数;

(2) A 中任何两个整数对模 m 不同余;

(3) A 中的每个整数都与 m 互质.

证明　若 A 是模 m 的简化剩余系,显然(1),(2)与(3)成立;反之,满足(1),(2)与(3)的一组数必分别来自于模 m 的每一个不同的与模 m 互素的剩余类,即它是模 m 的简化剩余系.

定理 3.3.2　设 a 是整数,$(a,m) = 1$, $B = \{x_1,x_2,\cdots,x_{\varphi(m)}\}$ 是模 m 的简化剩余系,

则 $A=\{ax_1,ax_2,\cdots,ax_{\varphi(m)}\}$ 也是模 m 的简化剩余系.

证明　下面验证定理 3.3.1 的三个条件.

(1) A 中含有 $\varphi(m)$ 个整数;

(2) 因 $(a,m)=1$,故

$$(ax_i,m)=(x_i,m)=1\quad(1\leqslant i\leqslant\varphi(m))$$

(3) 若 $ax',ax''\in A$,使得

$$ax'\equiv ax''(\bmod m),$$

因 $(a,m)=1$,故 $x'\equiv x''(\bmod m)$,即 $x'=x''$,结论成立.

注意:一般地,若 $(a,m)=1$,x 通过模 m 的简化剩余系,则 $ax+b$ 未必通过模 m 的简化剩余系.

定理 3.3.3　设 $m_1,m_2\in\mathbf{N}$,$(m_1,m_2)=1$,又设 $X=\{x_1,x_2,\cdots,x_{\varphi(m_1)}\}$ 与 $Y=\{y_1,y_2,\cdots,y_{\varphi(m_2)}\}$ 分别是模 m_1 与模 m_2 的简化剩余系,则 $A=\{m_1y+m_2x\mid x\in X,y\in Y\}$ 是模 m_1m_2 的简化剩余系.

证明　由推论 3.2.1 知,集合 A 是模 m_1m_2 的完全剩余系集合 A' 的子集,因此,只需证明 A' 中所有与 m_1m_2 互素的整数构成的集合 B 就是集合 A.

若 $m_1y+m_2x\in B$,则

$$(m_1y+m_2x,m_1m_2)=1$$

于是
$$(m_1y+m_2x,m_1)=1$$

故
$$(m_2x,m_1)=1$$

即
$$(x,m_1)=1$$

则
$$x\in X$$

同理,可得 $y\in Y$,则

$$m_1y+m_2x\in A$$

即
$$B\subseteq A$$

反之,若 $m_1y+m_2x\in A$,则 $x\in X,y\in Y$,即

$$(x,m_1)=1,\quad(y,m_2)=1$$

又 $(m_1,m_2)=1$,则

$$(m_1y+m_2x,m_1)=(m_2x,m_1)=1\tag{3.3.1}$$

同理
$$(m_1y+m_2x,m_2)=(m_1y,m_2)=1\tag{3.3.2}$$

由式(3.3.1)、式(3.3.2)及 $(m_1,m_2)=1$,得

$$(m_1y+m_2x,m_1m_2)=1$$

故 $m_1y+m_2x\in B$,于是 $A\subseteq B$,则 $A=B$.

定理 3.3.4　若 $m_1,m_2\in\mathbf{N}$,$(m_1,m_2)=1$,则

$$\varphi(m_1m_2)=\varphi(m_1)\varphi(m_2)$$

证明　由定理 3.3.3 知,若 x_1,x_2 分别通过模 m_1,m_2 的简化剩余系,则 $m_2x_1+m_1x_2$ 通过模 m_1m_2 的简化剩余系,即 $m_2x_1+m_1x_2$ 通过 $\varphi(m_1,m_2)$ 个整数.

另一方面,由于 x_1 通过 $\varphi(m_1)$ 个整数,x_2 通过 $\varphi(m_2)$ 个整数,则 $m_2x_1+m_1x_2$ 通过

$\varphi(m_1)\varphi(m_2)$ 个整数，故 $\varphi(m_1m_2)=\varphi(m_1)\varphi(m_2)$.

定理 3.3.5　设 n 是正整数，$p_1,p_2,\cdots,p_k$ 是它的全部素因数，则

$$\varphi(n)=n\left(1-\frac{1}{p_1}\right)\left(1-\frac{1}{p_2}\right)\cdots\left(1-\frac{1}{p_k}\right)$$

证明　设 $n=p_1^{\alpha_1}p_2^{\alpha_2}\cdots p_k^{\alpha_k}$，由定理 3.3.4 知

$$\varphi(n)=\varphi(p_1^{\alpha_1})\varphi(p_2^{\alpha_2})\cdots\varphi(p_k^{\alpha_k})$$

对于素数 p，$\varphi(p^\alpha)$ 表示数列 $1,2,\cdots,p^\alpha$ 中与 p^α 互素的个数，因此有

$$\varphi(p^\alpha)=p^\alpha-\left[\frac{p^\alpha}{p}\right]=p^\alpha-p^{\alpha-1}=p^\alpha\left(1-\frac{1}{p}\right)$$

从而

$$\varphi(p_1^{\alpha_1})=p_1^{\alpha_1}\left(1-\frac{1}{p_1}\right)$$

$$\varphi(p_2^{\alpha_2})=p_2^{\alpha_2}\left(1-\frac{1}{p_2}\right)$$

……

$$\varphi(p_k^{\alpha_k})=p_k^{\alpha_k}\left(1-\frac{1}{p_k}\right)$$

故

$$\varphi(n)=n\left(1-\frac{1}{p_1}\right)\left(1-\frac{1}{p_2}\right)\cdots\left(1-\frac{1}{p_k}\right)$$

例 3.3.1　设整数 $n\geqslant 2$，证明：$\sum\limits_{\substack{1\leqslant i\leqslant n\\(i,n)=1}} i=\frac{1}{2}n\varphi(n)$，即在数列 $1,2,\cdots,n$ 中与 n 互素的整数之和是 $\frac{1}{2}n\varphi(n)$.

证明　设数列 $1,2,\cdots,n$ 中与 n 互素的数是 $a_1,a_2,\cdots,a_{\varphi(n)}$. 因为

$$(a_i,n)=1\qquad(1\leqslant a_i\leqslant n-1;1\leqslant i\leqslant\varphi(n))$$

所以

$$(n-a_i,n)=1\quad(1\leqslant n-a_i\leqslant n-1;1\leqslant i\leqslant\varphi(n))$$

这就是说，$\{a_1,a_2,\cdots,a_{\varphi(n)}\}$ 与 $\{n-a_1,n-a_2,\cdots,n-a_{\varphi(n)}\}$ 是相同的，则

$$a_1+a_2+\cdots+a_{\varphi(n)}=(n-a_1)+(n-a_2)+\cdots+(n-a_{\varphi(n)})$$

即

$$2(a_1+a_2+\cdots+a_{\varphi(n)})=n\varphi(n)$$

故

$$a_1+a_2+\cdots+a_{\varphi(n)}=\frac{1}{2}n\varphi(n)$$

例 3.3.2　证明：若 $m,n\in\mathbf{N}$，则 $\varphi(mn)=(m,n)\varphi([m,n])$.

证明　易知 mn 与 $[m,n]$ 有相同的素因数，设它们是 $p_i\ (1\leqslant i\leqslant k)$，则

$$\varphi(mn)=mn\left(1-\frac{1}{p_1}\right)\left(1-\frac{1}{p_2}\right)\cdots\left(1-\frac{1}{p_k}\right)$$

$$\varphi([m,n])=[m,n]\left(1-\frac{1}{p_1}\right)\left(1-\frac{1}{p_2}\right)\cdots\left(1-\frac{1}{p_k}\right)$$

又

$$mn=(m,n)[m,n]$$

故

$$\begin{aligned}\varphi(mn)&=(m,n)[m,n]\left(1-\frac{1}{p_1}\right)\left(1-\frac{1}{p_2}\right)\cdots\left(1-\frac{1}{p_k}\right)\\&=(m,n)\varphi([m,n])\end{aligned}$$

例 3.3.3 设 $n \in \mathbf{N}$,证明:

(1) 若 n 是奇数,则 $\varphi(4n)=2\varphi(n)$;

(2) $\varphi(n)=\frac{1}{2}n$ 的充要条件是 $n=2^k\ (k\in\mathbf{N}_+)$;

(3) $\varphi(n)=\frac{1}{3}n$ 的充要条件是 $n=2^k3^t\ (k,t\in\mathbf{N}_+)$;

(4) 若 $6\mid n$,则 $\varphi(n)\leqslant\frac{1}{3}n$.

证明 (1) $\varphi(4n)=\varphi(4)\varphi(n)=\varphi(2^2)\varphi(n)=2\varphi(n)$.

(2)(充分性) 若 $n=2^k$,则

$$\varphi(2^k)=2^k\left(1-\frac{1}{2}\right)=2^{k-1}=\frac{n}{2}$$

(必要性) 若 $\varphi(n)=\frac{n}{2}$,设 $n=2^kt,2\nmid t$,则

$$\begin{aligned}\frac{n}{2}&=\varphi(n)=\varphi(2^kt)=\varphi(2^k)\varphi(t)=2^{k-1}\varphi(t)\\&=\frac{1}{2}\times2^kt\cdot\frac{\varphi(t)}{t}=\frac{n}{2}\cdot\frac{\varphi(t)}{t}\end{aligned}$$

即 $\varphi(t)=t$,故 $t=1$,从而得证(注 $\varphi(n)=1\Leftrightarrow n=1$ 或 2).

(3)(充分性) 若 $n=2^k3^t$,则

$$\begin{aligned}\varphi(n)&=\varphi(2^k3^t)=\varphi(2^k)\varphi(3^t)\\&=2^k\left(1-\frac{1}{2}\right)\cdot3^t\left(1-\frac{1}{3}\right)\\&=\frac{n}{3}\end{aligned}$$

(必要性) 若 $\varphi(n)=\frac{n}{3}$,设 $n=2^k3^tm,2\nmid m$ 且 $3\nmid m$,则

$$\begin{aligned}\frac{n}{3}&=\varphi(n)=\varphi(2^k3^tm)\\&=\varphi(2^k)\varphi(3^t)\varphi(m)\\&=\frac{n}{3}\cdot\frac{\varphi(m)}{m}\end{aligned}$$

即 $\varphi(m)=m$,故 $m=1$,从而得证.

(4) 设 $n=2^k3^tm,2\nmid m$ 且 $3\nmid m$,则

$$\begin{aligned}\varphi(n)&=\varphi(2^k3^tm)=\varphi(2^k)\varphi(3^t)\varphi(m)\\&=\frac{1}{3}\cdot2^k\cdot3^t\cdot\varphi(m)\\&\leqslant\frac{1}{3}\cdot2^k\cdot3^t\cdot m\\&=\frac{n}{3}\end{aligned}$$

习　题　3.3

1. 计算 $\varphi(700)$.

2. 设 $m = m_1m_2$,m_1 与 m 有相同的素因数.证明:$\varphi(m) = m_2\varphi(m_1)$.

3. 证明:$\varphi(1) + \varphi(p) + \cdots + \varphi(p^\alpha) = p^\alpha$,$p$ 为素数.

4. 证明:$\sum\limits_{d|a}\varphi(d) = a$,其中 $\sum\limits_{d|a}$ 表示对 a 的一切正因数求和.

5. 若 m 是大于1的正整数,a 是整数,$(a,m) = 1$,ξ 通过模 m 的简化剩余系,则

$$\sum_{\xi}\left\{\frac{a\xi}{m}\right\} = \frac{1}{2}\varphi(m)$$

其中,$\{x\}$表示 x 的小数部分.

6. 若 $m_1,m_2,\cdots,m_k$ 是k个两两互质的正整数,$\xi_1,\xi_2,\cdots,\xi_k$ 分别通过模$m_1,m_2,\cdots,m_k$ 的简化剩余系,则 $M_1\xi_1 + M_2\xi_2 + \cdots + M_k\xi_k$ 通过模 $m_1m_2\cdots m_k = m$ 的简化剩余系,其中 $m = m_iM_i$,$i = 1,2,\cdots,k$.

3.4　欧拉定理与费马定理

欧拉(Euler)定理　设 m 是正整数,$(a,m) = 1$,则 $a^{\varphi(m)} \equiv 1(\bmod m)$.

证明　设$\{x_1,x_2,\cdots,x_{\varphi(m)}\}$是模 m 的一个简化剩余系,则$\{ax_1,ax_2,\cdots,ax_{\varphi(m)}\}$也是模 m 的一个简化剩余系.于是

$$ax_1\cdot ax_2\cdot\cdots\cdot ax_{\varphi(m)} \equiv x_1\cdot x_2\cdot\cdots\cdot x_{\varphi(m)}(\bmod m)$$

即
$$a^{\varphi(m)}x_1\cdot x_2\cdot\cdots\cdot x_{\varphi(m)} \equiv x_1\cdot x_2\cdot\cdots\cdot x_{\varphi(m)}(\bmod m)$$

因
$$(x_1\cdot x_2\cdot\cdots\cdot x_{\varphi(m)},m) = 1$$

故
$$a^{\varphi(m)} \equiv 1(\bmod m)$$

费马(Fermat)定理　设 p 是素数,则对于任意的整数 a,有 $a^p \equiv a(\bmod p)$.

证明　若$(a,p) = 1$,由欧拉定理,$a^{p-1} \equiv 1(\bmod p)$,有 $a^p \equiv a(\bmod p)$;若$(a,p) > 1$,则 $p|a$,故 $a^p \equiv 0 \equiv a(\bmod p)$,结论成立.

注意:有时命题"设 p 为素数,$(a,p) = 1$,则 $a^{p-1} \equiv 1(\bmod p)$"也称为费马小定理.这个命题的逆命题不成立.也就是说,当 $a^{m-1} \equiv 1(\bmod m)$ 成立时,m 不一定是素数.例如,$2^{340} \equiv 1(\bmod 341)$,此时 $341 = 11\times 31$,341 不是素数.

例 3.4.1　设 $n\in\mathbf{N}$,则 $5\nmid 1^n + 2^n + 3^n + 4^n \Leftrightarrow 4|n$.

证明　因 $\varphi(5) = 4$,由欧拉定理知

$$k^4 \equiv 1(\bmod 5)\quad(1\leqslant k\leqslant 4)$$

令 $n = 4q + r$,$0\leqslant r\leqslant 3$,故

$$\begin{aligned}1^n + 2^n + 3^n + 4^n &\equiv (1^4)^q\cdot 1^r + (2^4)^q\cdot 2^r + (3^4)^q\cdot 3^r + (4^4)^q\cdot 4^r\\ &\equiv 1^r + 2^r + 3^r + 4^r(\bmod 5)\end{aligned}$$

(必要性) 若 $5 \nmid 1^n + 2^n + 3^n + 4^n$,即

$$5 \nmid 1^r + 2^r + 3^r + 4^r$$

把 $r = 0,1,2,3$ 代入检验可知 $r = 0$,故 $4 \mid n$.

(充分性) 若 $4 \mid n$,则 $r = 0$,易知

$$5 \nmid 1^r + 2^r + 3^r + 4^r$$

故
$$5 \nmid 1^n + 2^n + 3^n + 4^n$$

例 3.4.2 求证:$2\,730 \mid n^{13} - n$ (n 为任意整数).

证明 由费马定理,知 $13 \mid n^{13} - n$,$7 \mid n^7 - n$,$5 \mid n^5 - n$,$3 \mid n^3 - n$,$2 \mid n^2 - n$,故所证成立.

例 3.4.3 若 a,b 是任意整数,p 为素数.证明:$(a+b)^p \equiv a^p + b^p \pmod p$.

证明 由二项式定理,得

$$(a+b)^p = a^p + \frac{p}{1!}a^{p-1}b + \frac{p(p-1)}{2!}a^{p-2}b^2 + \cdots + \frac{p}{1!}ab^{p-1} + b^p$$

则
$$(a+b)^p - (a^p + b^p) = p\left(a^{p-1}b + \frac{p-1}{2}a^{p-2}b^2 + \cdots + ab^{p-1}\right)$$

因此
$$(a+b)^p \equiv a^p + b^p \pmod p$$

另证 由费马定理,得

$$a^p = a \pmod p$$

$$b^p = b \pmod p$$

则
$$a^p + b^p \equiv a + b \pmod p$$

又
$$(a+b)^p \equiv a + b \pmod p$$

因此
$$(a+b)^p \equiv a^p + b^p \pmod p$$

例 3.4.4 设 $a = 10^{10^{10}}$,计算某星期一后的第 a 天是星期几?

解 因为$10^6 \equiv 1 \pmod 7$.为了把指数 a 的指数10^{10} 写成 $6q+r$ 的形式,还需取 6 为模来计算10^{10}.为此有 $10 \equiv 4 \pmod 6$,进而有$10^2 \equiv 4^2 \equiv 4 \pmod 6$,$10^3 \equiv 4^3 \equiv 4 \pmod 6$,依次类推,有$10^{10} \equiv 4 \pmod 6$,所以$10^{10} \equiv 6q + 4 \pmod 6$.

从而,$a \equiv 10^{6q+4} \equiv (10^6)^q \times 10^4 \equiv 1^q \times 10^4 \equiv 3^4 \equiv 4 \pmod 7$.这样,星期一后的第 a 天将是星期五.

例 3.4.5 设 p 为奇素数,a,n 都是正整数,且 $p^n \mid a^p - 1$.

(1) 证明:$p^{n-1} \mid a - 1$;

(2) 当 $p = 2$ 时,上述结论成立吗?

证明 (1) 因 $p^n \mid a^p - 1$,故 $p \mid a^p - 1$,则

$$(a,p) = 1$$

从而
$$a^{p-1} \equiv 1 \pmod p$$

则
$$a^{p-1} \equiv 1 \equiv a^p \pmod p$$

即
$$a^{p-1}(a-1) \equiv 0 \pmod p$$

由$(a,p) = 1$,得

$$a \equiv 1 \pmod p$$

另一方面,设 $A = a^{p-1} + a^{p-2} + \cdots + 1$,则

$$a^p - 1 = (a-1)A$$

且

$$A \equiv 1^{p-1} + 1^{p-2} + \cdots + 1 \equiv p \equiv 0 \pmod p$$

即 $p \mid A$.

进一步,设 $a = kp + 1$,由二项式定理可知

$$A \equiv kp[(p-1) + (p-2) + \cdots + 1] + p$$

$$\equiv \frac{(p-1)k}{2} \cdot p^2 + p \equiv p \pmod{p^2}$$

从而 $p^2 \nmid A$. 由于 $p \mid A$,$p^2 \nmid A$,结合 $p^n \mid a^p - 1$,可知 $p^{n-1} \mid a-1$.

(2) 当 $p = 2$ 时,结论不成立. 例如,$2^3 \mid 3^2 - 1$,但 $2^2 \nmid 3 - 1$.

例 3.4.6　求出所有小于 10 的正整数 m,使得 5 整除 $1\,989^m + m^{1\,989}$.

解　考虑 mod5,$1\,989^m \equiv (-1)^m \pmod 5$.

若 $m = 5$,则 5 不整除 $1\,989^m + m^{1\,989}$,于是 $m \neq 5$. 5 是素数,$1 \leqslant m \leqslant 9$,则 $(5, m) = 1$,由费马小定理,$m^{1\,989} \equiv (m^5)^{397} \cdot m^4 \equiv m \pmod 5$.

若 m 为奇数,则 $5 \mid m - 1$,从而 $m = 1$;若 m 为偶数,则 $5 \mid m + 1$,从而 $m = 4$;故 $m = 1$ 或 4.

习　题　3.4

1. 求 $(12\,371^{56} + 34)^{28}$ 被 111 除的余数.

2. 设 $13^{2\,005} \equiv a \pmod{60}$,其中 $0 \leqslant a < 60$,求 a.

3. 若 $a^{m-1} \equiv 1 \pmod m$,并且对于 $m-1$ 的任一真因数 n,$a^n \not\equiv 1 \pmod m$. 则 m 是素数.

4. 试证大于 3 的任意两素数的平方差是 24 的倍数.

5. 设 p 是素数,并且 $(a, p) = 1$,则

(1) 当 a 是奇数时,$a^{p-1} + (p-1)^a \equiv 0 \pmod p$;

(2) 当 a 是偶数时,$a^{p-1} - (p-1)^a \equiv 0 \pmod p$.

6. 设 p, q 是两个不同的素数. 证明:$p^{q-1} + q^{p-1} \equiv 1 \pmod{pq}$.

7. 设 d 是满足 $a^n \equiv 1 \pmod n$ 的所有正整数 n 中的最小数,则 $d \mid n$.

8. 设 p 是一个大于 5 的素数. 求证:$240 \mid p^4 - 1$.

9. 设 p 为素数. 证明:存在无穷多个正整数 n,使得 $2^n \equiv n \pmod p$.

10. (1) 证明下列事实但不许用费马定理:若 p 是质数,$h_1, h_2, \cdots, h_a$ 是整数,则

$$(h_1 + h_2 + \cdots + h_a)^p \equiv h_1^p + h_2^p + \cdots + h_a^p \pmod p$$

(2) 由(1) 证明费马定理,然后再由费马定理证明欧拉定理.

第4章　同余方程

4.1　基本概念及一次同余式

在代数中，求解方程是一个核心问题．同样地，同余方程是同余理论的核心内容．

定义 4.1.1　设 $f(x)=a_nx^n+a_{n-1}x^{n-1}+\cdots+a_1x+a_0$ 是整系数多项式，称 $f(x)\equiv 0(\bmod m)$ 是关于未知数 x 的模 m 同余方程，简称为模 m 的同余方程．若 $a_n\not\equiv 0(\bmod m)$，则称 $f(x)\equiv 0(\bmod m)$ 为 n 次同余方程．

显然，同余方程的次数和多项式 $f(x)$ 的次数是不同的．

定义 4.1.2　若 a 是使 $f(a)\equiv 0(\bmod m)$ 成立的一个整数，则 $x\equiv a(\bmod m)$ 称为 $f(x)\equiv 0(\bmod m)$ 的一个解．今后把适合 $f(x)\equiv 0(\bmod m)$ 而对模 m 相互同余的一切整数算作 $f(x)\equiv 0(\bmod m)$ 的一个解．

注意：(1) 我们把模 m 的同一个剩余类中的两个数视为相同的，即它们是同余方程的一个解．

(2) 我们把所有对模 m 两两不同余的方程的解的个数称为同余方程的解数．显然，模 m 的同余方程的解数至多为 m．

(3) 在解同余方程时，我们只需要在模 m 的一组完全剩余系中来解模 m 的同余方程．

一次同余方程的一般形式为

$$ax\equiv b(\bmod m)$$

可以看出，适合上述同余方程的整数，也就是适合不定方程

$$ax+my=b$$

的解中的 x，故解一次同余方程可以用解不定方程的方法来解决．

定理 4.1.1　设 a,b 是整数，$a\not\equiv 0(\bmod m)$，则同余方程

$$ax\equiv b(\bmod m) \tag{4.1.1}$$

有解的充要条件是 $(a,m)\mid b$．若有解，则恰有 $d=(a,m)$ 个解．

证明　同余方程(4.1.1)等价于不定方程

$$ax+my=b \tag{4.1.2}$$

易知充要条件成立．若同余方程(4.1.1)有解 x_0，则存在整数 y_0，使 x_0,y_0 是方程(4.1.2)的解，方程(4.1.2)的全部解为

$$\begin{cases} x=x_0+\dfrac{m}{(a,m)}t \\ y=y_0-\dfrac{a}{(a,m)}t \end{cases}\quad (t\in\mathbf{Z}) \tag{4.1.3}$$

由式(4.1.3)所确定的 x 满足式(4.1.1). 记 $d=(a,m)$, $t=dq+r$ ($q\in\mathbf{Z}$, $r=0,1,2,\cdots,d-1$), 则

$$x=x_0+\frac{m}{d}(dq+r)$$

即

$$x=x_0+mq+\frac{m}{d}r\equiv x_0+\frac{m}{d}r\pmod m$$

易知 $r=0,1,2,\cdots,d-1$ 时, 相应的解 $x_0, x_0+\frac{m}{d}, x_0+\frac{2m}{d},\cdots,x_0+\frac{(d-1)m}{d}$ 对于模 m 两两不同余.

设 $0\leqslant k_1,k_2\leqslant d-1$, $m=dm_1$, 若

$$x_0+\frac{k_1m}{d}\equiv x_0+\frac{k_2m}{d}\pmod m$$

则

$$\frac{k_1m}{d}\equiv\frac{k_2m}{d}\pmod m$$

由 $m=dm_1$, 得

$$m_1k_1\equiv m_1k_2\pmod m$$

故

$$k_1\equiv k_2\left(\bmod\frac{m}{m_1}\right)$$

即

$$k_1\equiv k_2\pmod d$$

故

$$k_1=k_2$$

所以方程(4.1.1)恰有 d 个解.

由上述定理得到同余方程(4.1.1)的解法: 先求 $d=(a,m)$, 如果 $d\nmid b$, 则式(4.1.1)无解; 如果 $d\mid b$, 先求出同余式 $\frac{a}{d}x\equiv\frac{b}{d}\left(\bmod\frac{m}{d}\right)$ 的解 $x\equiv r\left(\bmod\frac{m}{d}\right)$, 则

$$x\equiv r+\frac{mt}{d}\pmod m\quad(t=0,1,2,\cdots,d-1)$$

即式(4.1.1)的全部 d 个解.

例 4.1.1　解同余方程: (1) $26x\equiv13\pmod{32}$; (2) $15x\equiv24\pmod{21}$.

解　(1) 因 $(26,32)=2$, $2\nmid13$, 故无解.

(2) 因 $(15,21)=3$, 且 $3\mid24$, 考虑 $5x\equiv8\pmod7$, 易知 $x\equiv3\pmod7$ 是 $5x\equiv8\pmod7$ 的解, 故

$$x\equiv3+\frac{21}{3}t\equiv3+7t\pmod{21}\quad(t=0,1,2)$$

则

$$x\equiv3,x\equiv10,x\equiv17\pmod{21}$$

例 4.1.2　设 $(a,m)=1$, 又设存在整数 y, 使得 $a\mid b-ym$, 则 $x\equiv\frac{b-ym}{a}\pmod m$ 是同余方程 $ax\equiv b\pmod m$ 的解.

证明　因为

$$x\equiv\frac{b-ym}{a}\pmod m$$

$$ax\equiv b-ym\equiv b\pmod m$$

所以,结论成立.

由例 4.1.2 说明,$(a,m)=1$ 时,求同余方程 $ax\equiv b(\bmod m)$ 的解,可以先求同余方程 $my\equiv b(\bmod a)$ 的解,再把求得的解代入 $x\equiv\frac{b-ym}{a}(\bmod m)$ 即可.

例 4.1.3　解同余方程 $325x\equiv 20(\bmod 161)$.

解　因 $d=(325,161)=1$,故无法通过 $\frac{a}{d}x\equiv\frac{b}{d}\left(\bmod\frac{m}{d}\right)$ 化简. 又因

$$325x\equiv 20(\bmod 161)$$

故

$$3x\equiv 20(\bmod 161)$$

由 $3x\equiv 20(\bmod 161)$,解同余方程 $161y\equiv 20(\bmod 3)$,得

$$2y\equiv -1(\bmod 3)$$

易知

$$y\equiv 1(\bmod 3)$$

将 $y\equiv 1(\bmod 3)$ 代入 $x\equiv\frac{b-ym}{a}(\bmod m)$,即

$$x\equiv\frac{20-161}{3}\equiv 114(\bmod 161)$$

例 4.1.4　解同余方程 $6x\equiv 7(\bmod 23)$.

解　先解 $23y\equiv 7(\bmod 6)$,得

$$-y\equiv 1(\bmod 6)$$

即

$$y\equiv -1(\bmod 6)$$

又

$$x\equiv\frac{b-my}{a}(\bmod m)$$

故

$$x\equiv\frac{7+23}{6}\equiv 5(\bmod 23)$$

例 4.1.5　解同余方程 $589x\equiv 1\,026(\bmod 817)$.

解　因 $d=(a,m)=(589,817)=19$,又 $19\mid 1\,026$. 考虑 $\frac{589}{19}x\equiv\frac{1\,026}{19}\left(\bmod\frac{817}{19}\right)$,即

$$31x\equiv 54(\bmod 43)$$

$$31x\equiv 11(\bmod 43)\tag{4.1.4}$$

故 $43s\equiv 11(\bmod 31)$,即

$$12s\equiv 11(\bmod 31)\tag{4.1.5}$$

故 $31z\equiv 11(\bmod 12)$,即

$$7z\equiv 11(\bmod 12)\tag{4.1.6}$$

因 $12t\equiv 11(\bmod 7)$,即

$$5t\equiv 4(\bmod 7)$$

易知 $t\equiv 5(\bmod 7)$,反复用 $x\equiv\frac{b-my}{a}(\bmod m)$ 代入. 用式(4.1.6)代入,得

$$z\equiv\frac{11-12\times 5}{7}\equiv -7(\bmod 12)$$

用式(4.1.5)代入,得

$$s \equiv \frac{11-31\times(-7)}{12} \equiv 19 \pmod{31}$$

用式(4.1.4)代入,得

$$x \equiv \frac{11-19\times 43}{31} \equiv 17 \pmod{43}$$

故原同余方程的解为

$$x \equiv 17+\frac{m}{d}t \equiv 17+\frac{817}{19}t$$

$$\equiv 17+43t \pmod{817} \quad (t=0,1,2,\cdots,18)$$

例 4.1.6　设 m 是正整数,$(a,m)=1$. 证明:$x \equiv ba^{\varphi(m)-1} \pmod{m}$ 是同余方程 $ax \equiv b \pmod{m}$ 的解.

证明　因 $(a,m)=1$,由欧拉定理,则

$$a^{\varphi(m)} \equiv 1 \pmod{m}$$

故

$$ax \equiv b \equiv a^{\varphi(m)}b \pmod{m}$$

又因 $(a,m)=1$,故

$$x \equiv a^{\varphi(m)-1}b \pmod{m}$$

注意:例 4.1.6 又给出一种求解同余方程的解法,因为该方法是解一次同余方程的一种通法,所以也可以称为公式法.

例 4.1.7　解同余方程 $8x \equiv 9 \pmod{11}$.

解　因 $\varphi(11)=10$,故

$$x \equiv 8^{10-1}\cdot 9 \equiv 8^9 \cdot 9 \equiv 8 \pmod{11}$$

另解:因 $8x \equiv 9 \pmod{11}$,故

$$x \equiv \frac{9}{8} \equiv \frac{36}{32} \equiv \frac{3}{-1} \equiv -3 \equiv 8 \pmod{11}$$

或

$$x \equiv \frac{9}{8} \equiv \frac{20}{8} \equiv \frac{5}{2} \equiv \frac{16}{2} \equiv 8 \pmod{11}$$

注意:(1) 把 $ax \equiv b \pmod{m}$ 写成 $x \equiv \frac{b}{a} \pmod{m}$ 的形式,只是一种记法.

(2) 先把 $ax \equiv b \pmod{m}$ 写成 $x \equiv \frac{b}{a} \pmod{m}$ 的形式,然后再用与 m 互质的数陆续乘右边的分子和分母,目的在于把分母变成绝对值较小的同余数,一直变到 1 为止.这样等于把同余方程的两边各乘以与 m 互质的数,这对于同余方程的解没有影响.若发现分子和分母有公约数,并且与 m 互质,则可把它约掉,这样又把分母变小了.为了约掉分母内的因数,也可以在分子内加上或减去 m 的倍数,使分子含有分母的某个因数.

例 4.1.8　解同余方程 $12x+15 \equiv 0 \pmod{45}$.

解　因 $(12,45)=3$,$3 \mid 15$,故同余方程有解,且解数为 3. 原同余方程与同余方程 $4x+5 \equiv 0 \pmod{15}$ 等价. 应用例 4.1.6 的公式,有

$$x \equiv -5\cdot 4^{\varphi(15)-1} \pmod{15}$$

即

$$x \equiv -5\cdot 4^{8-1} \pmod{15}$$

原同余方程的解为

$$x\equiv -20,-5,10(\mathrm{mod}\,45)$$

另解 1:原同余方程等价于不定方程 $12x+45y=-15$,即

$$4x+15y=-5$$

因为$(-5,1)$是不定方程的一组解,所以不定方程的解为

$$\begin{cases}x=-5+15u\\ y=1-4u\end{cases}\quad (u\in \mathbf{Z})$$

原同余方程的解为

$$x\equiv -20,-5,10(\mathrm{mod}\,45)$$

另解 2:因$(12,45)=3,3\mid 15$,故同余方程有解,且解数为 3. 原同余方程与同余方程 $4x+5\equiv 0(\mathrm{mod}\,15)$ 等价,即 $4x\equiv -5(\mathrm{mod}\,15)$,则

$$4\times 4x\equiv -4\times 5(\mathrm{mod}\,15)$$

故 $x\equiv -20(\mathrm{mod}\,15)$,原同余方程的解为

$$x\equiv -20,-5,10(\mathrm{mod}\,45)$$

另解 3:因$(12,45)=3,3\mid 15$,故同余方程有解,且解数为 3. 原同余方程与同余方程 $4x+5\equiv 0(\mathrm{mod}\,15)$ 等价,即

$$4x\equiv -5(\mathrm{mod}\,15)$$

先解 $15y\equiv -5(\mathrm{mod}\,4)$,即

$$3y\equiv -1(\mathrm{mod}\,4)$$

故

$$3\times 3y\equiv -1\times 3(\mathrm{mod}\,4)$$

则

$$y\equiv -3(\mathrm{mod}\,4)$$

又

$$x\equiv \frac{b-my}{a}(\mathrm{mod}\,m)$$

则

$$x\equiv \frac{-5-15\times(-3)}{4}\equiv 10(\mathrm{mod}\,15)$$

原同余方程的解为

$$x\equiv -20,-5,10(\mathrm{mod}\,45)$$

习　题　4.1

1. 求同余方程 $4x^2+27x-12\equiv 0(\mathrm{mod}\,15)$ 的解.
2. 求同余方程 $4x^2+27x-9\equiv 0(\mathrm{mod}\,15)$ 的解.
3. 求同余方程 $x^5-x\equiv 0(\mathrm{mod}\,5)$ 的解.
4. 解同余方程 $31x\equiv 5(\mathrm{mod}\,17)$.
5. 解同余方程 $3\,215x\equiv 160(\mathrm{mod}\,235)$.
6. 解同余方程组$\begin{cases}3x+5y\equiv 38(\mathrm{mod}\,47)\\ x-y\equiv 10(\mathrm{mod}\,47)\end{cases}$.

7. 设 p 是素数，$0<a<p$. 证明：$x\equiv b\cdot(-1)^{a-1}\frac{(p-1)(p-2)\cdots(p-a+1)}{a!}\pmod p$ 是同余方程 $ax\equiv b\pmod p$ 的解.

8. 设 m 是正整数，τ 是实数，$1\leqslant\tau\leqslant m$，$(a,m)=1$. 证明：同余式 $ax\equiv y\pmod m$ $\left(0\leqslant x\leqslant\tau, 0<|y|\leqslant\frac{m}{\tau}\right)$ 有解.

4.2　孙子定理

在代数学中讨论方程问题时，我们知道两个不同的一元一次方程是没有公共解的，也就是说代数学的方程中不存在一元一次方程组的求解问题. 可是对于模不同的一元一次同余方程组就不是这样的，正因为模不同，求它们的解就变成有意义的问题了. 早在公元前后，我国的《孙子算经》就已经提出这种形式的问题，并且很好地解决了它，《孙子算经》中提出了如下问题：

“今有物不知其数，三三数之剩二，五五数之剩三，七七数之剩二，问物几何？”答曰“二十三”.

将这一问题译成现代语，即为“有一堆东西不知有多少，用三来除这堆东西的个数时，所得到的余数是二，用五来除这堆东西的个数时，所得到的余数是三，用七来除这堆东西的个数时所得到的余数是二，问这堆东西共有多少个？”答案是“二十三”.

对答案的求法，书中作了如下的叙述：

“术曰：三三数之剩二，置一百四十；五五数之剩三，置六十三；七七数之剩二，置三十. 并之，得二百三十三，以二百一十减之，即得.”

把这个问题用同余方程形式表达如下。

设 x 为所求物的数，依题意可以得到

$$x\equiv 2\pmod 3,\quad x\equiv 3\pmod 5,\quad x\equiv 2\pmod 7$$

对于上面的问题，一般的提法是求下面同余式组的解，即

$$x\equiv a\pmod 3,\quad x\equiv b\pmod 5,\quad x\equiv c\pmod 7$$

它的解是

$$x\equiv 70a+21b+15c\pmod{105}$$

我国明代数学家程大位对这类问题，在1593年的《算法统宗》中用歌诀形式给出了解法：

三人同行七十稀，
五树梅花廿一枝.
七子团圆正月半，
除百零五便得知.

这个意思用同余式表示就是

$$x\equiv 70a+21b+15c\pmod{105}$$

这只是反映这一问题的一元一次同余方程组形式,关于解一次同余方程组的问题,在我国古代也有着光辉的研究成果,在《孙子算经》里不仅提出,而且圆满地解决了这个问题,这就是著名的中国剩余定理(或孙子定理).

定理4.2.1 (孙子定理) 设$m_1,m_2,\cdots,m_k$是k个两两互质的正整数,$m=m_1m_2\cdots m_k$,$m=m_iM_i$,$i=1,2,\cdots,k$,则同余式组

$$\begin{cases}x\equiv a_1(\bmod m_1)\\x\equiv a_2(\bmod m_2)\\\cdots\cdots\\x\equiv a_k(\bmod m_k)\end{cases}\tag{4.2.1}$$

的解是

$$x\equiv M'_1M_1a_1+M'_2M_2a_2+\cdots+M'_kM_ka_k(\bmod m)\tag{4.2.2}$$

其中,$M'_iM_i\equiv 1(\bmod m_i)$,$i=1,2,\cdots,k$.

证明 因$(m_i,m_j)=1$,$i\neq j$,即

$$(M_i,m_i)=1$$

由定理4.1.1知,对每一个M_i,有一个M'_i存在,使得

$$M_iM'_i\equiv 1(\bmod m_i)$$

又因$m=m_iM_i$,故$m_j\mid M_i$,$i\neq j$,即

$$M_iM'_i\equiv 0(\bmod m_j)\quad(i\neq j)$$

则

$$\sum_{j=1}^{k}M_jM'_ja_j\equiv M_iM'_ia_i\equiv a_i(\bmod m_i)$$

即为式(4.2.1)的解.

若x_1,x_2是适合式(4.2.1)的任意两个整数,则

$$x_1\equiv x_2(\bmod m_i)\quad(i=1,2,\cdots,k)$$

因此

$$(m_i,m_j)=1\quad(i\neq j)$$

$$x_1\equiv x_2(\bmod m)$$

即式(4.2.1)的解只有式(4.2.2).

注意:(1) 宋代数学家秦九韶曾称该方法为"求一术".

(2) 显然,利用孙子定理解题的关键是求出M'_i.

例4.2.1 解同余式组

$$\begin{cases}x\equiv 2(\bmod 3)\\x\equiv 3(\bmod 5)\\x\equiv 2(\bmod 7)\end{cases}$$

解 因为3,5,7两两互素,则

$$m=105,\quad M_1=35,\quad M_2=21,\quad M_3=15$$

又

$$2\times 35\equiv 1(\bmod 3)$$

$$1\times 21\equiv 1(\bmod 5)$$

$$1\times 15\equiv 1(\bmod 7)$$

所以
$$x \equiv 2 \times 35 \times 2 + 1 \times 21 \times 3 + 1 \times 15 \times 2 \equiv 233 \equiv 23 \pmod{105}$$

例 4.2.2　求整数 n，它被 3,5,7 除的余数分别是 1,2,3.

解　依题意，有
$$\begin{cases} n \equiv 1 \pmod 3 \\ n \equiv 2 \pmod 5 \\ n \equiv 3 \pmod 7 \end{cases}$$

因为 3,5,7 两两互素，则
$$m = 105, \quad M_1 = 35, \quad M_2 = 21, \quad M_3 = 15$$
又
$$2 \times 35 \equiv 1 \pmod 3$$
$$1 \times 21 \equiv 1 \pmod 5$$
$$1 \times 15 \equiv 1 \pmod 7$$
所以
$$x \equiv 2 \times 35 \times 1 + 1 \times 21 \times 2 + 1 \times 15 \times 3 \equiv 157 \equiv 52 \pmod{105}$$

例 4.2.3　解同余式组
$$\begin{cases} x \equiv 3 \pmod 8 \\ x \equiv 11 \pmod{20} \\ x \equiv 1 \pmod{15} \end{cases}$$

解　原同余方程组变为
$$\begin{cases} x \equiv 3 \pmod 8 & (4.2.3) \\ x \equiv 11 \pmod 4 & (4.2.4) \\ x \equiv 11 \pmod 5 & (4.2.5) \\ x \equiv 1 \pmod 3 & (4.2.6) \\ x \equiv 1 \pmod 5 & (4.2.7) \end{cases}$$
因为满足式(4.2.3)的 x 必满足式(4.2.4)，式(4.2.5)与式(4.2.7)是一样的，所以原同余式组等价于
$$\begin{cases} x \equiv 3 \pmod 8 \\ x \equiv 1 \pmod 5 \\ x \equiv 1 \pmod 3 \end{cases}$$
则
$$m = 3 \times 5 \times 8 = 120$$
$$M_1 = 15, \quad M_2 = 24, \quad M_3 = 40$$
易知
$$7 \times 15 \equiv 1 \pmod 8$$
$$4 \times 24 \equiv 1 \pmod 5$$
$$1 \times 40 \equiv 1 \pmod 3$$
则
$$x \equiv 3 \times 7 \times 15 + 1 \times 4 \times 24 + 1 \times 1 \times 40 \equiv 451 \equiv 91 \pmod{120}$$

例 4.2.4 解同余式组$\begin{cases} x \equiv 3 \pmod{11} \\ x \equiv 2 \pmod{12}. \\ x \equiv 2 \pmod{72} \end{cases}$

解 原同余方程组变为

$$\begin{cases} x \equiv 3 \pmod{11} & (4.2.8) \\ x \equiv 2 \pmod{3} & (4.2.9) \\ x \equiv 2 \pmod{4} & (4.2.10) \\ x \equiv 2 \pmod{8} & (4.2.11) \\ x \equiv 2 \pmod{9} & (4.2.12) \end{cases}$$

因为式(4.2.11)可推出式(4.2.10),式(4.2.12)可推出式(4.2.9),所以原同余式组等价于

$$\begin{cases} x \equiv 3 \pmod{11} \\ x \equiv 2 \pmod{8} \\ x \equiv 2 \pmod{9} \end{cases}$$

易知

$$m = 11 \times 8 \times 9 = 792$$

$$M_1 = 72, \quad M_2 = 99, \quad M_3 = 88$$

又

$$2 \times 72 \equiv 1 \pmod{11}$$

$$3 \times 99 \equiv 1 \pmod{8}$$

$$4 \times 88 \equiv 1 \pmod{9}$$

则

$$\begin{aligned} x &\equiv 2 \times 72 \times 3 + 3 \times 99 \times 2 + 4 \times 88 \times 2 \\ &\equiv 1\,730 \equiv 146 \pmod{792} \end{aligned}$$

注意:在分解 12 时,要使 12 分解的两数互质,如 3 和 4,不能是 2 和 6. 同理在分解 72 时,要使其分解的两数也互质,如 8 和 9,不能是 6 与 12 等.

例 4.2.5 解同余式组

$$\begin{cases} x \equiv 8 \pmod{15} \\ x \equiv 5 \pmod{8} \\ x \equiv 13 \pmod{25} \end{cases}$$

解 原同余方程变为

$$\begin{cases} x \equiv 8 \pmod{3} \\ x \equiv 8 \pmod{5} \\ x \equiv 5 \pmod{8} \\ x \equiv 13 \pmod{25} \end{cases}$$

即

$$\begin{cases} x \equiv 2 \pmod{3} & (4.2.13) \\ x \equiv 3 \pmod{5} & (4.2.14) \\ x \equiv 5 \pmod{8} & (4.2.15) \\ x \equiv 13 \pmod{25} & (4.2.16) \end{cases}$$

因为式(4.2.16)可推出式(4.2.14),所以原同余式组等价于

$$\begin{cases} x \equiv 2 \pmod{3} \\ x \equiv 5 \pmod{8} \\ x \equiv 13 \pmod{25} \end{cases}$$

易知
$$m = 600, \quad M_1 = 200, \quad M_2 = 75, \quad M_3 = 24$$
又
$$2 \times 200 \equiv 1 \pmod{3}$$
$$3 \times 75 \equiv 1 \pmod{8}$$
$$24 \times 24 \equiv 1 \pmod{25}$$
则
$$x \equiv 2 \times 200 \times 2 + 3 \times 75 \times 5 + 24 \times 24 \times 13$$
$$\equiv 9\,413 \equiv 413 \pmod{600}$$

定理 4.2.2 设 $d = (m_1, m_2)$，$m = [m_1, m_2]$，同余式组
$$\begin{cases} x \equiv a_1 \pmod{m_1} \\ x \equiv a_2 \pmod{m_2} \end{cases} \tag{4.2.17}$$
有解的充要条件是 $d \mid a_1 - a_2$，当此条件成立时，式(4.2.17)恰好有一个解
$$x \equiv b \pmod{m}$$

证明 （必要性） 当同余式组(4.2.17)有解时，则必有整数 q_1, q_2，使得
$$x = a_1 + m_1 q_1, \quad x = a_2 + m_2 q_2$$
则
$$a_1 - a_2 = m_2 q_2 - m_1 q_1$$
又 $d \mid m_1$，$d \mid m_2$，则
$$d \mid a_1 - a_2$$

（充分性） 当 $d \mid a_1 - a_2$ 时，必有
$$m_1 = dm'_1, \quad m_2 = dm'_2, \quad a_1 - a_2 = da'$$
由 $d \mid a_1 - a_2$ 知，方程 $m_2 y \equiv a_1 - a_2 \pmod{m_1}$ 有解，即
$$dm'_2 y \equiv da' \pmod{dm'_1}$$
由 $(m'_1, m'_2) = 1$，得同余式 $m'_2 y \equiv a' \pmod{m'_1}$ 恰好有一解，即
$$y \equiv r \pmod{m'_1}$$
得
$$y = r + m'_1 t \quad (t \in \mathbf{Z})$$

令 $x = a_2 + m_2 y$，易知满足式(4.2.17)中的第二式，下面说明它也满足第一式. 因
$$x = a_2 + m_2 y = a_2 + m_2(r + m'_1 t)$$
$$= (a_2 + m_2 r) + m_2 m'_1 t$$
$$= (a_2 + m_2 r) + dm'_2 m'_1 t$$
$$= (a_2 + m_2 r) + m_1 m'_2 t$$
故
$$(a_2 + m_2 r) + m_1 m'_2 t \equiv a_2 + m_2 r \equiv a_2 + dm'_2 r$$
$$\equiv a_2 + da' = a_2 + a_1 - a_2$$
$$= a_1 \pmod{m_1}$$
再说明解的唯一性，易知 r 是唯一确定的，从而 $a_2 + m_2 r$ 也是唯一确定的.

定理 4.2.3 设 p 是素数，当 $m_1 = p^{\alpha} m'_1$，$m_2 = p^{\beta} m'_2$，$\alpha \geqslant \beta$，$p \nmid m'_1 m'_2$ 时，如果同余式

组$\begin{cases}x\equiv a_1(\bmod m_1)\\x\equiv a_2(\bmod m_2)\end{cases}$有解，则它与$\begin{cases}x\equiv a_1(\bmod m_1)\\x\equiv a_2(\bmod m_2')\end{cases}$同解.

证明　记

$$\begin{cases}x\equiv a_1(\bmod m_1)\\x\equiv a_2(\bmod m_2)\end{cases}\tag{4.2.18}$$

$$\begin{cases}x\equiv a_1(\bmod m_1)\\x\equiv a_2(\bmod m_2')\end{cases}\tag{4.2.19}$$

$$d=(m_1,m_2),\quad m=[m_1,m_2]$$

则
$$p^{\beta}\mid d,(m_1,m_2')=\frac{d}{p^{\beta}},\quad [m_1,m_2']=[m_1,m_2]=m$$

由定理 4.2.2 知，如果式(4.2.18) 有解，则式(4.2.19) 也有解，且有唯一解

$$x\equiv b'(\bmod m)$$

同时，由于式(4.2.18) 的解 $x\equiv b(\bmod m)$ 能同时满足式(4.2.19) 的两个同余式，所以它也是式(4.2.19) 的解，则从 $b\equiv b'(\bmod m)$，知式(4.2.18) 与式(4.2.19) 有相同的解.

例 4.2.6　解同余式组

$$\begin{cases}x\equiv 5(\bmod 12)\\x\equiv 1(\bmod 14)\end{cases}$$

解　因为　$12=2^2\cdot 3,\quad 14=2\cdot 7,\quad (12,14)=2,2\mid 5-1$

所以同余式组有解.即解同余式组

$$\begin{cases}x\equiv 5(\bmod 12)\\x\equiv 1(\bmod 7)\end{cases}$$

由 $m=84,M_1=7,M_2=12$，得

$$7\times 7\equiv 1(\bmod 12),\quad 3\times 12\equiv 1(\bmod 7)$$

则
$$x\equiv 7\times 7\times 5+3\times 12\times 1=281\equiv 29(\bmod 84)$$

另解例 4.2.4，先解$\begin{cases}x\equiv 3(\bmod 11)\\x\equiv 2(\bmod 12)\end{cases}$

由
$$m=132,\quad M_1=12,\quad M_2=11$$
$$1\times 12\equiv 1(\bmod 11),\quad 11\times 11\equiv 1(\bmod 12)$$

得
$$x\equiv 1\times 12\times 3+11\times 11\times 2\equiv 278\equiv 14(\bmod 132)$$

再解
$$\begin{cases}x\equiv 14(\bmod 132)\\x\equiv 2(\bmod 72)\end{cases}$$

因为
$$132=2^2\cdot 3\cdot 11,\quad 72=2^3\cdot 3^2$$

解$\begin{cases}x\equiv 14(\bmod 11)\\x\equiv 2(\bmod 72)\end{cases}$，得

$$m=792,\quad M_1=72,\quad M_2=11$$
$$2\times 72\equiv 1(\bmod 11),\quad 59\times 11\equiv 1(\bmod 72)$$

故
$$x\equiv 2\times 72\times 14+59\times 11\times 2=3\ 314\equiv 146(\bmod 792)$$

例 4.2.7　求相邻的四个最小正整数，它们依次可被 $2^2,3^2,5^2$ 及 7^2 整除.

解　由同余方程组
$$\begin{cases} x-1\equiv 0(\bmod 2^2) \\ x\equiv 0(\bmod 3^2) \\ x+1\equiv 0(\bmod 5^2) \\ x+2\equiv 0(\bmod 7^2) \end{cases}$$
得
$$\begin{aligned} x &\equiv (3^2\cdot 5^2\cdot 7^2)\cdot 1\cdot 1+(2^2\cdot 5^2\cdot 7^2)\cdot(-2)\cdot 0 \\ &\quad +(2^2\cdot 3^2\cdot 7^2)\cdot 9\cdot(-1) \\ &\quad +(2^2\cdot 3^2\cdot 5^2)\cdot(-19)\cdot(-2) \\ &\equiv 29\,349(\bmod 44\,100) \end{aligned}$$
所求相邻的四个最小正整数是：29 348，29 349，29 350，29 351.

习　题　4.2

1. 解同余方程组$\begin{cases} x\equiv 6(\bmod 13) \\ x\equiv 7(\bmod 24) \end{cases}$.

2. 解同余方程组$\begin{cases} 2x\equiv 1(\bmod 5) \\ 3x\equiv 4(\bmod 7) \end{cases}$.

3. 解同余方程组$\begin{cases} x\equiv -2(\bmod 12) \\ x\equiv 6(\bmod 10) \\ x\equiv 1(\bmod 15) \end{cases}$.

4. 解同余方程组$\begin{cases} x\equiv b_1(\bmod 5) \\ x\equiv b_2(\bmod 6) \\ x\equiv b_3(\bmod 7) \\ x\equiv b_4(\bmod 11) \end{cases}$.

5. 有一队士兵，若 3 人一组，则余 1 人；若 5 人一组，则缺 2 人；若 11 人一组，则余 3 人. 已知这队士兵不超过 170 人，问这队士兵有多少人？

6. 求一个最小的自然数 n，使得它的 $\frac{1}{2}$ 是一个平方数，它的 $\frac{1}{3}$ 是一个立方数，它的 $\frac{1}{5}$ 是一个 5 次方数.

7. 证明：对于任意给定的 n 个不同的素数 $p_1,p_2,\cdots,p_n$，必存在 n 个连续整数，使得它们中的第 k 个数能被 p_k 整除.

8. 任意给定的整数 n. 证明：一定存在 n 个连续的正整数，其中每一个都有大于 1 的平方因子.

9. 设 $(a,b)=1,c\neq 0$. 证明：一定存在整数 n，使得 $(a+bn,c)=1$.

4.3　高次同余式的解数及解法

定理 4.3.1　若 $m_1, m_2, \cdots, m_k$ 是 k 个两两互质的正整数，$m = m_1 m_2 \cdots m_k$，则同余式

$$f(x) \equiv 0 \pmod{m} \tag{4.3.1}$$

与同余式组

$$f(x) \equiv 0 \pmod{m_i} \quad (i = 1, 2, \cdots, k) \tag{4.3.2}$$

等价. 并且若用 T_i 表示 $f(x) \equiv 0 \pmod{m_i}$ $(i = 1, 2, \cdots, k)$ 对模 m_i 的解数，T 表示式(4.3.1) 对模 m 的解数，则

$$T = T_1 T_2 \cdots T_k$$

证明　(1) 先证式(4.3.1)、式(4.3.2) 等价，设 x_0 是适合式(4.3.1) 的整数，则

$$f(x_0) \equiv 0 \pmod{m}$$

又 $m = m_1 m_2 \cdots m_k$，则

$$f(x_0) \equiv 0 \pmod{m_i} \quad (i = 1, 2, \cdots, k)$$

反之，若 x_0 适合式(4.3.2)，则

$$f(x_0) \equiv 0 \pmod{m_i} \quad (i = 1, 2, \cdots, k)$$

因
$$(m_i, m_j) = 1 \quad (i \neq j)$$

故
$$f(x_0) \equiv 0 \pmod{m}$$

则式(4.3.1)、式(4.3.2) 等价.

(2) 设 $f(x) \equiv 0 \pmod{m_i}$ 的 T_i 个不同解是

$$x \equiv b_{it_i} \pmod{m_i} \quad (t_i = 1, 2, \cdots, T_i)$$

则式(4.3.2) 的解即下列诸同余式组的解

$$\begin{cases} x \equiv b_{1t_1} \pmod{m_1} \\ x \equiv b_{2t_2} \pmod{m_2} \\ \cdots\cdots \\ x \equiv b_{kt_k} \pmod{m_k} \end{cases} \tag{4.3.3}$$

其中，$t_i = 1, 2, \cdots, T_i$ $(i = 1, 2, \cdots, k)$. 由(1) 知，式(4.3.1) 与式(4.3.3) 同解，由孙子定理知式(4.3.3) 中每个同余式对模 m 恰有一解，故式(4.3.3) 对模 m 有 $T_1 T_2 \cdots T_k$ 个解. 又因为 $T_1 T_2 \cdots T_k$ 个解对模 m 两两不同余，所以式(4.3.1) 对模 m 的解数是 $T = T_1 T_2 \cdots T_k$.

例 4.3.1　解同余方程 $x^4 + 2x^3 + 8x + 9 \equiv 0 \pmod{35}$.

解　即解

$$\begin{cases} x^4 + 2x^3 + 8x + 9 \equiv 0 \pmod{5} \\ x^4 + 2x^3 + 8x + 9 \equiv 0 \pmod{7} \end{cases}$$

即

$$x^4 + 2x^3 + 3x + 4 \equiv 0 \pmod{5} \tag{4.3.4}$$
$$x^4 + 2x^3 + x + 2 \equiv 0 \pmod{7} \tag{4.3.5}$$

容易验证式(4.3.4)的解是 $x \equiv 1$ 或 $4 \pmod 5$，式(4.3.5)的解是 $x \equiv 3, 5$ 或 $6 \pmod 7$.

由
$$\begin{cases} x \equiv b_1 \pmod 5 \\ x \equiv b_2 \pmod 7 \end{cases}$$
其中，$b_1 = 1$ 或 4，$b_2 = 3, 5$ 或 6. 由孙子定理得
$$x \equiv 21b_1 + 15b_2 \pmod{35}$$
将 b_1, b_2 代入，得
$$x \equiv 31, 26, 6, 24, 19, 34 \pmod{35}$$

例 4.3.2　解同余方程 $5x^2 + 6x + 49 \equiv 0 \pmod{60}$.

解　即解
$$\begin{cases} 5x^2 + 6x + 49 \equiv 0 \pmod 3 & (4.3.6) \\ 5x^2 + 6x + 49 \equiv 0 \pmod 4 & (4.3.7) \\ 5x^2 + 6x + 49 \equiv 0 \pmod 5 & (4.3.8) \end{cases}$$
易知式(4.3.6) $x \equiv 1$ 或 $-1 \pmod 3$，式(4.3.7) $x \equiv 1$ 或 $-1 \pmod 4$，式(4.3.8) $x \equiv 1 \pmod 5$，即
$$\begin{cases} x \equiv a_1 \pmod 3 \\ x \equiv a_2 \pmod 4 \\ x \equiv a_3 \pmod 5 \end{cases}$$
其中，$a_1 = 1$ 或 -1，$a_2 = 1$ 或 -1，$a_3 = 1$. 由孙子定理得
$$x \equiv 40a_1 - 15a_2 + 36a_3 \pmod{60}$$
代入 a_1, a_2, a_3，得
$$x \equiv 1, -19, 31, 11 \pmod{60}$$

定理 4.3.2　p 是素数，$\alpha \geqslant 2$ 是整数，$f(x) = a_n x^n + a_{n-1} x^{n-1} + \cdots + a_1 x + a_0$ 是整系数多项式. 设 x_1 是同余方程 $f(x) \equiv 0 \pmod{p^{\alpha-1}}$ 的一个解，以 $f'(x)$ 表示 $f(x)$ 的导函数.

(1) 若 $f'(x_1) \not\equiv 0 \pmod p$，则存在整数 t，使 $x = x_1 + p^{\alpha-1} t$ 是同余方程 $f(x) \equiv 0 \pmod{p^\alpha}$ 的解；

(2) 若 $f'(x_1) \equiv 0 \pmod p$，并且 $f(x_1) \equiv 0 \pmod{p^\alpha}$，则对于 $t = 0, 1, 2, \cdots, p-1$，$x = x_1 + p^{\alpha-1} t$ 中的 x 都是方程 $f(x) \equiv 0 \pmod{p^\alpha}$ 的解.

记
$$f(x) \equiv 0 \pmod{p^\alpha} \tag{4.3.9}$$
$$f(x) \equiv 0 \pmod{p^{\alpha-1}} \tag{4.3.10}$$

证明　下面说明如何确定 $x_1 + p^{\alpha-1} t$ 中的 t. 若 $x_1 + p^{\alpha-1} t$ 满足同余方程(4.3.9)，则
$$\begin{aligned} f(x) = & a_n (x_1 + p^{\alpha-1} t)^n + a_{n-1} (x_1 + p^{\alpha-1} t)^{n-1} \\ & + \cdots + a_1 (x_1 + p^{\alpha-1} t) + a_0 \\ \equiv & 0 \pmod{p^\alpha} \end{aligned} \tag{4.3.11}$$
由二项式展开可知
$$f(x_1) + p^{\alpha-1} t f'(x_1) \equiv 0 \pmod{p^\alpha}$$

(由于上述二项展开后所有第一项的和是 $f(x_1)$,所有第二项的和是 $p^{\alpha-1}tf'(x_1)$,其余各项的和 $\equiv 0(\bmod p^{\alpha})$.)

则
$$tf'(x_1)\equiv -\frac{f(x_1)}{p^{\alpha-1}}(\bmod p) \tag{4.3.12}$$

考察两种情形:

(1) 若 $f'(x_1)\not\equiv 0(\bmod p)$,则关于 t 的同余方程(4.3.12)有唯一解

$$t\equiv t_0(\bmod p)$$

即
$$t=t_0+pk\quad (k\in\mathbf{Z})$$

因此

$$\begin{aligned}x&=x_1+p^{\alpha-1}t=x_1+p^{\alpha-1}(t_0+pk)\\&=x_1+p^{\alpha-1}t_0+p^{\alpha}k\equiv x_1+p^{\alpha-1}t_0(\bmod p^{\alpha})\end{aligned}$$

是同余方程(4.3.9)的解.

(2) 若 $f'(x_1)\equiv 0(\bmod p)$,并且 $f(x_1)\equiv 0(\bmod p^{\alpha})$,则式(4.3.12)对于任意整数 t 都成立,则式(4.3.12)有 p 个解,$t\equiv i(\bmod p)$ $(0\leqslant i\leqslant p-1)$ 于是

$$x\equiv x_1+p^{\alpha-1}i(\bmod p^{\alpha})\quad (0\leqslant i\leqslant p-1)$$

都是方程(4.3.9)的解.

注意:

(1) 若 $f(x)\equiv 0(\bmod p^{\alpha-1})$ 无解,则 $f(x)\equiv 0(\bmod p^{\alpha})$ 必定无解.

(2) 定理4.3.2中,若 $f'(x_1)\equiv 0(\bmod p)$,并且 $f(x_1)\not\equiv 0(\bmod p^{\alpha})$,则式(4.3.12)无解,这时依据同余方程(4.3.10)的解,无法求同余方程(4.3.9)的解.

(3) 由定理4.3.2,事实上得到同余方程(4.3.9)的解法:可以将式(4.3.9)的求解转化为解同余方程 $f(x)\equiv 0(\bmod p)$,进而求 $f(x)\equiv 0(\bmod p^2)$ 的解,依次进行下去,直到求出 $f(x)\equiv 0(\bmod p^{\alpha})$ 的解.

例 4.3.3 解同余方程 $2x^2+13x-34\equiv 0(\bmod 5^3)$.

解 由 $2x^2+13x-34\equiv 0(\bmod 5)$,得

$$x\equiv -1 \text{ 或 } 2(\bmod 5)$$

(1) 当 $x\equiv -1(\bmod 5)$ 时,令 $x=-1+5t$,代入 $2x^2+13x-34\equiv 0(\bmod 5^2)$,有

$$2(-1+5t)^2+13(-1+5t)-34\equiv 0(\bmod 5^2)$$

即
$$-45+45t\equiv 0(\bmod 5^2)$$

故
$$9t\equiv 9(\bmod 5)$$

又
$$(5,9)=1$$

则
$$t\equiv 1(\bmod 5)$$

故
$$t=1+5t_1$$

则
$$x=-1+5(1+5t_1)=4+25t_1$$

代入方程 $2x^2+13x-34\equiv 0(\bmod 5^3)$,得

$$2(4+25t_1)^2+13(4+25t_1)-34\equiv 0(\bmod 5^3)$$

故
$$50+725t_1\equiv 0(\bmod 5^3)$$

即 $$2+29t_1\equiv 0(\bmod 5)$$
故 $$t_1\equiv 2(\bmod 5)$$
则 $$x=4+25t_1\equiv 54(\bmod 5^3)$$

(2) 当 $x\equiv 2(\bmod 5)$ 时，令 $x=2+5t_3$，代入 $2x^2+13x-34\equiv 0(\bmod 5^2)$，易知
$$t_3\equiv 0(\bmod 5)$$
则 $$x=2+5(5t_4)$$
代入 $2x^2+13x-34\equiv 0(\bmod 5^3)$，得
$$t_4\equiv 0(\bmod 5)$$
于是 $$x=2+5(5t_4)\equiv 2(\bmod 5^3)$$
故 $$x\equiv 54 \text{ 或 } 2(\bmod 5^3).$$

另解：令 $x=x_0+5x_1+25x_2$，$0\leqslant x_i\leqslant 4$，$0\leqslant i\leqslant 2$，代入 $2x^2+13x-34\equiv 0(\bmod 5)$，有
$$2(x_0+5x_1+25x_2)^2+13(x_0+5x_1+25x_2)-34\equiv 0(\bmod 5)$$
故 $$x_0\equiv -1 \text{ 或 } 2(\bmod 5)$$

(1) 若 $x_0\equiv -1(\bmod 5)$，则
$$x=-1+5x_1+25x_2$$
代入 $2x^2+13x-34\equiv 0(\bmod 5^2)$，有
$$2(-1+5x_1+25x_2)^2+13(-1+5x_1+25x_2)-34\equiv 0(\bmod 5^2)$$
故 $$x_1\equiv 1(\bmod 5)$$
则 $$x=-1+5x_1+25x_2=4+25x_2$$
代入 $2x^2+13x-34\equiv 0(\bmod 5^3)$，有
$$2(4+25x_2)^2+13(4+25x_2)-34\equiv 0(\bmod 5^3)$$
得 $$x_2\equiv 2(\bmod 5)$$
故 $$x=4+25x_2\equiv 54(\bmod 5^3)$$

(2) 若 $x_0\equiv 2(\bmod 5)$，同理可得
$$x\equiv 2(\bmod 5^3)$$
故 $$x\equiv 54 \text{ 或 } 2(\bmod 5^3)$$

例 4.3.4　解同余方程 $x^2\equiv 2(\bmod 7^3)$.

解　由 $x^2\equiv 2(\bmod 7)$，$x\equiv 3$ 或 $4(\bmod 7)$.

(1) 当 $x\equiv 3(\bmod 7)$ 时，令 $x=3+7t$，代入 $x^2\equiv 2(\bmod 7^2)$，有
$$(3+7t)^2\equiv 2(\bmod 7^2)$$
即 $$t\equiv 1(\bmod 7)$$
故 $$t=1+7t_1$$
则 $$x=3+7(1+7t_1)=10+49t_1$$
代入方程 $(10+49t_1)^2\equiv 2(\bmod 7^3)$，得
$$t_1\equiv 2(\bmod 7)$$
故 $$x=10+49(2+7t_2)=108(\bmod 7^3)$$

(2) 当 $x\equiv 4(\bmod 7)$ 时，同理可得

$$x\equiv 235\pmod{7^3}$$

故 $$x\equiv 108\text{ 或 }235\pmod{7^3}$$

另解:令 $x=x_0+7x_1+49x_2$,$0\leqslant x_i\leqslant 6$,$0\leqslant i\leqslant 2$,代入 $x^2\equiv 2\pmod 7$,有

$$(x_0+7x_1+49x_2)^2\equiv 2\pmod 7$$

故 $$x_0\equiv 3\text{ 或 }4\pmod 7$$

(1) 若 $x_0\equiv 3\pmod 7$,则

$$x=3+7x_1+49x_2$$

代入 $x^2\equiv 2\pmod{7^2}$,有

$$(3+7x_1+49x_2)^2\equiv 2\pmod{7^2}$$

故 $$x_1\equiv 1\pmod 7$$

则 $$x=3+7x_1+49x_2=10+49x_2$$

代入 $x^2\equiv 2\pmod{7^3}$,有

$$(10+49x_2)^2\equiv 2\pmod{7^3}$$

得 $$x_2\equiv 2\pmod 7$$

故 $$x\equiv 108\pmod{7^3}$$

(2) 若 $x_0\equiv 4\pmod 7$,同理可得

$$x\equiv 235\pmod{7^3}$$

故 $$x\equiv 108\text{ 或 }235\pmod{7^3}$$

例 4.3.5 解同余方程 $3x^2+10x+12\equiv 0\pmod{36}$.

解 令 $x=x_0+6x_1$,代入 $3x^2+10x+12\equiv 0\pmod 6$,有

$$3(x_0+6x_1)^2+10(x_0+6x_1)+12\equiv 0\pmod 6$$

即 $$x_0\equiv 0\pmod 6$$

则 $$x=6x_1$$

代入 $3x^2+10x+12\equiv 0\pmod{6^2}$,得

$$3(6x_1)^2+10(6x_1)+12\equiv 0\pmod{6^2}$$

故 $$x_1\equiv 1\text{ 或 }4\pmod 6$$

则 $$x\equiv 6\text{ 或 }24\pmod{6^2}$$

另解:即解 $$\begin{cases}3x^2+10x+12\equiv 0\pmod 4 & ①\\ 3x^2+10x+12\equiv 0\pmod 9 & ②\end{cases}$$

由 ① $\Rightarrow x\equiv 0$ 或 $2\pmod 4$,由 ② $\Rightarrow x\equiv 6\pmod 9$,由孙子定理,$x\equiv 24$ 或 $6\pmod{36}$.

例 4.3.6 解同余方程 $x^3+3x-14\equiv 0\pmod{45}$.

解 即解

$$\begin{cases}x^3+3x-14\equiv 0\pmod 9 & (4.3.13)\\ x^3+3x-14\equiv 0\pmod 5 & (4.3.14)\end{cases}$$

先解式(4.3.13),由 $x^3+3x-14\equiv 0\pmod 3$,得

$$x\equiv 2\pmod 3$$

令 $x=2+3t$,代入 $x^3+3x-14\equiv 0\pmod 9$,同余方程恒成立,对任何整数 t 都成立,故

$$t = 0,1,2$$

则
$$x \equiv 2 \text{ 或 } 5 \text{ 或 } 8 \pmod 9$$

对于 $x^3 + 3x - 14 \equiv 0 \pmod 5$，得
$$x \equiv 1 \text{ 或 } 2 \pmod 5 \text{（逐一验算即可）}$$

由
$$\begin{cases} x \equiv a_1 \pmod 9 \\ x \equiv a_2 \pmod 5 \end{cases}$$

其中，$a_1 = 2$ 或 5 或 8，$a_2 = 1$ 或 2. 由孙子定理 $x \equiv 10a_1 - 9a_2 \pmod{45}$，故
$$x \equiv 11,2,41,32,26,17 \pmod{45}$$

习　题　4.3

1. 解同余方程：

(1) $x^3 + 4x^2 + x + 1 \equiv 0 \pmod 5$；

(2) $x^3 + 2x^2 - 2x + 1 \equiv 0 \pmod 5$；

(3) $x^3 - 2x^2 - x + 2 \equiv 0 \pmod 5$.

2. 解同余方程 $x^4 + 3x^3 + 3x^2 + 3x + 2 \equiv 0 \pmod{30}$.

3. 解同余方程 $19x \equiv 556 \pmod{1\,155}$.

4. 解同余方程 $x^4 + 7x + 4 \equiv 0 \pmod{27}$.

5. 解同余方程 $x^3 - 2x + 6 \equiv 0 \pmod{125}$.

6. 解同余方程：$x^2 \equiv -1 \pmod{54}$.

7. 解同余方程：$3x^2 + 4x - 15 \equiv 0 \pmod{75}$.

8. 证明：$5x^2 + 11y^2 \equiv 1 \pmod m$ 对任何正整数 m 都有解.

4.4　质数模的同余方程

质数模的高次同余方程的一般形式为
$$f(x) = a_n x^n + a_{n-1} x^{n-1} + \cdots + a_1 x + a_0 \equiv 0 \pmod p$$
其中 $p \nmid a_n$，p 为质数. 对于这类方程，没有一般的简便方法，只能把模 p 的完全剩余系中的每一个数一一代入进行验证，求得其全部的解.

既然如此，我们希望代入后的计算量小一些为好，于是，需要对方程进行化简. 记
$$f(x) \equiv 0 \pmod p,\ f(x) = a_n x^n + a_{n-1} x^{n-1} + \cdots + a_1 x + a_0 \tag{4.4.1}$$
其中 p 是素数，$a_n \not\equiv 0 \pmod p$.

定理 4.4.1　同余式(4.4.1) 与一个次数不超过 $p-1$ 的质数模同余式等价.

证明　由多项式除法，有
$$f(x) = (x^p - x)q(x) + r(x)$$
且 $r(x)$ 的次数不超过 $p-1$. 由费马定理知

$$x^p \equiv x \pmod p$$

故 $$f(x) \equiv r(x) \pmod p$$

因此式(4.4.1)与 $r(x) \equiv 0 \pmod p$ 等价.

例 4.4.1 解同余方程 $x^7 - 2x^6 - 7x^5 + x + 2 \equiv 0 \pmod 5$.

解 化简同余方程,得

$$x^7 - 2x^6 - 7x^5 + x + 2 = (x^5 - x)(x^2 - 2x - 7) + x^3 - 2x^2 - 6x + 2$$

故 $$x^7 - 2x^6 - 7x^5 + x + 2 \equiv x^3 - 2x^2 - 6x + 2 \equiv 0 \pmod 5$$

即 $$x^3 - 2x^2 - x + 2 \equiv 0 \pmod 5$$

用 5 的完全剩余系 0,±1±2 代入,得原方程有 3 个解

$$x \equiv -1, 1, 2 \pmod 5$$

注意:(1) 上述解法中,作多项式除法是很麻烦的,特别是当多项式次数较高时.

(2) 事实上,可以利用费马定理来直接化简,以求得等价同余方程,在后面的例题中会利用这一方法.

例 4.4.2 若 p 是素数,则同余方程 $x^{p-1} \equiv 1 \pmod p$ 有 $p-1$ 个解.

证明 由费马小定理可知,任意与 p 互质的整数都是它的解.因此,这个同余方程恰好有 $p-1$ 个不同的解,即

$$x \equiv 1, 2, 3, \cdots, p-1 \pmod p$$

定理 4.4.2 设 $k \leqslant n$,若同余方程(4.4.1)有 k 个不同的解 $x_1, x_2, \cdots, x_k$,则对于任何整数 x,有

$$f(x) \equiv (x - x_1)(x - x_2)\cdots(x - x_k) f_k(x) \pmod p$$

其中,$f_k(x)$ 是一个次数为 $n-k$ 的整系数多项式.

证明 由多项式除法得

$$f(x) = (x - x_1) f_1(x) + r$$

其中,$f_1(x)$ 是首项系数为 a_n 的 $n-1$ 次多项式,r 是常数.

因 $$f(x_1) \equiv 0 \pmod p$$

故 $$r \equiv 0 \pmod p$$

则 $$f(x) \equiv (x - x_1) f_1(x) \pmod p$$

令 $x = x_i, i = 2, 3, \cdots, k$,则

$$0 \equiv f(x_i) \equiv (x_i - x_1) f_1(x_i) \pmod p$$

又 $$x_i \not\equiv x_1 \pmod p \quad (i = 2, 3, \cdots, k)$$

则 $$f_1(x_i) \equiv 0 \pmod p \quad (i = 2, 3, \cdots, k)$$

由归纳法易知,结论成立.

推论 4.4.1 若 p 是素数,则对于任何整数 x,有

$$x^{p-1} - 1 \equiv (x-1)(x-2)\cdots[x-(p-1)] \pmod p$$

证明 由例 4.4.2 知,同余方程 $x^{p-1} \equiv 1 \pmod p$ 有解 $1, 2, \cdots, p-1$.由定理 4.4.2 得

$$x^{p-1} - 1 \equiv (x-1)(x-2)\cdots[x-(p-1)] \pmod p$$

推论 4.4.2(威尔逊定理) 设 p 是素数,则

$$(p-1)! \equiv -1 (\bmod p)$$

证明　只需在推论 4.4.1 中令 $x = p$ 即可.

定理 4.4.3　同余方程 $f(x) = a_n x^n + a_{n-1}x^{n-1} + \cdots + a_1 x + a_0 \equiv 0(\bmod p)$,其中 p 是素数,$a_n \not\equiv 0(\bmod p)$ 的解数 $\leqslant n$.
(同余方程 $f(x) = a_n x^n + a_{n-1}x^{n-1} + \cdots + a_1 x + a_0 \equiv 0(\bmod p)$,其中 p 是素数,$a_n \not\equiv 0(\bmod p)$ 的解数不超过它的次数.)

证明　用反证法.假设方程有 $n+1$ 个不同的解 $x \equiv x_i(\bmod p)$,$i = 1,2,\cdots,n+1$,则

$$f(x) \equiv a_n(x-x_1)(x-x_2)\cdots(x-x_n)(\bmod p)$$

故
$$0 \equiv f(x_{n+1}) \equiv a_n(x_{n+1}-x_1)(x_{n+1}-x_2)\cdots(x_{n+1}-x_n)(\bmod p)$$

又
$$p \nmid a_n, x_{n+1} \not\equiv x_i(\bmod p) \quad (i = 1,2,\cdots,n)$$

故 $0 \equiv a_n(x_{n+1}-x_1)(x_{n+1}-x_2)\cdots(x_{n+1}-x_n)(\bmod p)$ 不能成立,得证.

注意:(1) 该定理通常称为拉格朗日(Lagrange)定理.

(2) 定理中 $p \nmid a_n$ 是十分重要的,否则,定理不一定成立.例如,$f(x) = px$,$px \equiv 0(\bmod p)$ 至少有两个解 $x \equiv 0,1(\bmod p)$.

(3) 由定理可知,n 次同余方程的解数 $k \leqslant min(n,p)$.

(4) 由定理还可知,若 $f(x)$ 是 n 次多项式,$f(x) \equiv 0(\bmod p)$ 的解数大于 n,则必有 $p \mid a_i$,$0 \leqslant i \leqslant n$.

推论 4.4.3　若同余方程 $b_n x^n + b_{n-1}x^{n-1} + \cdots + b_1 x + b_0 \equiv 0(\bmod p)$ 的解数大于 n,则 $p \mid b_i$,$i = 0,1,2,\cdots,n$.

例 4.4.3　若 p 是素数,且 $n \mid p-1$,则 $x^n \equiv 1(\bmod p)$ 有 n 个解.

证明　因 $n \mid p-1$,故 $x^{p-1} - 1 = (x^n - 1)g(x)$,这里 $g(x)$ 是次数为 $p-1-n$ 的关于 x 的多项式.由定理4.4.3可知,$g(x) \equiv 0(\bmod p)$ 至多只能有 $p-1-n$ 个解.但是$x^{p-1} \equiv 1(\bmod p)$ 有 $p-1$ 个解,所以 $x^n - 1 \equiv 0(\bmod p)$ 至少有 $p-1-(p-1-n) = n$ 个解.又由定理 4.4.3 可知,$x^n - 1 \equiv 0(\bmod p)$ 的解不能多于 n 个,故 $x^n \equiv 1(\bmod p)$ 的解为 n 个.

定理 4.4.4　同余方程(4.4.1)或者有 p 个解,或者存在次数不超过 $p-1$ 的整系数多项式 $r(x)$,使得同余方程(4.4.1)与 $r(x) \equiv 0(\bmod p)$ 等价.

证明　由多项式除法知

$$f(x) = g(x)(x^p - x) + r(x)$$

由费马定理知,对任意整数 x,$x^p \equiv x(\bmod p)$ 恒成立.

如果 $r(x)$ 的系数都是 p 的倍数,则对于任意整数 x,$f(x) \equiv 0(\bmod p)$ 有 p 个解;如果 $r(x)$ 的系数不都是 p 的倍数,则 $r(x)$ 的次数不超过 $p-1$,则 $f(x) \equiv r(x)(\bmod p)$,得证.

定理 4.4.5　设 $n \leqslant p$,则同余方程

$$f(x) = x^n + a_{n-1}x^{n-1} + \cdots + a_1 x + a_0 \equiv 0(\bmod p)$$

有 n 个解的充要条件是存在整系数多项式 $q(x)$ 和 $r(x)$,且 $r(x)$ 的次数 $< n$,使得

$$x^p - x = f(x)q(x) + p \cdot r(x)$$

证明 (必要性)由多项式除法知

$$x^p-x=f(x)q(x)+r_1(x)$$

且 $r_1(x)$ 的次数 $<n$.

若同余方程 $f(x)=x^n+a_{n-1}x^{n-1}+\cdots+a_1x+a_0\equiv 0 \pmod p$ 有 n 个解，设 $x\equiv x_i \pmod p$ $(1\leqslant i\leqslant n)$，代入 $x^p-x=f(x)q(x)+r_1(x)$，得

$$0\equiv r_1(x_i) \pmod p\quad (1\leqslant i\leqslant n)$$

由定理 4.4.3 的推论知 $r_1(x)=pr(x)$，必要性得证

(充分性)因

$$x^p-x=f(x)q(x)+p\cdot r(x)$$

故
$$0\equiv x^p-x\equiv f(x)q(x) \pmod p$$

则 $f(x)q(x)\equiv 0 \pmod p$ 有 p 个解，又 $q(x)$ 是 $(p-n)$ 次多项式，则方程 $q(x)\equiv 0 \pmod p$ 的解数 $\leqslant p-n$，以 λ 表示同余方程 $f(x)=x^n+a_{n-1}x^{n-1}+\cdots+a_1x+a_0\equiv 0 \pmod p$ 的解数，则

$$\lambda+p-n\geqslant p$$

又 $\lambda\leqslant n$，则

$$\lambda=n$$

注意：对任意的 n 次同余方程 $f(x)=a_nx^n+a_{n-1}x^{n-1}+\cdots+a_1x+a_0\equiv 0 \pmod p$ 可以容易化为首项系数为 1 的 n 次同余方程，若已知 $a_n'a_n\equiv 1 \pmod p$，则只需在方程两边乘以 a_n' 即可.

定理 4.4.6 若 p 是素数，$n\mid p-1$，$p\nmid a$，则 $x^n\equiv a \pmod p$ 有解的充要条件是 $a^{\frac{p-1}{n}}\equiv 1 \pmod p$. 若有解，则解数为 n.

证明 (必要性)若 $x^n\equiv a \pmod p$ 有解 x_0，则 $p\nmid x_0$，从而

$$a^{\frac{p-1}{n}}\equiv (x_0^n)^{\frac{p-1}{n}}\equiv x_0^{p-1}\equiv 1 \pmod p$$

(充分性)
$$\begin{aligned}x^p-x&=x[(x^n)^{\frac{p-1}{n}}-a^{\frac{p-1}{n}}+a^{\frac{p-1}{n}}-1]\\&=(x^n-a)p(x)+x(a^{\frac{p-1}{n}}-1)\end{aligned}$$

若令 $\frac{p-1}{n}=t$，则

$$(x^n)^{\frac{p-1}{n}}-a^{\frac{p-1}{n}}=(x^n)^t-a^t$$

将 $(x^n)^t-a^t$ 分解因式，得

$$\begin{aligned}(x^n)^t-a^t=(x^n-a)[&(x^n)^{t-1}-(x^n)^{t-2}a+(x^n)^{t-3}a^2\\&-(x^n)^{t-4}a^3+\cdots-x^na^{t-2}+a^{t-1}]\end{aligned}$$

其中，$p(x)$ 是关于 x 的整系数多项式，由定理 4.4.5 知，有 n 个解.

例 4.4.4 证明：同余方程 $2x^3+3x+1\equiv 0 \pmod 7$ 的解数小于 3.

证明 先把 $2x^3+3x+1\equiv 0 \pmod 7$ 中 x^3 的系数变为 1. 因

$$2\times 4\equiv 1 \pmod 7,\quad (4,7)=1$$

故
$$4(2x^3+3x+1)\equiv 0 \pmod 7$$

即
$$x^3-2x-3\equiv 0 \pmod 7$$
又
$$x^7-x=(x^3-2x-3)(x^4+2x^2+3x+4)+12x^2+16x+12$$
由定理 4.4.5 知，原方程的解数小于 3.

例 4.4.5　解同余方程：

(1) $3x^{11}+2x^8+5x^4-1\equiv 0 \pmod 7$；

(2) $4x^{20}+3x^{12}+2x^7+3x-2\equiv 0 \pmod 5$.

解　(1) 由费马定理知
$$x^7\equiv x \pmod 7$$
故
$$\begin{aligned}&3x^{11}+2x^8+5x^4-1\\ \equiv&\ 3x^7\cdot x^4+2x^7\cdot x+5x^4-1\\ \equiv&\ 3x\cdot x^4+2x\cdot x+5x^4-1\\ \equiv&\ 3x^5+5x^4+2x^2-1 \pmod 7\end{aligned}$$
原同余方程化为
$$3x^5+5x^4+2x^2-1\equiv 0 \pmod 7$$
将 $x=0,\pm 1,\pm 2,\pm 3$ 分别代入，方程无解.

(2) 由费马定理知
$$x^5\equiv x \pmod 5$$
故
$$\begin{aligned}&4x^{20}+3x^{12}+2x^7+3x-2\\ \equiv&\ 4(x^5)^4+3(x^5)^2\cdot x^2+2x^5\cdot x^2+3x-2\\ \equiv&\ 4x^4+3x^4+2x^3+3x-2\\ \equiv&\ 7x^4+2x^3+3x-2\\ \equiv&\ 2x^4+2x^3+3x-2 \pmod 5\end{aligned}$$
原同余方程化为
$$2x^4+2x^3+3x-2\equiv 0 \pmod 5$$
将 $x=0,\pm 1,\pm 2$ 分别代入，得
$$x\equiv\pm 1 \pmod 5$$

例 4.4.6　证明：对于任意给定的正整数 n，必存在整数 m，使得同余方程 $x^2\equiv 1 \pmod m$ 的解数 $T>n$.

证明　令 $m=p_1p_2\cdots p_k$，p_i 是不同的奇素数，由定理 4.4.6 知，同余方程 $x^2\equiv 1 \pmod{p_i}$ 的解数 $T_i=2\ (i=1,2,\cdots,k)$，故 $T=T_1T_2\cdots T_k=2^k$，当 k 充分大时，必有 $2^k>n$.

习　题　4.4

1. 解同余方程：$3x^2+11x-20\equiv 0 \pmod{105}$.

2. 把下列同余方程化为次数小于 5 的同余方程：

(1) $x^7-6\equiv 0 \pmod 5$；

(2) $x^8+2x^7+x^5-x^4-x+3\equiv 0 \pmod 5$.

3. 判断同余方程 $2x^3 - x^2 + 3x - 1 \equiv 0 \pmod 5$ 是否有三个解.

4. 解同余方程:$3x^{14} + 4x^{10} + 6x - 18 \equiv 0 \pmod 5$.

5. 已知 p 是素数,n 是正整数,且 $p > n > 1$. 求证:

$$(n-1)!(p-n)! \equiv (-1)^n \pmod p$$

6. 设$(a,m)=1$,k 与 m 是正整数,又设 $x_0^k \equiv a \pmod m$. 证明:同余方程 $x^k \equiv a \pmod m$ 的一切解都可以表示为 $x \equiv yx_0 \pmod m$,其中 y 满足同余方程 $y^k \equiv 1 \pmod m$.

7. 设 n 是正整数,$(n, p-1) = k$. 证明:$x^n \equiv 1 \pmod p$ 有 k 个解.

8. 证明:

(1) $(x-1)\cdots(x-p+1)$ 的展开式中除首项系数和常数项外都能被素数 p 整除;

(2) 当 $p > 3$ 时,$(p-1)!\left(1 + \frac{1}{2} + \cdots + \frac{1}{p-1}\right)$能被 p^2 整除.

第 5 章　二次同余式与平方剩余

5.1　素数模的二次剩余

在本章中，我们将比较深入地研究二次同余方程. 首先，我们讨论一种最简单的二次同余方程，其一般形式为

$$x^2 \equiv n \pmod{p} \quad (p \text{ 是素数})$$

当 $p=2$ 时，方程 $x^2 \equiv n \pmod{p}$ 总有解，且解数为 1. 其中当 $n \equiv 0 \pmod{2}$ 时，解为 $x \equiv 0 \pmod{2}$；当 $n \equiv 1 \pmod{2}$ 时，解为 $x \equiv 1 \pmod{2}$.

下面我们只研究模为奇素数的情形，此时，若 $n \equiv 0 \pmod{p}$，方程 $x^2 \equiv n \pmod{p}$ 有解，且解数为 1，即 $x \equiv 0 \pmod{p}$，在此无需研究，故只需要讨论形如

$$x^2 \equiv n \pmod{p},\ (n,p)=1$$

的同余方程.

记素数 p，

$$ax^2+bx+c \equiv 0 \pmod{p} \tag{5.1.1}$$

如果 $(a,p)=p$，则方程(5.1.1)为一次同余方程，只需考虑 $p>2$，且 $(a,p)=1$ 的情形.

因 $(4a,p)=1$，则方程(5.1.1)等价于

$$4a^2x^2+4abx+4ac \equiv 0 \pmod{p}$$

故

$$(2ax+b)^2 \equiv b^2-4ac \pmod{p}$$

研究方程(5.1.1)归纳为对方程 $x^2 \equiv n \pmod{p}$ 的研究.

定义 5.1.1　给定整数 p，对于任意的整数 n，$(n,p)=1$. 若方程 $x^2 \equiv n \pmod{p}$ 有解，则称 n 是模 p 的二次剩余，记作 $n \in QR(p)$. 否则称 n 是模 p 的二次非剩余，记作 $n \in QNR(p)$.

在本节中，如果没有特别说明，总假定 p 是奇素数.

定理 5.1.1　若 $(n,p)=1$，则

(1) n 是模 p 的二次剩余的充要条件是 $n^{\frac{p-1}{2}} \equiv 1 \pmod{p}$；(欧拉判别法则)

(2) 若 n 是模 p 的二次剩余，则方程 $x^2 \equiv n \pmod{p}$ 有两个解；

(3) n 是模 p 的二次非剩余的充要条件是 $n^{\frac{p-1}{2}} \equiv -1 \pmod{p}$.

证明　(1)，(2) 由定理 4.4.6：若 p 是素数，$n \mid p-1$，$p \nmid a$，则 $x^n \equiv a \pmod{p}$ 有解的充要条件是 $a^{\frac{p-1}{n}} \equiv 1 \pmod{p}$. 若有解，则解数为 n. 易得；

(3) 若 $(n,p)=1$，则由欧拉定理得

$$n^{p-1} \equiv 1 \pmod{p}$$

则
$$(n^{\frac{p-1}{2}}+1)(n^{\frac{p-1}{2}}-1)\equiv 0(\bmod p)$$
因为 p 是素数,则 $n^{\frac{p-1}{2}}+1\equiv 0(\bmod p)$ 或 $n^{\frac{p-1}{2}}-1\equiv 0(\bmod p)$ 中必有一个成立,又由定理 5.1.1(1) 知,
$$n^{\frac{p-1}{2}}\equiv -1(\bmod p)$$

定理 5.1.2 模 p 的简化剩余系中,二次剩余与二次非剩余的个数都是$\frac{p-1}{2}$,而且,模 p 的每个二次剩余与且仅与数列 $1^2,2^2,\cdots,\left(\frac{p-1}{2}\right)^2$ 中的一个数同余.

证明 由定理5.1.1知,平方剩余个数等于同余式 $x^{\frac{p-1}{2}}\equiv 1(\bmod p)$ 的解数. 又 $x^{\frac{p-1}{2}}-1\mid x^p-x$,即
$$x^p-x=(x^{\frac{p-1}{2}}-1)q(x)$$
由定理 4.4.5 设 $n\leqslant p$,则同余方程
$$f(x)=x^n+a_{n-1}x^{n-1}+\cdots+a_1x+a_0\equiv 0(\bmod p)$$
有 n 个解的充要条件是存在整系数多项式 $q(x)$ 和 $r(x)$,且 $r(x)$ 的次数 $<n$,
$$x^p-x=f(x)q(x)+p\cdot r(x)$$
可得,平方剩余的个数是$\frac{p-1}{2}$.

又因为模 p 恰有 $p-1$ 个与之互素的剩余类,所以模 p 的平方剩余与平方非剩余总数等于$p-1$,则
$$p-1-\frac{p-1}{2}=\frac{p-1}{2}$$
显然,$1^2,2^2,\cdots,\left(\frac{p-1}{2}\right)^2$ 中的数都是模 p 的平方剩余,只需证明数列 $1^2,2^2,\cdots,\left(\frac{p-1}{2}\right)^2$ 中任何两个数对模 p 不同余.

对任意 $k,s,1\leqslant s<k\leqslant\frac{p-1}{2}$,若 $k^2\equiv s^2(\bmod p)$,则 $p\mid k+s$ 或 $p\mid k-s$,而 $1<k-s<k+s<p$,故 $p\mid k+s$ 或 $p\mid k-s$,这都是不可能的.

注意:(1) 该定理给出了判断方程 $x^2\equiv a(\bmod p)$ 是否有解的一种方法,即判断 a 是否与 $1^2,2^2,\cdots,\left(\frac{p-1}{2}\right)^2$ 中某一个数关于模 p 同余,如果是,则方程有解,否则方程无解.

(2) 欧拉判别法则并不是一个实用的判别法,因为对具体的素数 p,当它不太大时,我们通常可以通过计算 $1^2,2^2,\cdots,\left(\frac{p-1}{2}\right)^2$ 来直接确定哪些 a 是平方剩余,哪些 a 是平方非剩余,这要比验证 $a^{\frac{p-1}{2}}\equiv 1$ 或 $-1(\bmod p)$ 要简单;当 p 较大时,这两种方法都不实用.

(3) 欧拉判别法则多用于理论上.

例 5.1.1 同余方程 $x^2\equiv 11(\bmod 13)$ 有多少个解.

解 因为$11^{\frac{13-1}{2}}=11^6=121^3\equiv 4^3\equiv 12\equiv -1(\bmod 13)$,所以方程无解.

例 5.1.2 写出模 23 的所有二次剩余和二次非剩余.

解　即 $x^2 \equiv n \pmod{23}$，由定理 5.1.2 知，二次剩余为 $1^2, 2^2, \cdots, \left(\frac{23-1}{2}\right)^2$，把它们化简即可.

$$1^2 \equiv 1 \pmod{23},\quad 2^2 \equiv 4 \pmod{23},\quad 3^2 \equiv 9 \pmod{23}$$
$$4^2 \equiv 16 \pmod{23},\quad 5^2 \equiv 2 \pmod{23},\quad 6^2 \equiv 13 \pmod{23}$$
$$7^2 \equiv 3 \pmod{23},\quad 8^2 \equiv 18 \pmod{23},\quad 9^2 \equiv 12 \pmod{23}$$
$$10^2 \equiv 8 \pmod{23},\quad 11^2 \equiv 6 \pmod{23}$$

模 23 所有二次剩余为：1，2，3，4，6，8，9，12，13，16，18；模 23 所有二次非剩余为：5，7，10，11，14，15，17，19，20，21，22.

例 5.1.3　设 $y \equiv a_1 \pmod p$，$y \equiv a_2 \pmod p$ 都是模 p 的平方剩余，$y \equiv b_1 \pmod p$，$y \equiv b_2 \pmod p$ 都是模 p 的平方非剩余. 求证：$y \equiv a_1 a_2 \pmod p$，$y \equiv b_1 b_2 \pmod p$ 都是模 p 的平方剩余，$y \equiv a_1 b_1 \pmod p$ 是模 p 的平方非剩余.

证明　由定理 5.1.1 知

$$a_1^{\frac{p-1}{2}} \equiv a_2^{\frac{p-1}{2}} \equiv 1 \pmod p,\quad b_1^{\frac{p-1}{2}} \equiv b_2^{\frac{p-1}{2}} \equiv -1 \pmod p$$

则
$$(a_1 a_2)^{\frac{p-1}{2}} \equiv (b_1 b_2)^{\frac{p-1}{2}} \equiv 1 \pmod p,\quad (a_1 b_1)^{\frac{p-1}{2}} \equiv -1 \pmod p$$

故由定理 5.1.1 得证.

例 5.1.4　设 p 是适合 $p \equiv 1 \pmod 4$ 的素数，$y \equiv a \pmod p$ 是模 p 的平方剩余. 证明：$y \equiv -a \pmod p$ 也是模 p 的平方剩余.

证明　令 $p = 4k + 1$，由定理 5.1.1 知

$$a^{\frac{p-1}{2}} \equiv 1 \pmod p$$

则
$$(-a)^{\frac{p-1}{2}} \equiv 1 \pmod p$$

注意：同理可证，若 $p \equiv 3 \pmod 4$，$y \equiv a \pmod p$ 是模 p 的平方剩余，则 $y \equiv -a \pmod p$ 必为模 p 的平方非剩余.

例 5.1.5　设 p 是素数，$p \equiv 1 \pmod 4$，则

$$\left[\left(\frac{p-1}{2}\right)!\right]^2 \equiv -1 \pmod p$$

证明　由威尔逊定理，若 p 是素数，则

$$(p-1)! \equiv -1 \pmod p$$

又 $p \equiv 1 \pmod 4$，故 $p-1$ 是偶数，则

$$\begin{aligned}(p-1)! &= 1\cdot 2\cdot 3\cdot \cdots \cdot \frac{p-1}{2}\cdot \frac{p+1}{2}\cdot \frac{p+3}{2}\cdot \cdots \cdot (p-1)\\ &\equiv 1\cdot 2\cdot 3\cdot \cdots \cdot \frac{p-1}{2}\cdot \left(\frac{p+1}{2}-p\right)\cdot \left(\frac{p+3}{2}-p\right)\\ &\quad \cdot \cdots \cdot [(p-1)-p]\\ &\equiv 1\cdot 2\cdot 3\cdot \cdots \cdot \frac{p-1}{2}\cdot (-1)^{\frac{p-1}{2}}\cdot \frac{p-1}{2}\cdot \cdots \cdot 3\cdot 2\cdot 1\\ &= \left[\left(\frac{p-1}{2}\right)!\right]^2 \pmod p\end{aligned}$$

故
$$\left[\left(\frac{p-1}{2}\right)!\right]^2 \equiv -1 \pmod p$$

当 $p \equiv 1 \pmod 4$ 时,由例 5.1.5 说明以下问题:

(1) 我们知道模 p 的所有二次剩余是 $1^2, 2^2, \cdots, \left(\frac{p-1}{2}\right)^2$,模 p 的所有二次剩余之积为 $\left[\left(\frac{p-1}{2}\right)!\right]^2$,且满足 $\left[\left(\frac{p-1}{2}\right)!\right]^2 \equiv -1 \pmod p$;

(2) 我们得到方程 $x^2 \equiv -1 \pmod p$ 的解是 $\pm\left(\frac{p-1}{2}\right)!$.

例 5.1.6 证明:当 $p = 4m+1$ 时,同余方程 $x^2+1 \equiv 0 \pmod p$ 的解是
$$x \equiv \pm 1 \cdot 2 \cdot \cdots \cdot (2m) \pmod p$$

证明 由例 5.1.5 知
$$x \equiv \pm \left(\frac{p-1}{2}\right)! \equiv \pm (2m)! \pmod p$$
得证.

例 5.1.7 设 p 是素数,且 $p \equiv 1 \pmod 4$. 证明:

(1) $1, 2, \cdots, \frac{p-1}{2}$ 中模 p 的二次剩余与二次非剩余的个数均为 $\frac{p-1}{4}$;

(2) $1, 2, \cdots, p-1$ 中有 $\frac{p-1}{4}$ 个偶数为模 p 的二次剩余,有 $\frac{p-1}{4}$ 个奇数为模 p 的二次剩余;

(3) $1, 2, \cdots, p-1$ 中模 p 的所有二次剩余之和为 $\frac{p(p-1)}{4}$.

证明 (1) 因为 $p \equiv 1 \pmod 4$,所以 j 与 $p-j$ 同为二次剩余或二次非剩余. 在 $1, 2, \cdots, \frac{p-1}{2}, \frac{p+1}{2}, \cdots, p-1$ 中,记
$$j \in \left\{1, 2, \cdots, \frac{p-1}{2}\right\} = M$$
$$p-j \in \left\{\frac{p+1}{2}, \frac{p+3}{2}, \cdots, p-1\right\} = \mathbf{N}$$

设集合 M 中有 x 个平方剩余,则集合 N 中也有 x 个平方剩余,又在 $1, 2, \cdots, p-1$ 中有 $\frac{p-1}{2}$ 个平方剩余,则
$$2x = \frac{p-1}{2}$$
从而
$$x = \frac{p-1}{4}$$

(2) 易知,j 与 $p-j$ 分别为一奇一偶或一偶一奇,即在 $1, 2, \cdots, p-1$ 中,$\frac{p-1}{2}$ 个平方剩余(平方非剩余)奇偶各半,故结论成立.

(3) $1,2,\cdots,p-1$ 中模 p 的所有二次剩余之和为

$$s=\frac{p-1}{4}\cdot(j+p-j)=\frac{p(p-1)}{4}$$

习　题　5.1

1. 把二次三项同余方程 $4x^2-11x-3\equiv 0(\bmod 13)$ 化为二次二项同余方程.

2. 把二次三项同余方程 $x^2-3x+5\equiv 0(\bmod 79)$ 化为二次二项同余方程.

3. 把二次三项同余方程 $5x^2-7x+11\equiv 0(\bmod 23)$ 化为二次二项同余方程.

4. 对 $x^2\equiv a(\bmod 17)$，哪些数为平方剩余，哪些数为平方非剩余？

5. 判断 7 是不是模 29 的平方剩余.

6. 判断下列同余方程的解数.

(1) $x^2\equiv 16(\bmod 51)$；　(2) $x^2\equiv -63(\bmod 187)$.

7. 设 p 是奇素数. 证明：

(1) 模 p 的所有二次剩余的乘积对模 p 的剩余是 $(-1)^{(p+1)/2}$；

(2) 模 p 的所有二次非剩余的乘积对模 p 的剩余是 $(-1)^{(p-1)/2}$；

(3) 模 p 的所有二次剩余之和对模 p 的剩余是 1，当 $p=3$ 时；0，当 $p>3$ 时.

8. 设 p 是奇素数，$p\nmid a$. 证明：存在整数 $u,v,(u,v)=1$，使得 $u^2+av^2\equiv 0(\bmod p)$ 的充要条件是 $-a$ 是模 p 的二次剩余.

5.2　勒让德符号

从 5.1 节中我们得知，当模比较大的时候，运用欧拉判别法则计算量较大. 本节将要给出一个比较便于实际计算的判别方法，为此，我们需要引进勒让德(Legendre) 符号.

定义 5.2.1　给定奇素数 p，对于整数 n，定义勒让德符号

$$\left(\frac{n}{p}\right)=\begin{cases}0, & \text{当 } p\mid n \text{ 时(即}(n,p)\neq 1)\\ 1, & \text{当 } n\in QR(p) \text{ 时(即 } n \text{ 是模 } p \text{ 的平方剩余)}\\ -1, & \text{当 } n\in QNR(p) \text{ 时(即 } n \text{ 是模 } p \text{ 的平方非剩余)}\end{cases}$$

例如，1 与 4 是模 5 的二次剩余，2 与 3 是模 5 的二次非剩余，于是

$$\left(\frac{1}{5}\right)=1,\quad\left(\frac{2}{5}\right)=-1,\quad\left(\frac{3}{5}\right)=-1,\quad\left(\frac{4}{5}\right)=1$$

定理 5.2.1　设 p 是奇素数，n 是整数，则

(1) $\left(\frac{n}{p}\right)\equiv n^{\frac{p-1}{2}}(\bmod p)$；

(2) 若 $n\equiv n_1(\bmod p)$，则 $\left(\frac{n}{p}\right)\equiv\left(\frac{n_1}{p}\right)(\bmod p)$；

(3) $\left(\frac{1}{p}\right)=1$，$\left(\frac{-1}{p}\right)=(-1)^{\frac{p-1}{2}}$；

(4) 对任意的整数 a_i,$1\leqslant i\leqslant k$,有$\left(\dfrac{a_1a_2\cdots a_k}{p}\right)=\left(\dfrac{a_1}{p}\right)\left(\dfrac{a_2}{p}\right)\cdots\left(\dfrac{a_k}{p}\right)$.

证明 (1) 分三种情况说明,若 $p\mid n$,由勒让德符号的定义知

$$\left(\frac{n}{p}\right)=0$$

又
$$n^{\frac{p-1}{2}}\equiv 0(\mathrm{mod}\,p)$$

所以成立;若 n 是模 p 的平方剩余,由勒让德符号的定义知

$$\left(\frac{n}{p}\right)=1$$

又由定理 5.1.1 知

$$n^{\frac{p-1}{2}}\equiv 1(\mathrm{mod}\,p)$$

所以成立;若 n 是模 p 的平方非剩余,易知

$$\left(\frac{n}{p}\right)=-1\equiv n^{\frac{p-1}{2}}(\mathrm{mod}\,p)$$

所以成立.

(2) 若 $n\equiv n_1(\mathrm{mod}\,p)$,则它们同是模 p 的二次剩余或二次非剩余,所以成立;

(3) 对同余方程 $x^2\equiv n(\mathrm{mod}\,p)$,对于任何奇素数 p,总有 $1^2\equiv 1(\mathrm{mod}\,p)$,即 1 总是奇素数 p 的平方剩余.

在(1) 中令 $n=-1$,则

$$\left(\frac{-1}{p}\right)\equiv(-1)^{\frac{p-1}{2}}(\mathrm{mod}\,p)$$

又$\left(\dfrac{-1}{p}\right)\equiv(-1)^{\frac{p-1}{2}}(\mathrm{mod}\,p)$ 两端只能取 1 或 -1,即是说它们不能相差 p 的整数倍,所以

$$\left(\frac{-1}{p}\right)=(-1)^{\frac{p-1}{2}}$$

(4) 由(1) 得知

$$\left(\frac{a_1a_2\cdots a_k}{p}\right)\equiv(a_1a_2\cdots a_k)^{\frac{p-1}{2}}\equiv(a_1)^{\frac{p-1}{2}}(a_2)^{\frac{p-1}{2}}\cdots(a_k)^{\frac{p-1}{2}}$$
$$\equiv\left(\frac{a_1}{p}\right)\left(\frac{a_2}{p}\right)\cdots\left(\frac{a_k}{p}\right)(\mathrm{mod}\,p)$$

同样,式$\left(\dfrac{a_1a_2\cdots a_k}{p}\right)\equiv\left(\dfrac{a_1}{p}\right)\left(\dfrac{a_2}{p}\right)\cdots\left(\dfrac{a_k}{p}\right)(\mathrm{mod}\,p)$ 的左右两边只能取 -1,0 或 1,即它们不能相差 p 的整数倍.故

$$\left(\frac{a_1a_2\cdots a_k}{p}\right)=\left(\frac{a_1}{p}\right)\left(\frac{a_2}{p}\right)\cdots\left(\frac{a_k}{p}\right)$$

推论 5.2.1 设 p 是奇素数,则

$$-1\in QR(p)\Leftrightarrow p\equiv 1(\mathrm{mod}\,4)$$
$$-1\in QNR(p)\Leftrightarrow p\equiv 3(\mathrm{mod}\,4)$$

证明 由性质$\left(\dfrac{-1}{p}\right)=(-1)^{\frac{p-1}{2}}$ 易知.

例 5.2.1　判断下列同余方程是否有解.

(1) $x^2-3x+5\equiv 0 \pmod 7$；　(2) $5x^2-7x+11\equiv 0 \pmod{23}$.

解　(1) 因 $x^2-3x+5\equiv x^2-10x+5\equiv (x-5)^2-5^2+5\equiv 0 \pmod 7$，令 $y=x-5$，则原方程化为

$$y^2\equiv 20 \pmod 7$$

即

$$y^2\equiv -1 \pmod 7$$

又

$$\left(\frac{-1}{p}\right)=(-1)^{\frac{p-1}{2}}$$

则

$$\left(\frac{-1}{7}\right)=(-1)^{\frac{7-1}{2}}=-1$$

故 $y^2\equiv -1 \pmod 7$ 无解，则原方程无解.

(2)
$$5x^2-7x+11\equiv 5x^2-30x-35 \pmod{23}$$

由 $(5,23)=1$，故原方程等价于

$$x^2-6x-7\equiv (x-3)^2-16\equiv 0 \pmod{23}$$

令 $y=x-3$，则原方程化为

$$y^2\equiv 16 \pmod{23}$$

易知 $y^2\equiv 16 \pmod{23}$ 有解，从而原方程有解.

例 5.2.2　设 n 是整数. 证明：n^2+1 的任何奇因数都是 $4m+1$ 的形式.

证明　由于奇数都可表示成奇素数之积，而且任意多个形如 $4m+1$ 的整数之积也具有 $4m+1$ 的形式. 我们只需证明：若素数 p 是 n^2+1 的因数，则 p 具有 $4m+1$ 的形式.

若 $p\mid n^2+1$，则

$$n^2\equiv -1 \pmod p$$

即 $-1\in QR(p)$，由推论 5.2.1 知

$$p=4m+1$$

例 5.2.3　设 p 是奇素数，$(n,p)=1$，α 是正整数. 证明：同余方程 $x^2\equiv n \pmod{p^\alpha}$ 有解的充要条件是 $\left(\frac{n}{p}\right)=1$.

证明　(必要性)　若同余方程 $x^2\equiv n \pmod{p^\alpha}$ 有解 x_0，则

$${x_0}^2\equiv n \pmod{p^\alpha}$$

故

$${x_0}^2\equiv n \pmod p$$

即

$$\left(\frac{n}{p}\right)=1$$

(充分性)　若 $\left(\frac{n}{p}\right)=1$，则 $x^2\equiv n \pmod p$ 有解 x_0，因为 $p\nmid 2x_0$，由定理 4.3.2 知，由此解可导出 $x^2\equiv n \pmod{p^\alpha}$ 的一个解 x_α，即 $x^2\equiv n \pmod{p^\alpha}$ 有解.

例 5.2.4　若 $a\equiv 1 \pmod 4$，$2\mid b$，并且 b 没有形如 $4k+3$ $(k\in \mathbf{Z})$ 的素因数. 证明：方程 $y^2=x^3-a^3-b^2$ 没有整数解.

证明 用反证法.假设方程有整数解 x,y.若 $2\mid x,y^2\equiv -1(\bmod 4)$,则这是不可能的.因为 -1 不可能是模 4 的平方剩余.若 $x\equiv 3(\bmod 4)$,则

$$y^2\equiv x^3-a^3-b^2\equiv 3^3-1^3-0\equiv 2(\bmod 4)$$

这也是不可能的.若 $x\equiv 1(\bmod 4)$,则

$$x^2+ax+a^2\equiv 1+a+a^2\equiv 3(\bmod 4)$$

则必有素数

$$p\equiv 3(\bmod 4)$$

使得

$$p\mid x^2+ax+a^2$$

于是

$$y^2=x^3-a^3-b^2\equiv -b^2(\bmod p)$$

即 $-b^2$ 是模 p 的平方剩余,所以

$$\left(-\frac{b^2}{p}\right)=1$$

又

$$\left(-\frac{b^2}{p}\right)=\left(\frac{-1}{p}\right)\left(\frac{b^2}{p}\right)=(-1)^{\frac{p-1}{2}}\cdot 1=-1$$

矛盾.所以结论成立.

例 5.2.5 设 p 是素数.证明:数列 $1,2,\cdots,p-1$ 中模 p 的二次剩余之和是 $s=\frac{p(p^2-1)}{24}-p\sum_{k=1}^{\frac{p-1}{2}}\left[\frac{k^2}{p}\right]$.

证明 对于整数 $k,1\leqslant k\leqslant\frac{p-1}{2}$,记

$$k^2=pq_k+r_k\quad(q_k\in\mathbf{Z},1\leqslant r_k\leqslant p-1)$$

则

$$q_k=\left[\frac{k^2}{p}\right]$$

(由定理 1.6.2:设 a 与 b 是正整数,则在 $1,2,\cdots,a$ 中能被 b 整除的整数恰有 $\left[\frac{a}{b}\right]$ 个.易得.)

由定理 5.1.2,得

$$s=\sum_{k=1}^{\frac{p-1}{2}}r_k=\sum_{k=1}^{\frac{p-1}{2}}k^2-p\sum_{k=1}^{\frac{p-1}{2}}\left[\frac{k^2}{p}\right]=\frac{p(p^2-1)}{24}-p\sum_{k=1}^{\frac{p-1}{2}}\left[\frac{k^2}{p}\right]$$

注意:(1) 不能把 $1^2,2^2,\cdots,\left(\frac{p-1}{2}\right)^2$ 直接相加;

(2) 通过 $k^2=pq_k+r_k(q_k\in\mathbf{Z},1\leqslant r_k\leqslant p-1)$ 这个式子的转化,左边是模 p 的二次剩余的全体,右边转化到了 1 至 $p-1$ 之间,即一个 k^2 对应一个 r_k.

例 5.2.6 证明:若 p 是素数,且 $p\geqslant 7$,则 p 总有两个连续的二次剩余.

证明 先证 2,5,10 中至少有一个是模 p 的二次剩余.若它们都不是模 p 的二次剩余,则

$$2^{\frac{p-1}{2}} \equiv -1 \pmod p$$
$$5^{\frac{p-1}{2}} \equiv -1 \pmod p$$
$$10^{\frac{p-1}{2}} \equiv -1 \pmod p$$

显然

$$10^{\frac{p-1}{2}} \equiv 2^{\frac{p-1}{2}} \cdot 5^{\frac{p-1}{2}} \equiv -1 \cdot (-1) = 1 \pmod p$$

矛盾.注意 1 与 2,4 与 5,9 与 10,因为整数 1,4,9 总是模 p 的平方剩余,故结论得证.

例 5.2.7　若 p 是素数,且 $p \geqslant 7$,则 p 总有两个相差为 2 的二次剩余.

证明　构造整数

$$a_1 = \left(\frac{p-3}{2}\right)^2 + p, \quad a_2 = \left(\frac{p-1}{2}\right)^2$$

显然

$$a_1 - a_2 = 2$$

易知,a_1,a_2 都是模 p 的平方剩余.

另证:仿照例 5.2.6 可以证明 2,3,6 中至少有一个是模 p 的平方剩余.其中 1 与 4 总是模 p 的平方剩余,故结论得证.

习　题　5.2

1. 判断同余方程 $x^2 \equiv -1 \pmod{365}$ 是否有解,有解时求出其解数.

2. 设素数 $p \equiv 3 \pmod 4$,$\left(\frac{n}{p}\right) = 1$.证明:$x \equiv \pm n^{\frac{p+1}{4}} \pmod p$ 是同余方程 $x^2 \equiv n \pmod p$ 的解.

3. 如果 p 是奇素数,且 $(a,p) = 1$,那么 $\sum\limits_{n=0}^{p-1}\left(\frac{an+b}{p}\right) = 0$,规定 $p \mid n$ 时,$\left(\frac{n}{p}\right) = 0$.

4. 若 p 是适合 $p \equiv 1 \pmod 4$ 的素数.证明:$\sum\limits_{r=1}^{p-1} r \cdot \left(\frac{r}{p}\right) = 0$,其中$\left(\frac{r}{p}\right)$是 r 对模 p 的勒让德符号.

5. 证明:若 p 是素数,且 $p \equiv 3 \pmod 4$,则$\left(\frac{p-1}{2}\right)! \equiv (-1)^t \pmod p$,其中 t 是模 p 的二次非剩余中小于$\frac{p}{2}$的正整数的个数.

5.3　二次互反律

在 5.2 节我们研究了$\left(\frac{-1}{p}\right)$,本节我们研究$\left(\frac{2}{p}\right)$.对于同余方程 $x^2 \equiv 2 \pmod p$,若方程有解,则在 $x^2 \equiv 2$ 那一行中标出它的解;若方程无解,则用 QNR 表示.观察表 5.3.1:

表 5.3.1　同余方程 $x^2 \equiv 2 \pmod{p}$ 解的情况

p	3	5	7	11	13	17	19	23	29	31
$x^2 \equiv 2$	QNR	QNR	3,4	QNR	QNR	6,11	QNR	5,18	QNR	8,23
p	37	41	43	47	53	59	61	67	71	73
$x^2 \equiv 2$	QNR	17,24	QNR	7,40	QNR	QNR	QNR	QNR	12,59	32,41
p	79	83	89	97	101	103	107	109	113	127
$x^2 \equiv 2$	9,70	QNR	25,64	14,83	QNR	38,65	QNR	QNR	51,62	16,111

根据 2 是否为二次剩余,将上面的素数分为两类:

对于 $p = 7,17,23,31,41,47,71,73,79,89,97,103,113,127$ 这些数,2 是二次剩余;

对于 $p = 3,5,11,13,19,29,37,43,53,59,61,67,83,101,107,109$ 这些数,2 是二次非剩余.

对于同余方程 $x^2 \equiv -1 \pmod{p}$,结果表明:当 $p \equiv 1 \pmod 4$ 时,方程有解;当 $p \equiv 3 \pmod 4$ 时,方程无解. 由此来看,模 4 的同余类是至关重要的. 那么对于方程 $x^2 \equiv 2 \pmod{p}$,有没有类似的模式呢?

下面是用模 4 化简的结果:

$$7,17,23,31,41,47,71,73,79,89,97,103,113,127$$
$$\equiv 3,1,3,3,1,3,3,1,3,1,1,3,1,3 \pmod 4$$
$$3,5,11,13,19,29,37,43,53,59,61,67,83,101,107,109$$
$$\equiv 3,1,3,1,3,1,1,3,1,3,1,3,3,1,3,1 \pmod 4$$

看不出什么规律来,前景不太乐观. 我们用模 8 试试,会发生什么情况呢?

$$7,17,23,31,41,47,71,73,79,89,97,103,113,127$$
$$\equiv 7,1,7,7,1,7,7,1,7,1,1,7,1,7 \pmod 8$$
$$3,5,11,13,19,29,37,43,53,59,61,67,83,101,107,109$$
$$\equiv 3,5,3,5,3,5,5,3,5,3,5,3,3,5,3,5 \pmod 8$$

那么,我们能否猜测:当 $p \equiv 1$ 或 $7 \pmod 8$ 时,2 是模 p 的二次剩余;当 $p \equiv 3$ 或 $5 \pmod 8$ 时,2 是模 p 的二次非剩余.

如果上述猜测正确,又如何证明?能否用欧拉判别法则来证明?因为没有简单的方法来计算 $2^{\frac{p-1}{2}} \pmod{p}$,所以答案是否定的,或者至少是不明显的. 回顾费马定理的证明:取出数 $1,2,\cdots,p-1$,将每一个数与 a 相乘,然后再把所得的各个乘积全部相乘,就会得到一个可以提出的因子 a^{p-1}. 为了利用欧拉判别法则,只需要得到 $a^{\frac{p-1}{2}}$ 即可. 因此,只需取 1 到 $\dfrac{p-1}{2}$ 的数相乘. 下面用上述想法再来确定 2 是不是模 13 的二次剩余.

先取 1 到 12 中的一半的数:1,2,3,4,5,6. 若每一个数都乘以 2,再把所得的乘积全部相乘,即 $2 \cdot 4 \cdot 6 \cdot 8 \cdot 10 \cdot 12 = 2^6 \cdot 1 \cdot 2 \cdot 3 \cdot 4 \cdot 5 \cdot 6$,注意 $2^6 = 2^{\frac{13-1}{2}}$. 我们再把 2,4,6,8,10,12 中的每一个数用模 13 简化,得到 -6 到 6 之间的数,则

$$\begin{aligned}2^6 \cdot 1 \cdot 2 \cdot 3 \cdot 4 \cdot 5 \cdot 6 &= 2 \cdot 4 \cdot 6 \cdot 8 \cdot 10 \cdot 12 \\ &\equiv 2 \cdot 4 \cdot 6 \cdot (-5) \cdot (-3) \cdot (-1) \\ &= -6!\pmod{13}\end{aligned}$$

于是

$$2^6 = 2^{\frac{13-1}{2}} \equiv -1\pmod{13}$$

故由欧拉判别法则得知，2 是 13 的平方非剩余.

同样，用上述想法来验证 2 是 17 的平方剩余. 取数 1 到 8，每一个数与 2 相乘，再把所得的乘积全部相乘，用两种不同的方式计算所得乘积. 显然

$$2 \cdot 4 \cdot 6 \cdot 8 \cdot 10 \cdot 12 \cdot 14 \cdot 16 = 2^8 \cdot 8!$$

又

$$\begin{aligned}2^8 \cdot 8! &= 2 \cdot 4 \cdot 6 \cdot 8 \cdot 10 \cdot 12 \cdot 14 \cdot 16 \\ &\equiv 2 \cdot 4 \cdot 6 \cdot 8 \cdot (-7) \cdot (-5) \cdot (-3) \cdot (-1) \\ &= 8!\pmod{17}\end{aligned}$$

则

$$2^8 = 2^{\frac{17-1}{2}} \equiv 1\pmod{17}$$

故由欧拉判别法则得知，2 是 17 的平方剩余.

定理 5.3.1　设 p 为奇素数，当 $p \equiv 1$ 或 $7\pmod 8$ 时，2 是模 p 的二次剩余；当 $p \equiv 3$ 或 $5\pmod 8$ 时，2 是模 p 的二次非剩余. 用勒让德符号表示为：当 $p \equiv 1$ 或 $7\pmod 8$ 时，$\left(\frac{2}{p}\right) = 1$；当 $p \equiv 3$ 或 $5\pmod 8$ 时，$\left(\frac{2}{p}\right) = -1$.

证明　先考虑当 $p \equiv 3\pmod 8$ 时，即

$$p = 8k + 3$$

则

$$\frac{p-1}{2} = 4k + 1$$

列出 1 到 $\frac{p-1}{2}$ 的所有数，把它们分别乘以 2，再把所得乘积全部相乘.

$2 \cdot 4 \cdot 6 \cdot \cdots \cdot 4k \cdot (4k+2) \cdot (4k+4) \cdot \cdots \cdot (8k+2)$，注意到在 $4k+2$ 与 $8k+2$ 之间有 $2k+1$ 个数，这表明有 $2k+1$ 个负号. 于是

$$2^{\frac{p-1}{2}} \equiv (-1)^{2k+1} = -1\pmod p$$

其他情形同样可证. 事实上，上述结论即是 $\left(\frac{2}{p}\right) = (-1)^{\frac{p^2-1}{8}}$. 在下面的定理 5.3.3 中，我们还会从另一个角度对这一结论进行证明. 一般地，我们会有下面的结论.

定理 5.3.2　设 $(n,p) = 1$，对于整数 $k\left(1 \leqslant k \leqslant \frac{p-1}{2}\right)$，以 r_k 表示 nk 对模 p 的最小非负剩余，设 $r_1, r_2, \cdots, r_k$ 中大于 $\frac{p}{2}$ 的有 m 个，则 $\left(\frac{n}{p}\right) = (-1)^m$.

证明　在 $r_1, r_2, \cdots, r_{\frac{p-1}{2}}$ 中，假设大于 $\frac{p}{2}$ 的是 $a_1, a_2, \cdots, a_m$，小于 $\frac{p}{2}$ 的是 $b_1, b_2, \cdots, b_t$，则

$$m + t = \frac{p-1}{2}$$

$$\prod_{1\leqslant k\leqslant\frac{p-1}{2}}(nk)=(n\cdot 1)(n\cdot 2)\cdots\left(n\cdot\frac{p-1}{2}\right)$$
$$=n^{\frac{p-1}{2}}\left(\frac{p-1}{2}\right)!$$

又
$$\prod_{1\leqslant k\leqslant\frac{p-1}{2}}(nk)\equiv\prod_{i=1}^{m}a_i\prod_{j=1}^{t}b_j\pmod p$$

因
$$\frac{p}{2}<a_i<p$$

故
$$0<p-a_i<\frac{p}{2}$$

则对于 $1\leqslant i\leqslant m,1\leqslant j\leqslant t$,有
$$b_j\neq p-a_i$$

这说明 $p-a_i$ 与 b_j 恰好是 1 与 $\frac{p-1}{2}$ 之间的全部整数. 否则有整数 $k_1,k_2,1\leqslant k_1,k_2\leqslant\frac{p-1}{2}$,有
$$a_i\equiv nk_1,\ b_j\equiv nk_2\pmod p$$

故
$$0\equiv a_i+b_j\equiv n(k_1+k_2)\pmod p$$

则
$$p\mid n(k_1+k_2)$$

又 $(n,p)=1$,则 $p\mid k_1+k_2$ 与 $1\leqslant k_1,k_2\leqslant\frac{p-1}{2}$ 矛盾,故
$$n^{\frac{p-1}{2}}\left(\frac{p-1}{2}\right)!\equiv(-1)^m\prod_{i=1}^{m}(p-a_i)\prod_{j=1}^{t}b_j$$
$$\equiv(-1)^m\left(\frac{p-1}{2}\right)!\pmod p$$

由 $p\nmid\left(\frac{p-1}{2}\right)!$,则由上式知(两边同除以 $\left(\frac{p-1}{2}\right)!$)
$$n^{\frac{p-1}{2}}\equiv(-1)^m\pmod p$$

又
$$\left(\frac{n}{p}\right)=n^{\frac{p-1}{2}}$$

则
$$\left(\frac{n}{p}\right)\equiv(-1)^m\pmod p$$

易知两边分别是 1 或 -1,故
$$\left(\frac{n}{p}\right)=(-1)^m$$

定理 5.3.3 设 p 是奇素数. 则

(1) $\left(\frac{2}{p}\right)=(-1)^{\frac{p^2-1}{8}}$;

(2) 若 n 是奇数,$(n,p)=1$,则 $\left(\frac{n}{p}\right)=(-1)^{\sum_{i=1}^{\frac{p-1}{2}}\left[\frac{ni}{p}\right]}$.

证明　使用定理 5.3.2 中的符号 r_k, a_i, b_j, m 与 t，$nk = p\left[\frac{nk}{p}\right] + r_k, 1 \leqslant k \leqslant \frac{p-1}{2}$.

$$\sum_{k=1}^{\frac{p-1}{2}}(nk) = n\left(1 + 2 + \cdots + \frac{p-1}{2}\right) = n \cdot \frac{p^2-1}{8}$$

又

$$\begin{aligned}\sum_{k=1}^{\frac{p-1}{2}}(nk) &= p\sum_{k=1}^{\frac{p-1}{2}}\left[\frac{nk}{p}\right] + \sum_{k=1}^{\frac{p-1}{2}} r_k \\ &= p\sum_{k=1}^{\frac{p-1}{2}}\left[\frac{nk}{p}\right] + \sum_{i=1}^{m} a_i + \sum_{j=1}^{t} b_j \\ &= p\sum_{k=1}^{\frac{p-1}{2}}\left[\frac{nk}{p}\right] + \sum_{i=1}^{m}(p - a_i) + \sum_{j=1}^{t} b_j + 2\sum_{i=1}^{m} a_i - mp \\ &= p\sum_{k=1}^{\frac{p-1}{2}}\left[\frac{nk}{p}\right] + \sum_{i=1}^{\frac{p-1}{2}} i + 2\sum_{i=1}^{m} a_i - mp \\ &= p\sum_{k=1}^{\frac{p-1}{2}}\left[\frac{nk}{p}\right] + \frac{p^2-1}{8} + 2\sum_{i=1}^{m} a_i - mp\end{aligned}$$

则

$$n \cdot \frac{p^2-1}{8} = p\sum_{k=1}^{\frac{p-1}{2}}\left[\frac{nk}{p}\right] + \frac{p^2-1}{8} + 2\sum_{i=1}^{m} a_i - mp$$

故

$$(n-1) \cdot \frac{p^2-1}{8} = p\sum_{k=1}^{\frac{p-1}{2}}\left[\frac{nk}{p}\right] + 2\sum_{i=1}^{m} a_i - mp$$

若 $n = 2$，有 $1 \leqslant k \leqslant \frac{p-1}{2}$，则 $0 < k < \frac{p}{2}$，即 $0 < \frac{k}{p} < \frac{1}{2}$，$0 < \frac{2k}{p} < 1$，故

$$\left[\frac{nk}{p}\right] = 0$$

由 $(n-1) \cdot \frac{p^2-1}{8} = p\sum_{k=1}^{\frac{p-1}{2}}\left[\frac{nk}{p}\right] + 2\sum_{i=1}^{m} a_i - mp$ 得

$$\frac{p^2-1}{8} \equiv m \pmod 2$$

从而

$$m = \frac{p^2-1}{8} + 2k \quad (k \in \mathbf{Z})$$

故

$$\left(\frac{2}{p}\right) = (-1)^m = (-1)^{\frac{p^2-1}{8}+2k} = (-1)^{\frac{p^2-1}{8}}$$

若 $2 \nmid n$，则由 $(n-1) \cdot \frac{p^2-1}{8} = p\sum_{k=1}^{\frac{p-1}{2}}\left[\frac{nk}{p}\right] + 2\sum_{i=1}^{m} a_i - mp$ 得

$$0 \equiv p\sum_{k=1}^{\frac{p-1}{2}}\left[\frac{nk}{p}\right] - mp \pmod 2$$

即

$$\sum_{k=1}^{\frac{p-1}{2}}\left[\frac{nk}{p}\right] \equiv m \pmod 2$$

故
$$\left(\frac{n}{p}\right)=(-1)^m=(-1)^{\sum_{i=1}^{\frac{p-1}{2}}\left[\frac{ni}{p}\right]}$$

用定理 5.3.3 计算$\left(\frac{7}{11}\right)$,因为

$$\sum_{i=1}^{5}\left[\frac{7i}{11}\right]=\left[\frac{7}{11}\right]+\left[\frac{14}{11}\right]+\left[\frac{21}{11}\right]+\left[\frac{28}{11}\right]+\left[\frac{35}{11}\right]$$
$$=0+1+1+2+3=7$$

所以
$$\left(\frac{7}{11}\right)=(-1)^7=-1$$

类似地,计算$\left(\frac{11}{7}\right)$,因为

$$\sum_{i=1}^{3}\left[\frac{11i}{7}\right]=\left[\frac{11}{7}\right]+\left[\frac{22}{7}\right]+\left[\frac{33}{7}\right]=1+3+4=8$$

所以
$$\left(\frac{11}{7}\right)=(-1)^8=1$$

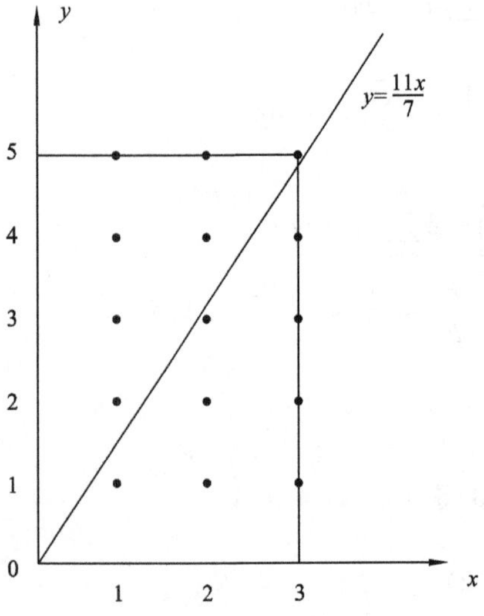

图 5.3.1

一般地,$\left(\frac{q}{p}\right)$与$\left(\frac{p}{q}\right)$(其中 p 与 q 是不相同的两个奇素数)有什么联系?这也就是所谓的“二次互反律”.在证明二次互反律之前,我们先用上面的具体例子来展示证明的方法.

设 $p=7,q=11$. 我们考虑满足 $1\leqslant x\leqslant\frac{7-1}{2}=3,1\leqslant y\leqslant\frac{11-1}{2}=5$ 的整数对(x,y),共有 15 个. 显然,任何其中的一个都不满足 $11x=7y$.

根据 $11x$ 与 $7y$ 的相对大小,我们将这 15 对整数分成两组,如图 5.3.1 所示.

满足 $1\leqslant x\leqslant 3,1\leqslant y\leqslant 5$ 且 $11x>7y$ 的整数对(x,y),恰为满足 $1\leqslant x\leqslant 3,1\leqslant y\leqslant\frac{11x}{7}$ 的那些整数对. 对使得 $1\leqslant x\leqslant 3$ 的固定整数 x,y 只有$\left[\frac{11x}{7}\right]$个允许值. 从而,满足 $1\leqslant x\leqslant 3$,$1\leqslant y\leqslant 5$ 且 $11x>7y$ 的整数对的总个数为

$$\sum_{i=1}^{3}\left[\frac{11i}{7}\right]=\left[\frac{11}{7}\right]+\left[\frac{22}{7}\right]+\left[\frac{33}{7}\right]$$
$$=1+3+4=8$$

它们分别是(1,1),(2,1),(3,1),(2,2),(3,2),(2,3),(3,3),(3,4).

满足 $1\leqslant x\leqslant 3,1\leqslant y\leqslant 5$ 和 $11x<7y$ 的整数对(x,y),恰为满足 $1\leqslant y\leqslant 5,1\leqslant x\leqslant\frac{7y}{11}$ 的那些整数对. 对使得 $1\leqslant y\leqslant 5$ 的固定整数 y,x 只有$\left[\frac{7y}{11}\right]$个允许值. 从而,满足

$1 \leqslant x \leqslant 3, 1 \leqslant y \leqslant 5$ 且 $11x < 7y$ 的整数对的总个数为

$$\sum_{i=1}^{5}\left[\frac{7i}{11}\right] = \left[\frac{7}{11}\right] + \left[\frac{14}{11}\right] + \left[\frac{21}{11}\right] + \left[\frac{28}{11}\right] + \left[\frac{35}{11}\right]$$
$$= 0 + 1 + 1 + 2 + 3 = 7$$

它们分别是(1,2),(1,3),(1,4),(1,5),(2,4),(2,5),(3,5). 于是

$$\frac{11-1}{2} \cdot \frac{7-1}{2} = 5 \cdot 3 = \sum_{i=1}^{3}\left[\frac{11i}{7}\right] + \sum_{i=1}^{5}\left[\frac{7i}{11}\right] = 8 + 7$$

因此

$$(-1)^{\frac{11-1}{2} \cdot \frac{7-1}{2}} = (-1)^{\sum_{i=1}^{3}\left[\frac{11i}{7}\right] + \sum_{i=1}^{5}\left[\frac{7i}{11}\right]} = (-1)^{\sum_{i=1}^{3}\left[\frac{11i}{7}\right]}(-1)^{\sum_{i=1}^{5}\left[\frac{7i}{11}\right]}$$

由于

$$\left(\frac{11}{7}\right) = (-1)^{\sum_{i=1}^{3}\left[\frac{11i}{7}\right]}, \quad \left(\frac{7}{11}\right) = (-1)^{\sum_{i=1}^{5}\left[\frac{7i}{11}\right]}$$

所以

$$\left(\frac{7}{11}\right)\left(\frac{11}{7}\right) = (-1)^{\frac{7-1}{2} \cdot \frac{11-1}{2}}$$

这样就得到了二次互反律在 $p = 7, q = 11$ 的特殊情形. 下面运用上述思想来证明二次互反律.

定理 5.3.4(二次互反律)　设 p 与 q 是不相同的两个奇素数，则

$$\left(\frac{q}{p}\right) = (-1)^{\frac{p-1}{2} \cdot \frac{q-1}{2}}\left(\frac{p}{q}\right)$$

证明　考虑满足 $1 \leqslant x \leqslant \frac{p-1}{2}$ 和 $1 \leqslant y \leqslant \frac{q-1}{2}$ 的整数对 (x, y)，共有 $\frac{p-1}{2} \cdot \frac{q-1}{2}$ 个. 根据 qx 与 py 的相对大小关系. 将这些整数对分成两组.

首先，注意对所有整数对都有 $qx \neq py$. 为计算满足 $1 \leqslant x \leqslant \frac{p-1}{2}, 1 \leqslant y \leqslant \frac{q-1}{2}$ 且 $qx > py$ 的整数对 (x, y)，注意这些整数对恰好是满足 $1 \leqslant x \leqslant \frac{p-1}{2}$ 和 $1 \leqslant y \leqslant \frac{qx}{p}$ 的整数对. 对满足 $1 \leqslant x \leqslant \frac{p-1}{2}$ 的固定整数 x，有 $\left[\frac{qx}{p}\right]$ 个 y 满足 $1 \leqslant y \leqslant \frac{qx}{p}$. 因此，满足 $1 \leqslant x \leqslant \frac{p-1}{2}, 1 \leqslant y \leqslant \frac{q-1}{2}$ 且 $qx > py$ 的整数对的总数为 $\sum_{i=1}^{\frac{p-1}{2}}\left[\frac{qi}{p}\right]$.

同理，考虑满足 $1 \leqslant x \leqslant \frac{p-1}{2}, 1 \leqslant y \leqslant \frac{q-1}{2}$ 且 $qx < py$ 的整数对 (x, y). 这些整数对恰好是满足 $1 \leqslant y \leqslant \frac{q-1}{2}$ 且 $1 \leqslant x \leqslant \frac{py}{q}$ 的整数对. 因此，对满足 $1 \leqslant y \leqslant \frac{q-1}{2}$ 的固定整数 y，恰有 $\left[\frac{py}{q}\right]$ 个 x 满足 $1 \leqslant x \leqslant \frac{py}{q}$. 这说明满足 $1 \leqslant x \leqslant \frac{p-1}{2}, 1 \leqslant y \leqslant \frac{q-1}{2}$ 且 $qx < py$ 的整数对的总数为 $\sum_{i=1}^{\frac{q-1}{2}}\left[\frac{pi}{q}\right]$.

将上述两类整数对的总数加起来,一共有$\frac{p-1}{2}\cdot\frac{q-1}{2}$对,可见

$$\sum_{i=1}^{\frac{p-1}{2}}\left[\frac{qi}{p}\right]+\sum_{i=1}^{\frac{q-1}{2}}\left[\frac{pi}{q}\right]=\frac{p-1}{2}\cdot\frac{q-1}{2}$$

由定理 5.3.2,得

$$\left(\frac{p}{q}\right)=(-1)^{\sum_{i=1}^{\frac{q-1}{2}}\left[\frac{pi}{q}\right]},\quad \left(\frac{q}{p}\right)=(-1)^{\sum_{i=1}^{\frac{p-1}{2}}\left[\frac{qi}{p}\right]}$$

所以

$$\left(\frac{p}{q}\right)\left(\frac{q}{p}\right)=(-1)^{\frac{p-1}{2}\cdot\frac{q-1}{2}}$$

即

$$\left(\frac{q}{p}\right)=(-1)^{\frac{p-1}{2}\cdot\frac{q-1}{2}}\left(\frac{p}{q}\right)$$

注意:(1) 由勒让德符号定义知,$\left(\frac{q}{p}\right)$和$\left(\frac{p}{q}\right)$分别刻画了q是否是模p的平方剩余和p是否是模q的平方剩余,这里正好是模和剩余互换了位置,定理 5.3.4 就是刻画了这两者之间的关系,所以称为二次互反律,或称为二次反转定律.

(2) 二次互反律是初等数论中最重要的基本定理之一,它不仅可用来计算勒让德符号,而且它也有重要的理论价值.

(3) 需要注意,不管是计算勒让德符号,还是判断同余方程有无解的问题,都必须要求勒让德符号下方的数为质数.

判定素数模的二次同余方程的可解性. 若p是素数,计算勒让德符号$\left(\frac{n}{p}\right)$可按以下步骤进行:

① 求出$n_0\equiv n\pmod p$ $(1\leqslant n_0\leqslant p)$;

② 将n_0写成$n_0=q^2q_1q_2\cdots q_k$的形式,其中$q\in\mathbf{Z}$,$q_1,q_2,\cdots,q_k$是互不相同的素数;

③ 若某个$q_i=2$,$i=1,2,\cdots,k$,用$\left(\frac{2}{p}\right)=(-1)^{\frac{p^2-1}{8}}$计算;

④ 若$q_i\neq 2$,$i=1,2,\cdots,k$,则用二次互反律将$\left(\frac{q_i}{p}\right)$转化为计算$\left(\frac{p}{q_i}\right)$;

⑤ 重复以上步骤,直至求出每个$\left(\frac{q_i}{p}\right)$;

⑥ 计算$\left(\frac{n}{p}\right)=\prod_{i=1}^{k}\left(\frac{q_i}{p}\right)$.

例 5.3.1 已知 563 是素数,判定方程$x^2\equiv 429\pmod{563}$是否有解.

解

$$\begin{aligned}\left(\frac{429}{563}\right)&=\left(\frac{3\cdot 11\cdot 13}{563}\right)=\left(\frac{3}{563}\right)\left(\frac{11}{563}\right)\left(\frac{13}{563}\right)\\&=(-1)^{\frac{3-1}{2}\cdot\frac{563-1}{2}}\left(\frac{563}{3}\right)(-1)^{\frac{11-1}{2}\cdot\frac{563-1}{2}}\left(\frac{563}{11}\right)(-1)^{\frac{13-1}{2}\cdot\frac{563-1}{2}}\left(\frac{563}{13}\right)\\&=\left(\frac{2}{3}\right)\left(\frac{2}{11}\right)\left(\frac{4}{13}\right)=(-1)(-1)\cdot 1=1\end{aligned}$$

所以方程有解.

例 5.3.2　判断同余方程 $x^2-3x+5\equiv 0 \pmod{79}$ 是否有解.

解　$x^2-3x+5\equiv x^2-82x+5\equiv (x-41)^2-41^2+5 \pmod{79}$

令 $y=x-41$,则原同余方程化为

$$y^2\equiv 17 \pmod{79}$$

又

$$\left(\frac{17}{79}\right)=(-1)^{\frac{17-1}{2}\cdot\frac{79-1}{2}}\left(\frac{79}{17}\right)=\left(\frac{11}{17}\right)$$

$$=(-1)^{\frac{17-1}{2}\cdot\frac{11-1}{2}}\left(\frac{17}{11}\right)$$

$$=\left(\frac{6}{11}\right)=\left(\frac{2}{11}\right)\left(\frac{3}{11}\right)=-1$$

故 $y^2\equiv 17 \pmod{79}$ 无解,则原方程也无解.

例 5.3.3　(1) 求以 3 为其二次剩余的全体素数;(2) 求以 -3 为其二次剩余的全体素数.

解　(1) 因为 $\left(\frac{3}{p}\right)=1$,又

$$\left(\frac{3}{p}\right)=(-1)^{\frac{p-1}{2}\cdot\frac{3-1}{2}}\left(\frac{p}{3}\right)=(-1)^{\frac{p-1}{2}}\left(\frac{p}{3}\right)$$

由

$$(-1)^{\frac{p-1}{2}}=\begin{cases}1, & p\equiv 1 \pmod 4\\ -1, & p\equiv -1 \pmod 4\end{cases}$$

$$\left(\frac{p}{3}\right)=\begin{cases}1, & p\equiv 1 \pmod 3\\ -1, & p\equiv -1 \pmod 3\end{cases}$$

所以 $\left(\frac{3}{p}\right)=1$ 的充要条件是

$$p\equiv 1 \pmod 4,\quad p\equiv 1 \pmod 3$$

或

$$p\equiv -1 \pmod 4,\quad p\equiv -1 \pmod 3$$

由 $p\equiv 1 \pmod 4$,$p\equiv 1 \pmod 3$ 得

$$p\equiv 1 \pmod{12}$$

由 $p\equiv -1 \pmod 4$,$p\equiv -1 \pmod 3$ 得

$$p\equiv -1 \pmod{12}$$

所以 3 是模 p 的二次剩余的充要条件是

$$p\equiv \pm 1 \pmod{12}$$

(2) 即 $\left(\frac{-3}{p}\right)=1$,得

$$\begin{cases}\left(\frac{-1}{p}\right)=1\\ \left(\frac{3}{p}\right)=1\end{cases}\quad 或 \quad \begin{cases}\left(\frac{-1}{p}\right)=-1\\ \left(\frac{3}{p}\right)=-1\end{cases}$$

即

$$\begin{cases} p \equiv 1 \pmod 4 \\ p \equiv \pm 1 \pmod{12} \end{cases} \quad 或 \quad \begin{cases} p \equiv 3 \pmod 4 \\ p \equiv \pm 5 \pmod{12} \end{cases}$$

由

$$\begin{cases} p \equiv 1 \pmod 4 \\ p \equiv \pm 1 \pmod{12} \end{cases}$$

得

$$p \equiv 1 \pmod{12}$$

由

$$\begin{cases} p \equiv 3 \pmod 4 \\ p \equiv 5 \pmod{12} \end{cases}$$

得,无解.

由

$$\begin{cases} p \equiv 3 \pmod 4 \\ p \equiv -5 \pmod{12} \end{cases}$$

得 $$p \equiv 7 \pmod{12}$$

综上 $$p \equiv 1 \pmod 6$$

例 5.3.4　(1) 求以 ± 3 为其二次剩余的全体素数;

(2) 求以 ± 3 为其二次非剩余的全体素数;

(3) 求以 3 为其二次剩余,-3 为其二次非剩余的全体素数;

(4) 求以 -3 为其二次剩余,3 为其二次非剩余的全体素数.

解　(1) 由 $\left(\frac{3}{p}\right)=1$,得

$$p \equiv \pm 1 \pmod{12}$$

由 $\left(\frac{-3}{p}\right)=1$,得

$$p \equiv 1 \pmod 6$$

所以 $$p \equiv 1 \pmod{12}$$

(2) 由 $\left(\frac{3}{p}\right)=-1$,得

$$p \equiv \pm 5 \pmod{12}$$

再解 $\left(\frac{-3}{p}\right)=-1$,得

$$\left(\frac{-1}{p}\right)\left(\frac{3}{p}\right)=-1$$

故 $$(-1)^{\frac{p-1}{2}}\left(\frac{3}{p}\right)=-1$$

又 $$\left(\frac{p}{3}\right)=(-1)^{\frac{p-1}{2}\cdot\frac{3-1}{2}}\left(\frac{3}{p}\right)=(-1)^{\frac{p-1}{2}}\left(\frac{3}{p}\right)=-1$$

则
$$p \equiv 2 \pmod{3}$$
由$\begin{cases} p \equiv \pm 5 \pmod{12} \\ p \equiv 2 \pmod{3} \end{cases}$,得
$$p \equiv 5 \pmod{12}$$
(3) 由$\left(\frac{3}{p}\right)=1$,得
$$p \equiv \pm 1 \pmod{12}$$
由$\left(\frac{-3}{p}\right)=-1$,得
$$p \equiv 2 \pmod{3}$$
故
$$p \equiv 11 \pmod{12}$$
(4) 由$\left(\frac{3}{p}\right)=-1$,得
$$p \equiv \pm 5 \pmod{12}$$
由$\left(\frac{-3}{p}\right)=1$,得
$$p \equiv 1 \pmod{6}$$
故
$$p \equiv -5 \pmod{12}$$
例 5.3.5　证明:形如 $8k+7(k \in \mathbf{Z})$ 的素数有无穷多个.

证明　用反证法.假设只有有限个形如 $8k+7(k \in \mathbf{Z})$ 的素数 $p_1, p_2, \cdots, p_k$,记 $N=(p_1p_2\cdots p_k)^2-2$,则 $2 \nmid N$.设 q 是 N 的一个奇数因数,则
$$(p_1p_2\cdots p_k)^2 \equiv 2 \pmod{q}$$
故
$$\left(\frac{2}{q}\right)=1$$
即
$$q \equiv 1 \text{ 或 } 7 \pmod{8}$$
若 N 所有奇数因数都具有 $8k+1$ 的形式,则 N 也一定是 $8k+1$ 的形式,又
$$(2k+1)^2 \equiv 1 \pmod{8}$$
故
$$N \equiv 1-2 \equiv -1 \pmod{8}$$
与 N 是 $8k+1$ 的形式矛盾,N 至少有一个形如 $8k+7$ 的奇数因数 q.易知 $q \neq p_i$ $(1 \leqslant i \leqslant k)$.若 $q=p_i$,由 $q \mid N$,则 $p_i \mid (p_1p_2\cdots p_k)^2-2$,故 $p_i \mid -2$,这是不可能的.这与个数有限的假设矛盾,所以形如 $8k+7$ 的素数有无穷多个.

例 5.3.6　证明:形如 $8k+5(k \in \mathbf{Z})$ 的素数有无穷多个.

证明　用反证法.假设只有有限个形如 $8k+5(k \in \mathbf{Z})$ 的素数 $p_1, p_2, \cdots, p_k$,记 $N=(2p_1p_2\cdots p_k)^2+1$,则 $2 \nmid N$.设 q 是 N 的一个奇数因数,则
$$(2p_1p_2\cdots p_k)^2 \equiv -1 \pmod{q}$$
故
$$\left(\frac{-1}{q}\right)=1$$
即
$$q \equiv 1 \pmod{4}$$

因 p 是 $8k+1$ 或 $8k+5$ 型,则

$$N \equiv 5(\bmod 8)$$

故 N 中一定有形如 $8k+5$ 的因数.

易知 $q \neq p_i\ (1 \leqslant i \leqslant k)$,若 $q = p_i$,由 $q \mid N$,则 $p_i \mid (p_1 p_2 \cdots p_k)^2 + 1$,故 $p_i \mid 1$,这不可能.这与个数有限的假设矛盾,所以形如 $8k+5(k \in \mathbf{Z})$ 的素数有无穷多个.

例 5.3.7　证明:形如 $4k+1(k \in \mathbf{Z})$ 的素数有无穷多个.

证明　用反证法.假设只有有限个形如 $4k+1(k \in \mathbf{Z})$ 的素数 $p_1, p_2, \cdots, p_k$,记 $N = 4(p_1 p_2 \cdots p_k)^2 + 1$,则 $2 \nmid N$.设 q 是 N 的一个奇数因数,则

$$(2p_1 p_2 \cdots p_k)^2 \equiv -1(\bmod q)$$

故

$$\left(\frac{-1}{q}\right) = 1$$

即

$$q \equiv 1(\bmod 4)$$

故 q 一定是 $4k+1$ 的形式.

易知 $q \neq p_i\ (1 \leqslant i \leqslant k)$,若 $q = p_i$,由 $q \mid N$,则 $p_i \mid (4p_1 p_2 \cdots p_k)^2 + 1$,故 $p_i \mid 1$,这不可能.这与个数有限的假设矛盾,所以形如 $4k+1(k \in \mathbf{Z})$ 的素数有无穷多个.

例 5.3.8　设 $(x, 3y) = 1$,试求 $x^2 - 3y^2$ 的奇素数的一般形式.

解　设奇素数 $p \mid x^2 - 3y^2$,即

$$x^2 \equiv 3y^2(\bmod p)$$

则

$$(3y^2, p) = 1$$

否则,设 $(3y^2, p) = d > 1$,因 p 是素数,则

$$d = p$$

即 $p \mid 3y^2$,从而 $p \mid x^2$,因 p 是素数,故 $p \mid 3y, p \mid x$ 与 $(x, 3y) = 1$ 矛盾,由

$$x^2 \equiv 3y^2(\bmod p)$$

则 $3y^2$ 是模 p 的平方剩余,故

$$\left(\frac{3y^2}{p}\right) = 1$$

即

$$\left(\frac{3}{p}\right)\left(\frac{y^2}{p}\right) = \left(\frac{3}{p}\right) = 1$$

得

$$p \equiv \pm 1(\bmod 12)$$

例 5.3.9　证明:对于任意的奇素数 p,总存在整数 n,使得 $p \mid (n^2+1)(n^2+2)(n^2-2)$.

证明　(1) 当 $p = 4k+1$ 时,方程 $x^2 \equiv -1(\bmod p)$ 有解

$$x \equiv n(\bmod p)$$

则 $p \mid n^2 + 1$,故

$$p \mid (n^2+1)(n^2+2)(n^2-2)$$

(2) 当 $p = 8k+3$ 时,方程 $x^2 \equiv -2(\bmod p)$ 有解

$$x \equiv n(\bmod p)$$

则 $p \mid n^2 + 2$,故

$$p \mid (n^2+1)(n^2+2)(n^2-2)$$

(3) 当 $p = 8k + 7$ 时,方程 $x^2 \equiv 2(\bmod p)$ 有解

$$x \equiv n(\bmod p)$$

则 $p \mid n^2 - 2$,故

$$p \mid (n^2 + 1)(n^2 + 2)(n^2 - 2)$$

例 5.3.10　设 n 是正整数,$4n + 3$ 及 $8n + 7$ 都是素数,说明 $2^{4n+3} \equiv 1(\bmod 8n + 7)$. 由此证明:$23 \mid 2^{11} - 1, 47 \mid 2^{23} - 1, 503 \mid 2^{251} - 1$.

证明　因$(2, 8n + 7) = 1$,由欧拉定理得

$$2^{8n+7-1} - 1 \equiv 0(\bmod 8n + 7)$$

故

$$(2^{4n+3} - 1)(2^{4n+3} + 1) \equiv 0(\bmod 8n + 7)$$

即

$$8n + 7 \mid 2^{4n+3} - 1 \text{ 或 } 8n + 7 \mid 2^{4n+3} + 1$$

若 $8n + 7 \mid 2^{4n+3} + 1$,即

$$2^{4n+3} \equiv -1(\bmod 8n + 7)$$

则

$$2^{4n+3} \cdot 2 \equiv -2(\bmod 8n + 7)$$

但

$$\left(\frac{-2}{8n + 7}\right) = -1$$

则

$$8n + 7 \nmid 2^{4n+3} + 1$$

故

$$8n + 7 \mid 2^{4n+3} - 1$$

令 $n = 2, 5, 62$,则

$$8n + 7 = 23, 47, 503$$

$$4n + 3 = 11, 23, 251$$

均为素数,由以上结果知

$$23 \mid 2^{11} - 1,\quad 47 \mid 2^{23} - 1,\quad 503 \mid 2^{251} - 1$$

习　题　5.3

1. 计算:$\left(\frac{131}{31}\right)$.

2. $y \equiv -30(\bmod 71)$ 是否是模 71 的平方剩余?

3. 判断同余方程 $x^2 \equiv 2(\bmod 59)$ 是否有解,有解时求出其解数.

4. 已知 769 和 1013 都是素数,判定下列方程是否有解.

(1) $x^2 \equiv 1742(\bmod 769)$;

(2) $x^2 \equiv 1503(\bmod 1013)$.

5. 判定方程 $x^2 \equiv 2(\bmod 3599)(3599 = 59 \times 61)$ 是否有解.

6. 证明:不定方程 $x^2 + 23y = 17$ 无整数解.

7. 求所有的素数 p,使得方程 $x^2 \equiv 11(\bmod p)$ 有解.

8. 求以 -2 为其二次剩余的全体素数.

9. 求以 7 为平方剩余的奇质数.

10. 证明:形如 $8k+3(k\in\mathbf{Z})$ 的素数有无穷多个.

11. 证明:形如 $5k+4(k\in\mathbf{Z})$ 的素数有无穷多个.

5.4 雅可比符号

从上两节的计算过程中,可以看出,勒让德符号的缺点在于计算其值时,要求符号下方 p 是奇质数,在需要运用二次互反律时,还必须先判断符号上方是不是质数,假如是合数还要把其化为标准形式,而这些又都没有一般的方法,为此我们引入如下雅可比符号.

定义 5.4.1 给定正奇数 $m>1$, $m=p_1p_2\cdots p_k$,其中 $p_i\ (1\leqslant i\leqslant k)$ 是奇素数,对于任意的整数 a,定义

$$\left(\frac{a}{m}\right)=\left(\frac{a}{p_1}\right)\left(\frac{a}{p_2}\right)\cdots\left(\frac{a}{p_k}\right)$$

其中右端的 $\left(\frac{a}{p_i}\right)(1\leqslant i\leqslant k)$ 是勒让德符号,称 $\left(\frac{a}{m}\right)$ 是雅可比符号.

例如, $m=45=3\cdot3\cdot5$,则

$$\left(\frac{2}{45}\right)=\left(\frac{2}{3}\right)\left(\frac{2}{3}\right)\left(\frac{2}{5}\right)=\left(\frac{2}{5}\right)=(-1)^{\frac{5^2-1}{8}}=-1$$

$$\left(\frac{28}{45}\right)=\left(\frac{28}{3}\right)\left(\frac{28}{3}\right)\left(\frac{28}{5}\right)=\left(\frac{3}{5}\right)=(-1)^{\frac{3-1}{2}\cdot\frac{5-1}{2}}\left(\frac{5}{3}\right)=\left(\frac{2}{3}\right)=-1$$

注意:(1) 当 m 是奇素数时,雅可比符号就是勒让德符号.

(2) 当 m 是奇素数时, $(m,a)=1$,若 $x^2\equiv a(\bmod m)$ 有解,则 $\left(\frac{a}{m}\right)=1$. 当 m 不是奇素数时,若 $\left(\frac{a}{m}\right)=1$,则方程 $x^2\equiv a(\bmod m)$ 不一定有解. 例如, $\left(\frac{5}{9}\right)=1$,但方程 $x^2\equiv 5(\bmod 9)$ 无解. 这就是说,雅可比符号不能用于判断对应的同余方程是否有解,这是它与勒让德符号的重要区别.

(3) 若 $m=p_1p_2\cdots p_k$, $(m,a)=1$,方程 $x^2\equiv a(\bmod m)$ 有解,则对每个 p_i,方程 $x^2\equiv a(\bmod p_i)$ 有解, $\left(\frac{a}{m}\right)=\left(\frac{a}{p_1}\right)\left(\frac{a}{p_2}\right)\cdots\left(\frac{a}{p_k}\right)=1\cdot1\cdot\cdots\cdot1=1$,即方程 $x^2\equiv a(\bmod m)$ 有解可以得到 $\left(\frac{a}{m}\right)=1$. 反之不成立.

(4) 若 $\left(\frac{a}{m}\right)=-1$,则方程 $x^2\equiv a(\bmod m)$ 无解.

定理 5.4.1 下列结论成立,使用定义中的符号.

(1) 若 $a\equiv a_1(\bmod m)$,则 $\left(\frac{a}{m}\right)=\left(\frac{a_1}{m}\right)$;

(2) $\left(\frac{1}{m}\right)=1$;

(3) 对于任意整数 $a_1,a_2,\cdots,a_t$,有 $\left(\frac{a_1a_2\cdots a_t}{m}\right)=\left(\frac{a_1}{m}\right)\left(\frac{a_2}{m}\right)\cdots\left(\frac{a_t}{m}\right)$;

(4) 对于任意整数 $a,b,(a,m)=1$,有 $\left(\frac{a^2b}{m}\right)=\left(\frac{b}{m}\right)$.

证明　(1) 因 $a\equiv a_1(\mathrm{mod}\,m)$,　$m=p_1p_2\cdots p_k$

则
$$a\equiv a_1(\mathrm{mod}\,p_i)\quad(1\leqslant i\leqslant k)$$

故
$$\left(\frac{a}{m}\right)=\left(\frac{a}{p_1}\right)\left(\frac{a}{p_2}\right)\cdots\left(\frac{a}{p_k}\right)=\left(\frac{a_1}{p_1}\right)\left(\frac{a_1}{p_2}\right)\cdots\left(\frac{a_1}{p_k}\right)=\left(\frac{a_1}{m}\right)$$

(2) 同余方程 $x^2\equiv 1(\mathrm{mod}\,m)$ 总有解,如 $x=1$,故

$$\left(\frac{1}{m}\right)=1$$

(3)
$$\begin{aligned}\left(\frac{a_1a_2\cdots a_t}{m}\right)&=\left(\frac{a_1a_2\cdots a_t}{p_1}\right)\left(\frac{a_1a_2\cdots a_t}{p_2}\right)\cdots\left(\frac{a_1a_2\cdots a_t}{p_k}\right)\\&=\left(\frac{a_1}{p_1}\right)\cdots\left(\frac{a_t}{p_1}\right)\left(\frac{a_1}{p_2}\right)\cdots\left(\frac{a_t}{p_2}\right)\left(\frac{a_1}{p_k}\right)\cdots\left(\frac{a_t}{p_k}\right)\\&=\left(\frac{a_1}{m}\right)\left(\frac{a_2}{m}\right)\cdots\left(\frac{a_t}{m}\right)\end{aligned}$$

(4)
$$\left(\frac{a^2b}{m}\right)=\left(\frac{a}{m}\right)\left(\frac{a}{m}\right)\left(\frac{b}{m}\right)=\left(\frac{b}{m}\right)$$

引理 5.4.1　设 $a_i\equiv 1(\mathrm{mod}\,m)$ $(1\leqslant i\leqslant k, a=a_1a_2\cdots a_k)$,则

$$\frac{a-1}{m}\equiv\frac{a_1-1}{m}+\frac{a_2-1}{m}+\cdots+\frac{a_k-1}{m}(\mathrm{mod}\,m)$$

证明　由 $a_i\equiv 1(\mathrm{mod}\,m)$,有

$$a_i=1+b_im\quad(1\leqslant i\leqslant k, b_i\in\mathbf{Z})$$

则
$$\begin{aligned}a-1&=a_1a_2\cdots a_k-1\\&=(1+b_1m)(1+b_2m)\cdots(1+b_km)-1\\&=m(b_1+b_2+\cdots+b_k)+m^2A\ (A\in\mathbf{Z})\end{aligned}$$

故
$$\begin{aligned}\frac{a-1}{m}&\equiv b_1+b_2+\cdots+b_k\\&=\frac{a_1-1}{m}+\frac{a_2-1}{m}+\cdots+\frac{a_k-1}{m}(\mathrm{mod}\,m)\end{aligned}$$

定理 5.4.2　设 $m=p_1p_2\cdots p_k$ 是奇数,其中 $p_1,p_2,\cdots,p_k$ 是素数,则

(1) $\left(\frac{-1}{m}\right)=(-1)^{\frac{m-1}{2}}$;

(2) $\left(\frac{2}{m}\right)=(-1)^{\frac{m^2-1}{8}}$.

证明　$\left(\frac{-1}{m}\right)=\prod\limits_{i=1}^{k}\left(\frac{-1}{p_i}\right)=(-1)^{\frac{p_1-1}{2}+\frac{p_2-1}{2}+\cdots+\frac{p_k-1}{2}}$

由引理 5.4.1 得

$$(-1)^{\frac{p_1-1}{2}+\frac{p_2-1}{2}+\cdots+\frac{p_k-1}{2}}=(-1)^{\frac{m-1}{2}}$$

(2)
$$\left(\frac{2}{m}\right)=\prod_{i=1}^{k}\left(\frac{2}{p_i}\right)=(-1)^{\frac{p_1^2-1}{8}+\frac{p_2^2-1}{8}+\cdots+\frac{p_k^2-1}{8}}=(-1)^{\frac{m^2-1}{8}}$$

定理 5.4.3 设 m,n 是大于 1 的奇数,则

$$\left(\frac{n}{m}\right)=(-1)^{\frac{m-1}{2}\cdot\frac{n-1}{2}}\left(\frac{m}{n}\right)$$

证明 (1) 若$(m,n)>1$,则$\left(\frac{m}{n}\right)=\left(\frac{n}{m}\right)=0$ 成立.

(2) 若$(m,n)=1$,令 $m=p_1p_2\cdots p_k,n=q_1q_2\cdots q_s,p_i,q_j$ $(1\leqslant i\leqslant k,1\leqslant j\leqslant s)$ 都是素数,且$(p_i,q_j)=1$,则

$$\left(\frac{n}{m}\right)=\prod_{i=1}^{k}\left(\frac{n}{p_i}\right)=\prod_{i=1}^{k}\prod_{j=1}^{s}\left(\frac{q_j}{p_i}\right)=\prod_{i=1}^{k}\prod_{j=1}^{s}(-1)^{\frac{p_i-1}{2}\cdot\frac{q_j-1}{2}}\left(\frac{p_i}{q_j}\right)$$

$$=(-1)^{\sum\limits_{i=1}^{k}\sum\limits_{j=1}^{s}\frac{p_i-1}{2}\cdot\frac{q_j-1}{2}}\prod_{i=1}^{k}\prod_{j=1}^{s}\left(\frac{p_i}{q_j}\right)$$

由引理 5.4.1 知

$$\sum_{i=1}^{k}\sum_{j=1}^{s}\frac{p_i-1}{2}\cdot\frac{q_j-1}{2}=\sum_{i=1}^{k}\frac{p_i-1}{2}\sum_{j=1}^{s}\frac{q_j-1}{2}$$

$$=\left(\frac{m-1}{2}+2N_1\right)\left(\frac{n-1}{2}+2N_2\right)$$

$$=\frac{m-1}{2}\cdot\frac{n-1}{2}+2N$$

故

$$\left(\frac{n}{m}\right)=(-1)^{\frac{m-1}{2}\cdot\frac{n-1}{2}}\prod_{i=1}^{k}\prod_{j=1}^{s}\left(\frac{p_i}{q_j}\right)=(-1)^{\frac{m-1}{2}\cdot\frac{n-1}{2}}\left(\frac{m}{n}\right)$$

注意:(1) 以上表明,雅可比符号保留了 5.3 节介绍的勒让德符号的所有性质,由于雅可比符号并不要求下方为质数,也不需要求标准分解式,因此,计算雅可比符号比计算勒让德符号更方便.

(2) 我们计算勒让德符号时,可以先把它看作是雅可比符号来计算,以方便计算.

例 5.4.1 已知 3 371 是素数,判断 $x^2\equiv 12\ 345 \pmod{3\ 371}$ 是否有解.

解

$$\left(\frac{12\ 345}{3\ 371}\right)=\left(\frac{2\ 232}{3\ 371}\right)=\left(\frac{2}{3\ 371}\right)\left(\frac{4}{3\ 371}\right)\left(\frac{279}{3\ 371}\right)$$

$$=(-1)^{\frac{3\ 371^2-1}{8}}\cdot(-1)^{\frac{3\ 371-1}{2}\cdot\frac{279-1}{2}}\left(\frac{3\ 371}{279}\right)$$

$$=(-1)^{\frac{3\ 371^2-1}{8}}\cdot(-1)^{\frac{3\ 371-1}{2}\cdot\frac{279-1}{2}}\left(\frac{23}{279}\right)$$

$$=\left(\frac{23}{279}\right)=(-1)^{\frac{23-1}{2}\cdot\frac{279-1}{2}}\left(\frac{279}{23}\right)=-\left(\frac{3}{23}\right)$$

$$=-(-1)^{\frac{23-1}{2}\cdot\frac{3-1}{2}}\left(\frac{23}{3}\right)=-1$$

所以方程无解.

例 5.4.2 设 p,q 为两个形如 $4n+3$ 的奇素数. 求证:若 $x^2\equiv p\pmod q$ 无解,则 $x^2\equiv q\pmod p$ 有两个解.

证明 因 p,q 均为形如 $4n+3$ 的整数,故$\frac{p-1}{2},\frac{q-1}{2}$均为奇数. 又 $x^2\equiv p\pmod q$ 无

解，有 $\left(\frac{p}{q}\right)=-1$，则

$$\left(\frac{q}{p}\right)=(-1)^{\frac{p-1}{2}\cdot\frac{q-1}{2}}\left(\frac{p}{q}\right)=-\left(\frac{p}{q}\right)=1$$

故 $x^2\equiv q(\bmod p)$ 有解，设 c 是其一解，则因 $c\not\equiv -c(\bmod p)$，且 $(-c)^2=c^2\equiv q(\bmod p)$，故 $-c$ 也是其一解，又因为二次同余方程至多有两个解，故 $x^2\equiv q(\bmod p)$ 恰有两个解为 $\pm c$.

例 5.4.3　设 p,q 是两个不同的奇素数，且 $p=q+4a$. 证明：$\left(\frac{a}{p}\right)=\left(\frac{a}{q}\right)$.

证明　因 $p=q+4a$，则 p,q 同为 $4k+1$ 或同为 $4k+3$.

当 p,q 同为 $4k+1$ 时，有

$$\left(\frac{-1}{p}\right)=1$$

又

$$\left(\frac{4}{p}\right)=1$$

故

$$\left(\frac{a}{p}\right)=\left(\frac{-4a}{p}\right)=\left(\frac{p-4a}{p}\right)=\left(\frac{q}{p}\right)=\left(\frac{p}{q}\right)$$
$$=\left(\frac{q+4a}{q}\right)=\left(\frac{4a}{q}\right)=\left(\frac{a}{q}\right)$$

当 p,q 同为 $4k+3$ 时，有

$$\left(\frac{a}{p}\right)=-\left(\frac{-4a}{p}\right)=-\left(\frac{p-4a}{p}\right)=-\left(\frac{q}{p}\right)$$
$$=\left(\frac{p}{q}\right)=\left(\frac{q+4a}{q}\right)=\left(\frac{4a}{q}\right)=\left(\frac{a}{q}\right)$$

例 5.4.4　$a>0,b>0,b$ 为奇数. 证明：$\left(\frac{a}{2a+b}\right)=\begin{cases}\left(\frac{a}{b}\right),(\text{当 } a\equiv 0,1(\bmod 4)\text{ 时})\\ -\left(\frac{a}{b}\right),(\text{当 } a\equiv 2,3(\bmod 4)\text{ 时})\end{cases}$.

证明　当 $a\equiv 0(\bmod 4)$ 时，则

$$2a+b\equiv b(\bmod 8)$$

令 $a=2^{\alpha}a_1$，a_1 为奇数，则

$$\left(\frac{a}{2a+b}\right)=\left(\frac{2}{2a+b}\right)^{\alpha}\left(\frac{a_1}{2a+b}\right)$$

因为

$$2a+b\equiv b(\bmod 8)$$

所以

$$\left(\frac{2}{2a+b}\right)=(-1)^{\frac{(2a+b)^2-1}{8}}=(-1)^{\frac{b^2-1}{8}}=\left(\frac{2}{b}\right)$$

则

$$\left(\frac{a}{2a+b}\right)=\left(\frac{2}{b}\right)^{\alpha}\left(\frac{a_1}{2a+b}\right).$$

若 $a_1=1$ 时，得

$$\left(\frac{a_1}{2a+b}\right)=1=\left(\frac{a_1}{b}\right)$$

若 $a_1>1$ 时，得

$$\left(\frac{a_1}{2a+b}\right)=(-1)^{\frac{a_1-1}{2}\cdot\frac{b-1}{2}}\left(\frac{b}{a_1}\right)=\left(\frac{a_1}{b}\right)$$

所以
$$\left(\frac{a}{2a+b}\right)=\left(\frac{2}{b}\right)^{\alpha}\left(\frac{a_1}{b}\right)=\left(\frac{a}{b}\right)$$

当 $a\equiv 1(\bmod 4)$ 时,得

$$\left(\frac{a}{2a+b}\right)=(-1)^{\frac{a-1}{2}\cdot\frac{2a+b-1}{2}}\left(\frac{2a+b}{a}\right)=\left(\frac{b}{a}\right)=\left(\frac{a}{b}\right)$$

当 $a\equiv 2(\bmod 4)$ 时,令 $a=2a_1$,a_1 为奇数,则

$$\left(\frac{a}{2a+b}\right)=\left(\frac{2}{2a+b}\right)\left(\frac{a_1}{2a+b}\right)=-\left(\frac{2}{b}\right)\left(\frac{a_1}{2a+b}\right)=-\left(\frac{2}{b}\right)\left(\frac{a_1}{b}\right)=-\left(\frac{a}{b}\right)$$

当 $a\equiv 3(\bmod 4)$ 时

$$\left(\frac{a}{2a+b}\right)=(-1)^{\frac{a-1}{2}\cdot\frac{2a+b-1}{2}}\left(\frac{2a+b}{a}\right)$$

因为
$$a\equiv 3(\bmod 4)$$

则
$$\begin{aligned}(-1)^{\frac{a-1}{2}\cdot\frac{2a+b-1}{2}}\left(\frac{2a+b}{a}\right)&=(-1)^{\frac{2a+b-1}{2}}\left(\frac{2a+b}{a}\right)\\&=(-1)^{\frac{2a+b-1}{2}}\left(\frac{b}{a}\right)=(-1)^{a}\left(\frac{a}{b}\right)=-\left(\frac{a}{b}\right)\end{aligned}$$

例 5.4.5　设 a,b,c 是正整数,$(a,b)=1$,$2\nmid b$,$b<4ac$,求 $\left(\frac{a}{4ac-b}\right)$ 与 $\left(\frac{a}{b}\right)$ 的关系

解　若 a 为奇数

$$\begin{aligned}\left(\frac{a}{4ac-b}\right)&=(-1)^{\frac{a-1}{2}\cdot\frac{4ac-b-1}{2}}\left(\frac{-b}{a}\right)=(-1)^{\frac{a-1}{2}\cdot\frac{-b-1}{2}}(-1)^{\frac{a-1}{2}}\left(\frac{b}{a}\right)\\&=(-1)^{\frac{a-1}{2}\cdot\frac{-b+1}{2}}\left(\frac{b}{a}\right)=(-1)^{\frac{a-1}{2}\cdot\frac{b-1}{2}}\left(\frac{b}{a}\right)=\left(\frac{a}{b}\right).\end{aligned}$$

若 a 为偶数,则 $4ac-b$ 与 b 同为 $8k\pm 1$ 或同为 $8k\pm 3$ 的形式,设 $a=2^{\alpha}a_1$,a_1 为奇数,则

$$\begin{aligned}\left(\frac{a}{4ac-b}\right)&=\left(\frac{2}{4ac-b}\right)^{\alpha}\left(\frac{a_1}{4ac-b}\right)=\left(\frac{2}{b}\right)^{\alpha}\left(\frac{a_1}{4ac-b}\right)\\&=\left(\frac{2}{b}\right)^{\alpha}(-1)^{\frac{a_1-1}{2}\cdot\frac{4ac-b-1}{2}}\left(\frac{-b}{a_1}\right)=\left(\frac{2}{b}\right)^{\alpha}(-1)^{\frac{a_1-1}{2}\cdot\frac{b-1}{2}}\left(\frac{b}{a_1}\right)\\&=\left(\frac{2}{b}\right)^{\alpha}\left(\frac{a_1}{b}\right)=\left(\frac{a}{b}\right)\end{aligned}$$

例 5.4.6　设奇素数 p 为 $8n+1$ 型,且 $d\mid n$. 证明:$\left(\frac{d}{p}\right)=1$.

证明　设 $d=\pm 2^{\alpha}d_1$,d_1 为正奇数,有

$$\left(\frac{d}{p}\right)=\left(\frac{\pm 1}{p}\right)\left(\frac{2}{p}\right)^{\alpha}\left(\frac{d_1}{p}\right)=\left(\frac{2}{p}\right)^{\alpha}\left(\frac{d_1}{p}\right)$$

因 $p=8n+1$,则

$$\left(\frac{2}{p}\right)=(-1)^{\frac{p^2-1}{8}}=1$$

又
$$\left(\frac{d_1}{p}\right)=(-1)^{\frac{d_1-1}{2}\cdot\frac{p-1}{2}}\left(\frac{p}{d_1}\right)=\left(\frac{p}{d_1}\right)=\left(\frac{8n+1}{d_1}\right)$$
由 $d \mid n$，有 $d_1 \mid n$，故
$$\left(\frac{8n+1}{d_1}\right)=\left(\frac{1}{d_1}\right)=1$$
则
$$\left(\frac{d}{p}\right)=\left(\frac{2}{p}\right)^{\alpha}\left(\frac{d_1}{p}\right)=1$$

例 5.4.7　若 p 是形如 $4k+1$ 的素数，$(k,p)=1$，记 $s(k)=\sum\limits_{i=0}^{p-1}\left(\frac{i(i^2+k)}{p}\right)$，则 $s(k)$ 为偶数.

证明　易知 $\left(\frac{0}{p}\right)=0$，则
$$\begin{aligned}s(k)&=\sum_{i=1}^{p-1}\left(\frac{i(i^2+k)}{p}\right)\\&=\sum_{i=1}^{\frac{p-1}{2}}\left(\frac{i(i^2+k)}{p}\right)+\sum_{i=1}^{\frac{p-1}{2}}\left(\frac{(p-i)[(p-i)^2+k]}{p}\right)\end{aligned}$$
因为 p 是形如 $4k+1$ 的素数，所以
$$\left(\frac{-1}{p}\right)=1$$
又
$$(p-i)[(p-i)^2+k]\equiv -i(i^2+k)\pmod p$$
则
$$\left(\frac{(p-i)[(p-i)^2+k]}{p}\right)=\left(\frac{i(i^2+k)}{p}\right)$$
故 $s(k)$ 为偶数.

习　题　5.4

1. 计算：

(1) $\left(\frac{101}{15}\right)$；　(2) $\left(\frac{73}{21}\right)$.

2. 计算：$\left(\frac{895}{1\,901}\right)$（1 901 是素数）.

3. 计算：$\left(\frac{5\,381}{6\,277}\right)$（6 277 是素数）.

4. 已知 3 019 是素数，判定方程 $x^2\equiv 374\pmod{3\,019}$ 是否有解.

5. 设素数 $p=4n+1$. 试证：若 a 是 p 的平方剩余，则 $p-a$ 也是 p 的平方剩余.

5.5　质数模的二次同余方程

前面所讲的平方剩余与平方非剩余，欧拉判别法则、勒让德符号、雅可比符号，归纳起来，都只讲了一个中心问题，就是用来判定二次同余方程 $x^2\equiv a\pmod p$ 是否有解. 如何

求解二次同余方程 $x^2 \equiv a \pmod p$,就是我们所要讨论的第二个中心问题,下面来解决这个问题.

我们讨论

$$x^2 \equiv a \pmod p, p \nmid a, p \text{ 是奇质数} \tag{5.5.1}$$

的具体求解方法.

当 $\left(\frac{a}{p}\right)=1$ 时,说明 a 是 p 的平方剩余,方程(5.5.1)有解,方程(5.5.1)的解是什么形式?

由欧拉判别法则,有

$$a^{\frac{1}{2}(p-1)} \equiv 1 \pmod p$$

于是

$$a^{\frac{1}{2}(p-1)} \cdot a = a^{\frac{1}{2}(p+1)} \equiv a \pmod p$$

从 $a^{\frac{1}{2}(p+1)} \equiv a \pmod p$ 出发,有

$$a^{\frac{1}{4}(p+1)\cdot 2} \equiv a \pmod p$$

即

$$(a^{\frac{1}{4}(p+1)})^2 \equiv a \pmod p$$

假若 $k = \frac{1}{4}(p+1)$ 为整数,则

$$(a^k)^2 \equiv a \pmod p$$

因此

$$x \equiv \pm a^k \pmod p$$

即为所求方程(5.5.1)的解.

在什么情形下方程(5.5.1)具有这种形式的解呢?

若 k 是奇数,则

$$\frac{1}{4}(p+1) \equiv 1 \pmod 2$$

即

$$p \equiv 3 \pmod 8$$

若 k 是偶数,则

$$\frac{1}{4}(p+1) \equiv 0 \pmod 2$$

即

$$p \equiv 7 \pmod 8$$

于是,我们可以得到如下定理.

定理 5.5.1 当 $p \equiv 3 \pmod 8$ 或 $p \equiv 7 \pmod 8$ 时,方程(5.5.1)有解,即为形式

$$x \equiv \pm a^{\frac{1}{4}(p+1)} \pmod p$$

的解.

例 5.5.1 求解同余方程 $x^2 \equiv 11 \pmod{43}$.

解 因

$$\left(\frac{11}{43}\right) = (-1)^{\frac{43-1}{2}\cdot\frac{11-1}{2}} \cdot \left(\frac{43}{11}\right) = -\left(\frac{-1}{11}\right) = 1$$

则同余方程 $x^2 \equiv 11 \pmod{43}$ 有解，对于

$$p \equiv 43 \equiv 3 \pmod 8$$

故所求的解为

$$x \equiv \pm 11^{\frac{1}{4}(43+1)} = \pm 11^{11} \pmod{43}$$

而

$$11^2 \equiv -8 \pmod{43},\quad 11^4 \equiv 21 \pmod{43},\quad 11^8 \equiv 11 \pmod{43}$$
$$11^{10} \equiv -2 \pmod{43},\quad 11^{11} \equiv 21 \pmod{43}$$

故
$$x \equiv \pm 21 \pmod{43}$$

为原同余方程的解.

若 k 不为整数，上述方法行不通，但是，可以按照上述原则进行处理. 因为 p 是奇质数，关于模 8，只有下面 4 种情形：

$$p \equiv 1 \pmod 8,\quad p \equiv 3 \pmod 8,\quad p \equiv 5 \pmod 8,\quad p \equiv 7 \pmod 8$$

而 $p \equiv 3 \pmod 8$，$p \equiv 7 \pmod 8$ 这两种情形在上面我们已经进行了讨论. 下面我们只对 $p \equiv 1 \pmod 8$，$p \equiv 5 \pmod 8$ 两种情形进行讨论，我们先讨论 $p \equiv 5 \pmod 8$ 时的情形.

因为 $\frac{1}{4}(p-1)$ 是整数，由欧拉判别法则有

$$a^{\frac{1}{2}(p-1)} \equiv 1 \pmod p$$

则

$$(a^{\frac{1}{4}(p-1)} - 1)(a^{\frac{1}{4}(p-1)} + 1) \equiv 0 \pmod p$$

因此

$$a^{\frac{1}{4}(p-1)} - 1 \equiv 0 \pmod p \quad 或 \quad a^{\frac{1}{4}(p-1)} + 1 \equiv 0 \pmod p$$

假若前式成立，则

$$a^{\frac{1}{4}(p-1)} \cdot a \equiv a \pmod p$$

即
$$a^{\frac{1}{4}(p+3)} \equiv a \pmod p$$

这时有
$$(a^{\frac{1}{8}(p+3)})^2 \equiv a \pmod p$$

由于 $\frac{1}{8}(p+3)$ 是整数，故方程(5.5.1) 的解为

$$x \equiv \pm a^{\frac{1}{8}(p+3)} \pmod p$$

假若后式成立，则

$$a^{\frac{1}{4}(p+3)} \equiv -a \pmod p$$

由 $\left(\frac{2}{p}\right) = (-1)^{\frac{p^2-1}{8}}$ 可知，2 是 p 的平方非剩余，依据欧拉判别法则有

$$2^{\frac{p-1}{2}} \equiv -1 \pmod p$$

与前式相乘，于是

$$2^{\frac{p-1}{2}} \cdot a^{\frac{1}{4}(p+3)} \equiv a \pmod p$$

故方程(5.5.1) 的解为

$$x \equiv \pm 2^{\frac{1}{4}(p-1)} \cdot a^{\frac{1}{8}(p+3)} \pmod{p}$$

于是,我们可以得到如下定理.

定理 5.5.2 当 $p \equiv 5 \pmod 8$ 时,若 $a^{\frac{1}{4}(p-1)} \equiv 1 \pmod p$,则方程(5.5.1)的解为

$$x \equiv \pm a^{\frac{1}{8}(p+3)} \pmod{p}$$

若 $a^{\frac{1}{4}(p-1)} \equiv -1 \pmod p$,则方程(5.5.1)的解为

$$x \equiv \pm 2^{\frac{1}{4}(p-1)} \cdot a^{\frac{1}{8}(p+3)} \pmod{p}$$

例 5.5.2 解同余方程 $x^2 \equiv 23 \pmod{101}$.

解 因为

$$\left(\frac{23}{101}\right) = (-1)^{\frac{101-1}{2}\cdot\frac{23-1}{2}}\left(\frac{101}{23}\right) = \left(\frac{9}{23}\right) = 1$$

所以同余方程有解,这时

$$p = 101 \equiv 5 \pmod 8, \quad \frac{1}{4}(p-1) = 25$$

而 $a^{\frac{1}{4}(p-1)} = 23^{25}$,所以需要计算$23^{25}$:

$$\begin{aligned}
23^2 &= 529 \equiv 24 \pmod{101} \\
23^4 &\equiv 576 \equiv -30 \pmod{101} \\
23^{12} &\equiv -27000 \equiv -33 \pmod{101} \\
23^{13} &\equiv -756 \equiv 49 \pmod{101} \\
23^{25} &\equiv -1617 \equiv -1 \pmod{101}
\end{aligned}$$

再计算 2^{25}:

$$\begin{aligned}
2^5 &= 32 \\
2^{10} &= 1024 \equiv 14 \pmod{101} \\
2^{20} &\equiv 14^2 \equiv -6 \pmod{101} \\
2^{25} &\equiv -192 \equiv 10 \pmod{101} \\
2^{50} &\equiv -1 \pmod{101}
\end{aligned}$$

故原同余方程的解为

$$x \equiv \pm 2^{25} \cdot 23^{13} \equiv \pm 10 \cdot 49 \equiv -15 \text{ 或 } 15 \pmod{101}$$

最后,我们来讨论 $p \equiv 1 \pmod 8$ 的情形,这种情形比前三种都要复杂,没有一般结论.下面我们介绍的只是一个求解的原则.

我们首先看一个例子:

$$p = 41 = 5 \cdot 8 + 1 = 2^3 \cdot 5 + 1$$

于是,可令 $p = 2^k \cdot h + 1, k \geqslant 3, h$ 是奇数,由欧拉判别法则有

$$a^{\frac{1}{2}(p-1)} - 1 = (a^{\frac{1}{4}(p-1)} - 1)(a^{\frac{1}{4}(p-1)} + 1) \equiv 0 \pmod{p}$$

故
$$a^{\frac{1}{4}(p-1)} - 1 \equiv 0 \pmod{p} \quad \text{或} \quad a^{\frac{1}{4}(p-1)} + 1 \equiv 0 \pmod{p}$$

又
$$\frac{1}{4}(p-1) = \frac{1}{4}(2^k h + 1 - 1) = \frac{1}{4} \cdot 2^k h = 2^{k-2} h$$

即　$$a^{2^{k-2}h} \equiv 1 \pmod p \quad 或 \quad a^{2^{k-2}h} \equiv -1 \pmod p$$

假若前式 $a^{2^{k-2}h} \equiv 1 \pmod p$ 成立，我们再进行分解为

$$(a^{2^{k-3}h} - 1)(a^{2^{k-3}h} + 1) \equiv 0 \pmod p$$

因此

$$a^{2^{k-3}h} \equiv 1 \pmod p \quad 或 \quad a^{2^{k-3}h} \equiv -1 \pmod p$$

又若前式成立，我们又有

$$a^{2^{k-4}h} \equiv 1 \pmod p \quad 或 \quad a^{2^{k-4}h} \equiv -1 \pmod p$$

这样若是每次都是与 1 同余的式子成立，继续分解下去，经过 k 次后，a 的幂就降低到 h，这时有

$$a^h \equiv 1 \pmod p$$

于是　$$a^{h+1} \equiv a \pmod p$$

因此，这时方程(5.5.1)的解为

$$x \equiv \pm a^{\frac{1}{2}(h+1)} \pmod p$$

假若后式 $a^{2^{k-2}h} \equiv -1 \pmod p$ 成立，我们在 p 的简化剩余系中，任意取 p 的一个平方非剩余 b，因此

$$b^{\frac{1}{2}(p-1)} \equiv -1 \pmod p$$

而 $\frac{1}{2}(p-1) = 2^{k-1}h$，所以有

$$b^{2^{k-1}h} \equiv -1 \pmod p$$

由 $a^{2^{k-2}h} \equiv -1 \pmod p$ 和 $b^{2^{k-1}h} \equiv -1 \pmod p$ 得

$$b^{2^{k-1}h} \cdot a^{2^{k-2}h} \equiv 1 \pmod p$$

将上式再进行分解，我们又有

$$b^{2^{k-2}h} \cdot a^{2^{k-3}h} \equiv 1 \pmod p \quad 或 \quad b^{2^{k-2}h} \cdot a^{2^{k-3}h} \equiv -1 \pmod p$$

这时假如又是后式成立，我们又用 $b^{2^{k-1}h} \equiv -1 \pmod p$ 与 $b^{2^{k-2}h} \cdot a^{2^{k-3}h} \equiv -1 \pmod p$ 相乘，得到

$$b^{2^{k-1}h} \cdot b^{2^{k-2}h} \cdot a^{2^{k-3}h} \equiv 1 \pmod p$$

即

$$b^{2^{k-2} \cdot 3h} \cdot a^{2^{k-3}h} \equiv 1 \pmod p$$

我们再继续分解，继续把 a 的指数降低，因为每分解一次，a 的指数中及 b 的指数中 2 的个数都同时减少 1，因此经过若干次后，最终可以得到

$$b^{2t}a^h \equiv 1 \pmod p$$

利用同余性质，于是得

$$b^{2t}a^{h+1} \equiv a \pmod p$$

故这时方程(5.5.1)的解为

$$x \equiv \pm b^t a^{\frac{1}{2}(h+1)} \pmod p$$

注意：情形 $p \equiv 1 \pmod 8$ 只是给出了求解的一般步骤和原则，它并没有得到如情形 $p \equiv 3 \pmod 8$，$p \equiv 5 \pmod 8$，$p \equiv 7 \pmod 8$ 的一般结论，而且此时找出模 p 的一个平方非

剩余也没有一般结论.

例 5.5.3 解同余方程:$x^2\equiv 5 \pmod{41}$.

解 因为

$$\left(\frac{5}{41}\right)=1$$

所以同余方程有解,这时

$$p=41=2^3\cdot 5+1,\quad k=3,\quad h=5$$

我们有

$$a^{2^{k-2}h}\equiv 5^{2^{3-2}\cdot 5}\equiv 5^{10}\equiv 40\equiv -1 \pmod{41}$$

显然$\left(\frac{3}{41}\right)=-1$,即 3 是 41 的平方非剩余,因此:

$$b^{2^{k-1}h}\equiv 3^{2^{3-1}\cdot 5}\equiv 3^{4\cdot 5}\equiv 3^{20}\equiv 81^5\equiv (-1)^5\equiv -1 \pmod{41}$$

两式相乘得

$$3^{4\cdot 5}\cdot 5^{2\cdot 5}\equiv 3^{20}\cdot 5^{10}\equiv 1 \pmod{41}$$

计算 $3^{2\cdot 5}\cdot 5^5\equiv 45^5\equiv 4^5\equiv -1 \pmod{41}$,以 $3^{4\cdot 5}\equiv -1 \pmod{41}$ 乘之,又得到

$$3^{4\cdot 5}\cdot 3^{2\cdot 5}\cdot 5^5\equiv 1 \pmod{41}$$

即

$$3^{2\cdot 15}\cdot 5^5\equiv 1 \pmod{41}$$

于是有

$$3^{2\cdot 15}\cdot 5^6\equiv 5 \pmod{41}$$

故所要求的解为

$$x\equiv \pm 3^{15}\cdot 5^3\equiv \pm 14\cdot 2\equiv \pm 28 \pmod{41}$$

最后,需要指出的是,在解二次同余方程的过程中,对上述公式无需死记硬背,只要理解了上述公式的推导方法,就可以利用这种方法解二次同余方程.

例如,对于例 5.5.2 来说. 由 $\left(\frac{23}{101}\right)=(-1)^{\frac{101-1}{2}\cdot\frac{23-1}{2}}\left(\frac{101}{23}\right)=\left(\frac{9}{23}\right)=1$ 知,方程有解. 即

$$23^{\frac{101-1}{2}}\equiv 1 \pmod{101}$$

$$(23^{25}-1)(23^{25}+1)\equiv 0 \pmod{101}$$

计算可知,$23^{25}\equiv -1 \pmod{101}$ 成立,$23^{25}\equiv 1 \pmod{101}$ 不成立.

找平方非剩余,因为$\left(\frac{2}{101}\right)=-1$,所以 2 是模 101 的平方非剩余. 即

$$2^{50}\equiv -1 \pmod{101}$$

两式相乘,得

$$2^{50}\cdot 23^{25}\equiv 1 \pmod{101}$$

则

$$2^{50}\cdot 23^{26}\equiv 23 \pmod{101}$$

所以

$$x\equiv \pm 2^{25}\cdot 23^{13}\equiv \pm 10\cdot 49\equiv -15 \quad 或 \quad 15 \pmod{101}$$

又如,对于同余方程 $x^2\equiv 5 \pmod{41}$ 来说,由

$$5^{\frac{41-1}{2}}\equiv 1 \pmod{41}$$

则
$$(5^{10}+1)(5^{10}-1)\equiv 0(\bmod 41)$$
计算可知，$5^{10}\equiv -1(\bmod 41)$ 成立，$5^{10}\equiv 1(\bmod 41)$ 不成立.

找平方非剩余，易知 3 是模 41 的平方非剩余. 即
$$3^{20}\equiv -1(\bmod 41)$$
两式相乘，得
$$3^{20}\cdot 5^{10}\equiv 1(\bmod 41)$$
同理，继续分解因式知，$3^{10}\cdot 5^{5}\equiv -1(\bmod 41)$ 成立. 再乘平方非剩余得
$$3^{10}\cdot 5^{5}\cdot 3^{20}\equiv 1(\bmod 41)$$
即
$$3^{30}\cdot 5^{5}\equiv 1(\bmod 41)$$
则
$$3^{30}\cdot 5^{6}\equiv 5(\bmod 41)$$
所以 $x\equiv\pm 3^{15}\cdot 5^{3}\equiv\pm 14\cdot 2\equiv\pm 28(\bmod 41)$

习　题　5.5

1. 解同余方程：$x^2\equiv 19(\bmod 31)$.
2. 解同余方程：$x^2\equiv 5(\bmod 19)$.
3. 解同余方程：$x^2\equiv 5(\bmod 29)$.
4. 解同余方程：$x^2\equiv 3(\bmod 73)$.

5.6　合数模的情形

本节讨论合数模同余式 $x^2\equiv a(\bmod m)$，$(a,m)=1$ 有解的条件及解的个数，其中 $m=2^{\alpha}p_1^{\alpha_1}p_2^{\alpha_2}\cdots p_k^{\alpha_k}$.

设 p 是奇素数，记
$$x^2\equiv a(\bmod p^{\alpha})\tag{5.6.1}$$
其中 $\alpha>0$，$(a,p)=1$

我们先讨论二次同余方程(5.6.1).

定理 5.6.1　二次同余方程(5.6.1)有解的充要条件是 $\left(\frac{a}{p}\right)=1$，并且在有解的情况下，(5.6.1)式的解的个数是 2.

证明　(必要性)　若(5.6.1)有解 x_0，则
$$x_0^2\equiv a(\bmod p^{\alpha})$$
从而
$$x_0^2\equiv a(\bmod p)$$
故
$$\left(\frac{a}{p}\right)=1$$

(充分性)　若 $\left(\frac{a}{p}\right)=1$，则

$$x^2 \equiv a \pmod{p}$$

恰有两个解,设 $x \equiv x_0 \pmod{p}$ 是它的一个解. 由 $(a, p) = 1$,则

$$(x_0, p) = 1$$

又 $2 \nmid p$,故

$$(2x_0, p) = 1$$

令 $f(x) = x^2 - a$,则 $p \nmid f'(x_0)$,由定理 4.3.2 知,从 $x \equiv x_0 \pmod{p}$ 可得出式(5.6.1)的一个唯一解,故由 $x^2 \equiv a \pmod{p}$ 的两个解可以给出式(5.6.1)的两个解,并且仅有两个解.

注意:(1) 若 $x \equiv \beta \pmod{p^\alpha}$ 是二次同余方程 $x^2 \equiv a \pmod{p^\alpha}$ 的一个解,则该方程的解为 $x \equiv \pm \beta \pmod{p^\alpha}$.

(2) 因为 $2 \mid f'(x_0) = 2x_0$,所以对于模为 2^α 的二次同余方程,没有上述结论.

定理 5.6.2 同余方程 $x^2 \equiv a \pmod{2^2}$,$(2, a) = 1$ 有解的充要条件是 $a \equiv 1 \pmod{4}$,且有解时,其解数为 2,即 $x \equiv \pm 1 \pmod{4}$.

证明 只需将方程的所有可能解代入验证即可.

定理 5.6.3 设 $\alpha \geqslant 3$,同余方程 $x^2 \equiv a \pmod{2^\alpha}$,$(2, a) = 1$ 有解的充要条件是 $a \equiv 1 \pmod{8}$,且方程有解时,其解数为 4,它们为

$$x \equiv \pm \beta, \pm (\beta + 2^{\alpha-1}) \pmod{2^\alpha}$$

其中 β 是同余方程 $x^2 \equiv a \pmod{2^{\alpha-1}}$ 的某一个解.

证明 (必要性) 若方程 $x^2 \equiv a \pmod{2^\alpha}$ 有解,则方程 $x^2 \equiv a \pmod{2^3}$ 也有解. 将 $x \equiv \pm 1, \pm 3 \pmod{8}$ 代入方程 $x^2 \equiv a \pmod{2^3}$ 得

$$a \equiv 1 \pmod{8}$$

(充分性) 设 $a \equiv 1 \pmod{8}$,下面对 α 用数学归纳法.

1° 当 $\alpha = 3$ 时,方程为

$$x^2 \equiv 1 \pmod{2^3}$$

将 $x \equiv \pm 1, \pm 3 \pmod{8}$ 代入知,它们均为方程的解,结论成立.

2° 假设 $\alpha = k\ (k \geqslant 3)$ 时,结论成立,即同余方程 $x^2 \equiv a \pmod{2^k}$ 有 4 个解,且为

$$x \equiv \pm \beta, \pm (\beta + 2^{k-1}) \pmod{2^k}$$

显然 β 为奇数.

当 $\alpha = k + 1$ 时,因 $x \equiv \beta \pmod{2^k}$ 是方程 $x^2 \equiv a \pmod{2^k}$ 的解,故

$$\beta^2 - a \equiv 0 \pmod{2^k}$$

若 $\beta^2 - a \equiv 0 \pmod{2^{k+1}}$,则

$$\begin{aligned}(\beta + 2^{k-1})^2 - a &= \beta^2 + 2^k\beta + 2^{2(k-1)} - a \\ &= (\beta^2 - a) + 2^k\beta + 2^{2(k-1)} \\ &\equiv 2^k\beta \equiv 2^k \not\equiv 0 \pmod{2^{k+1}}\end{aligned}$$

此时 $x \equiv \beta \pmod{2^{k+1}}$ 是方程 $x^2 \equiv a \pmod{2^{k+1}}$ 的解,$x \equiv \beta + 2^{k-1} \pmod{2^{k+1}}$ 不是方程 $x^2 \equiv a \pmod{2^{k+1}}$ 的解.

将

$$x \equiv -\beta \pmod{2^{k+1}}$$

$$x \equiv -(\beta + 2^{k-1}) \pmod{2^{k+1}}$$
$$x \equiv \pm(\beta + 2^{k}) \pmod{2^{k+1}}$$
$$x \equiv \pm(\beta + 2^{k-1} + 2^{k}) \pmod{2^{k+1}}$$

代入同余方程 $x^2 \equiv a \pmod{2^{k+1}}$ 知

$$x \equiv -\beta \pmod{2^{k+1}}$$
$$x \equiv \pm(\beta + 2^{k}) \pmod{2^{k+1}}$$

是同余方程的解. 故 $x^2 \equiv a \pmod{2^{k+1}}$ 的解为

$$x \equiv \pm\beta, \pm(\beta + 2^{k}) \pmod{2^{k+1}}$$

若 $\beta^2 - a \equiv 0 \pmod{2^{k+1}}$，则

$$\beta^2 - a \equiv 2^k \pmod{2^{k+1}}$$

而

$$\begin{aligned}(\beta + 2^{k-1})^2 - a &= \beta^2 + 2^k\beta + 2^{2(k-1)} - a \\ &= (\beta^2 - a) + 2^k\beta + 2^{2(k-1)} \equiv 2^k + 2^k\beta \\ &\equiv (\beta + 1)2^k \equiv 0 \pmod{2^{k+1}}\end{aligned}$$

此时 $x \equiv \beta + 2^{k-1} \pmod{2^{k+1}}$ 是方程 $x^2 \equiv a \pmod{2^{k+1}}$ 的解，而 $x \equiv \beta \pmod{2^{k+1}}$ 不是方程 $x^2 \equiv a \pmod{2^{k+1}}$ 的解.

将

$$x \equiv -\beta \pmod{2^{k+1}}$$
$$x \equiv -(\beta + 2^{k-1}) \pmod{2^{k+1}}$$
$$x \equiv \pm(\beta + 2^{k}) \pmod{2^{k+1}}$$
$$x \equiv \pm(\beta + 2^{k-1} + 2^{k}) \pmod{2^{k+1}}$$

代入同余方程 $x^2 \equiv a \pmod{2^{k+1}}$ 知

$$x \equiv -(\beta + 2^{k-1})$$
$$\pm(\beta + 2^{k-1} + 2^{k}) \pmod{2^{k+1}}$$

是其解. 令 $\beta' = \beta + 2^{k-1}$，则 $x^2 \equiv a \pmod{2^{k+1}}$ 的解为

$$x \equiv \pm\beta', \pm(\beta' + 2^{k}) \pmod{2^{k+1}}$$

综合 1°，2°，所证结论成立.

注意：该定理实际上给出解答此类方程的一种方法，即构造法.

例 5.6.1　解同余方程 $x^2 \equiv 7 \pmod{27}$.

解　由欧拉判别法则计算 $7^{\frac{3-1}{2}} = 7 \equiv 1 \pmod 3$ 知，方程 $x^2 \equiv 7 \pmod 3$ 有解，解为

$$x \equiv \pm 1 \pmod 3$$

若　$x \equiv 1 \pmod 3$

从而　$(1 + 3t_1)^2 \equiv 7 \pmod 9$

得　$6t_1 \equiv 6 \pmod 9$

因此　$t_1 \equiv 1 \pmod 3$

又从　$(4 + 9t_2)^2 \equiv 7 \pmod{27}$

得　$8t_2 \equiv -1 \pmod 3$

即　$t_2 \equiv 1 \pmod 3$

所以 $x \equiv 13 \pmod{27}$ 是原方程的一个解.

同理,若
$$x \equiv -1 \pmod{3}$$
则
$$x \equiv -13 \pmod{27}$$
是原方程的一个解.

故方程的解为 $x \equiv \pm 13 \pmod{27}$.

例 5.6.2 解同余方程 $x^2 \equiv 57 \pmod{64}$.

解 因 $57 \equiv 1 \pmod{8}$ 故方程有四个解. 而方程 $x^2 \equiv 57 \pmod{8}$ 的解为
$$x \equiv \pm 1, \pm 3 \pmod{8}$$

(1) 若
$$x \equiv 1 \pmod{8}$$
从而
$$(1 + 8t_1)^2 \equiv 57 \pmod{64}$$
得
$$2t_1 \equiv 7 \pmod{8}$$
无解.

(2) 若
$$x \equiv -1 \pmod{8}$$
从而
$$(-1 + 8t_1)^2 \equiv 57 \pmod{64}$$
得
$$2t_1 \equiv -7 \pmod{8}$$
无解.

(3) 若
$$x \equiv 3 \pmod{8}$$
从而
$$(3 + 8t_1)^2 \equiv 57 \pmod{64}$$
得
$$t_1 \equiv 1 \pmod{4}$$
则
$$t_1 = 1 + 4t_2$$
故
$$x \equiv 3 + 8t_1 = 3 + 8(1 + 4t_2) = 11 + 32t_2 \equiv 11 \text{ 或 } -21 \pmod{64}$$

(4) 若
$$x \equiv -3 \pmod{8}$$
从而
$$(-3 + 8t_1)^2 \equiv 57 \pmod{64}$$
得
$$t_1 \equiv -1 \pmod{4}$$
则
$$t_1 = -1 + 4t_2$$
故
$$x \equiv -3 + 8t_1 = -3 + 8(-1 + 4t_2) = -11 + 32t_2 \equiv -11 \text{ 或 } 21 \pmod{64}$$
所以同余方程 $x^2 \equiv 57 \pmod{64}$ 的解是
$$x \equiv \pm 11 \text{ 或 } \pm 21 \pmod{64}$$

另解:因
$$57 \equiv 1 \pmod{8}$$
故原方程有四个解. 方程 $x^2 \equiv 57 \pmod{8}$ 的四个解为
$$x \equiv 1,3,5,7 \pmod{8}$$
而其中 5 又是方程 $x^2 \equiv 57 \pmod{16}$ 的解. 由定理 5.6.3 知,5,5+8,-5,-5-8 是方程 $x^2 \equiv 57 \pmod{16}$ 的解.

在这 4 个解中,5 还是方程 $x^2 \equiv 57 \pmod{32}$ 的解,所以 5,5+16,-5,-5-16 是方程 $x^2 \equiv 57 \pmod{32}$ 的解.

在这 4 个解中 21 = 5+16 是方程 $x^2 \equiv 57 \pmod{64}$ 的解,所以 21,21+32,-21,-21-32

是方程 $x^2 \equiv 57 \pmod{64}$ 的解.

故方程 $x^2 \equiv 57 \pmod{64}$ 的解是

$$x \equiv \pm 21, \pm 53 \pmod{64}$$

例 5.6.3　设素数 $p > 2$,求同余方程 $x^2 \equiv 1 \pmod{p^k}$ 的解.

解　同余方程可写为

$$(x-1)(x+1) \equiv 0 \pmod{p^k}$$

因　$(x+1, x-1) \mid 2$

故　$x - 1 \equiv 0 \pmod{p^k}$　或　$x + 1 \equiv 0 \pmod{p^k}$

即　$x \equiv 1, -1 \pmod{p^k}$

解数为 2.

例 5.6.4　解同余方程 $x^2 \equiv 1 \pmod{2^k}$,其中 $k \geqslant 1$.

解　若 $k = 1$

从而　$x^2 \equiv 1 \pmod{2}$

得　$x \equiv 1 \pmod{2}$

若　$k = 2$

从而　$x^2 \equiv 1 \pmod{4}$

得　$x \equiv 1$ 或 $-1 \pmod{4}$

若　$k \geqslant 3$

从而　$x^2 \equiv 1 \pmod{2^k}$

得　$(x-1)(x+1) \equiv 0 \pmod{2^k}$

则 x 必为奇数,令 $x = 2y + 1$,

则　$(2y+2) \cdot 2y \equiv 0 \pmod{2^k}$

$$(y+1) \cdot y \equiv 0 \pmod{2^{k-2}}$$

y 与 $y+1$ 必定一奇一偶,则

$$y \equiv 0 \pmod{2^{k-2}} \quad 或 \quad y \equiv -1 \pmod{2^{k-2}}$$

代入　$x = 2y + 1$

故　$x_1 \equiv 2^{k-1} + 1 \quad x_2 \equiv 2^{k-1} - 1 \pmod{2^k}$

注意:利用例 5.6.3 与例 5.6.4 的结论可以解决一般性问题:$x^2 \equiv 1 \pmod{m}$,只要把 m 分解成 $m = 2^{\alpha} p_1^{\alpha_1} p_2^{\alpha_2} \cdots p_k^{\alpha_k}$ 即可.

例 5.6.5　解同余方程 $x^3 + 5x^2 + 9 \equiv 0 \pmod{3^4}$.

解　由　$x^3 + 5x^2 + 9 \equiv 0 \pmod{3}$

即　$x^3 + 2x^2 \equiv 0 \pmod{3}$

得　$x \equiv 0, 1 \pmod{3}$

(1) 若 $x \equiv 0 \pmod{3}$,令 $x = 3t$,代入 $x^3 + 5x^2 + 9 \equiv 0 \pmod{3^2}$ 中,上式恒成立,且 $t = 0, 1, 2$. 则

$$x \equiv -3, 0, 3 \pmod{3^2}$$

1° 当 $x \equiv -3 \pmod{3^2}$ 时,把 $x = 9t_1 - 3$ 代入 $x^3 + 5x^2 + 9 \equiv 0 \pmod{3^3}$ 中,

$(9t_1-3)^3+5(9t_1-3)^2+9\equiv 0(\bmod 3^3)$ 恒成立,且有 $t_1=0,1,2$,故

$$x\equiv -3,6,15(\bmod 3^3)$$

同理把 $x=27t_2-3$ 代入 $x^3+5x^2+9\equiv 0(\bmod 3^4)$ 知无解;把 $x=27t_2+15$ 代入 $x^3+5x^2+9\equiv 0(\bmod 3^4)$ 知无解;把 $x=27t_2+6$ 代入 $x^3+5x^2+9\equiv 0(\bmod 3^4)$ 知恒成立.且有 $t_2=0,1,2$,故

$$x\equiv 6,33,-21(\bmod 81)$$

2° 当 $x\equiv 0(\bmod 3^2)$ 时,代入 $x^3+5x^2+9\equiv 0(\bmod 3^3)$ 中知无解.

3° 当 $x\equiv 3(\bmod 3^2)$ 时,代入过程同 1° 一样得到

$$x\equiv 3,30,57(\bmod 81)$$

故当 $x\equiv 0(\bmod 3)$ 时,$x^3+5x^2+9\equiv 0(\bmod 3^4)$ 的解为

$$x\equiv 6,33,-21,3,30,57(\bmod 81)$$

(2) 当 $x\equiv 1(\bmod 3)$ 时,代入过程同(1)一样得到

$$x\equiv 40(\bmod 81)$$

故方程 $x^3+5x^2+9\equiv 0(\bmod 3^4)$ 共有 7 个解

$$x\equiv 6,33,-21,3,30,57,40(\bmod 81)$$

例 5.6.6　解同余方程 $x^3+5x^2+9\equiv 0(\bmod 7\cdot 3^4)$.

解　原方程为

$$\begin{cases}x^3+5x^2+9\equiv 0(\bmod 7)\\ x^3+5x^2+9\equiv 0(\bmod 3^4)\end{cases}$$

直接验算知,$x^3+5x^2+9\equiv 0(\bmod 7)$ 的解为

$$x\equiv -2(\bmod 7)$$

由例 5.6.5 知,$x^3+5x^2+9\equiv 0(\bmod 3^4)$ 的解为

$$x\equiv 6,33,-21,3,30,57,40(\bmod 81)$$

由 $\begin{cases}x\equiv a_1(\bmod 7)\\ x\equiv a_2(\bmod 81)\end{cases}$ 得

$$a_1=-2,a_2=6,33,-21,3,30,57,40$$

由孙子定理得

$$x\equiv 222,-156,33,138,-240,-51,40(\bmod 7\cdot 3^4)$$

定理 5.6.4　同余式 $x^2\equiv a(\bmod m)$,$m=2^\alpha p_1^{\alpha_1}p_2^{\alpha_2}\cdots p_k^{\alpha_k}$,$(a,m)=1$ 有解的必要条件是:当 $\alpha=2$ 时,$a\equiv 1(\bmod 4)$;当 $\alpha\geqslant 3$ 时,$a\equiv 1(\bmod 8)$,并且 $\left(\dfrac{a}{p_i}\right)=1$,$i=1,2,\cdots,k$.

若上述条件成立,则有解并且

1° 当 $\alpha=0$ 或 1 时,解的个数是 2^k;

2° 当 $\alpha=2$ 时,解的个数是 2^{k+1};

3° 当 $\alpha\geqslant 3$ 时,解的个数是 2^{k+2}.

证明　由定理 5.6.1、定理 5.6.2、定理 5.6.3 以及定理 4.3.1 知,结论成立.

习　题　5.6

1. 解同余方程 $x^2 \equiv 11 \pmod{125}$.
2. 解同余方程 $x^2 \equiv 39 \pmod{625}$.
3. 解同余方程 $x^2 \equiv 41 \pmod{64}$.
4. 解同余方程 $x^2 \equiv 89 \pmod{256}$.
5. 解同余方程 $x^2 + 5x + 13 \equiv 0 \pmod{3^3}$.

第 6 章　原根与指标

6.1　指数及基本性质

我们知道,当$(a,m)=1$且$m>1$时,由欧拉定理有

$$a^{\varphi(m)} \equiv 1 \pmod{m}$$

这就是说,任意与m互质的整数a自乘到某次幂就与1对模m同余,这样存在正整数r,使

$$a^r \equiv 1 \pmod{m}$$

成立.

例如,与7互质的正整数2自乘到3次,就关于模7与1同余,即$2^3 \equiv 1 \pmod{7}$.又如,与11互质的正整数2自乘到10次,就关于模11与1同余,即$2^{10} \equiv 1 \pmod{11}$.我们把满足$a^r \equiv 1 \pmod{m}$的最小正整数3,10称为2对模7,2对模11的指数.

定义 6.1.1　设$m>1,(a,m)=1$,则使$a^r \equiv 1 \pmod{m}$成立的最小的正整数r,称为a对模m的指数(或a对模m的阶),记为$\delta_m(a)$,简记$\delta(a)$.

定理 6.1.1　(1) $\delta_m(a) \leqslant \varphi(m)$;

(2) 若$a \equiv b \pmod{m}$,$(a,m)=1$,则$\delta_m(a)=\delta_m(b)$.

证明　根据指数定义,上述结论显然成立.

定理 6.1.2　若$m>1,(a,m)=1,a^n \equiv 1 \pmod{m}$,则$\delta(a) \mid n$.特别地,若$p$是素数,$(a,p)=1$,则$\delta(a) \mid p-1$.

证明　记$(\delta(a),n)=d$,则存在整数x,y使得$x\delta(a)+yn=d$成立,显然$xy<0$.

若$x>0,y<0$,则

$$1 \equiv a^{x\delta(a)} = a^d a^{-ny} = a^d\,(a^n)^{-y} \equiv a^d \pmod{m}$$

若$x<0,y>0$,则

$$1 \equiv a^{ny} = a^d a^{-x\delta(a)} = a^d\,(a^{\delta(a)})^{-x} \equiv a^d \pmod{m}$$

即总有

$$a^d \equiv 1 \pmod{m}$$

根据$\delta(a)$的定义,必有

$$d \geqslant \delta(a)$$

又$(\delta(a),n)=d$,则有

$$d \leqslant \delta(a)$$

所以

$$d=\delta(a)$$

从而$\delta(a) \mid n$.

由费马小定理知

$$a^{p-1} \equiv 1(\bmod p)$$

因此取 $n = p-1$，显然 $\delta(a) \mid p-1$.

根据定理 6.1.2，为了找到 7 对模 9 的指数，由于 $\varphi(9) = 6$，而 6 的正因子只有 1,2,3 和 6，它们是 7 对模 9 指数的可能值. 而 $7^1 \equiv 7(\bmod 9)$，$7^2 \equiv 4(\bmod 9)$，$7^3 \equiv 1(\bmod 9)$. 故 7 对 9 的指数是 3.

定义 6.1.2　若 $\delta_m(a) = \varphi(m)$，则称 a 是模 m 的原根.

由 $2^{10} \equiv 1(\bmod 11)$ 知，2 为模 11 的一个原根.

又如，若 $2^1 \equiv 2, 2^2 \equiv 4, 2^3 \equiv 1(\bmod 7)$，则 $\delta_7(2) = 3$，2 不是模 7 的原根. 若 $3^1 \equiv 3$，$3^2 \equiv 2, 3^3 \equiv 6, 3^4 \equiv 4, 3^5 \equiv 5, 3^6 \equiv 1(\bmod 7)$，则 $\delta_7(3) = 6 = \varphi(7)$，3 是模 7 的原根.

然而，并不是所有整数都有原根. 例如，模 8 就没有原根. 因为，所有比 8 小且与 8 互素的正整数只有 1,3,5,7，并且 $\delta_8(1) = 1, \delta_8(3) = 2, \delta_8(5) = 2, \delta_8(7) = 2$. 又 $\varphi(8) = 4$，所以模 8 没有原根.

定理 6.1.3　记 $\delta = \delta_m(a)$，则 $a^0, a^1, \cdots, a^{\delta-1}$ 对模 m 两两不同余.

证明　用反证法. 若 $0 \leqslant i < j \leqslant \delta - 1$，且

$$a^i \equiv a^j(\bmod m)$$

因
$$(a,m) = 1$$

故
$$a^{j-i} \equiv 1(\bmod m)$$

而 $0 < j-i < \delta$，这与 $\delta = \delta_m(a)$ 的定义矛盾，所以定理成立.

由定理 6.1.3 易知，若 r 是模 m 的原根，则 $r^0, r^1, \cdots, r^{\varphi(m)-1}$ 构成模 m 的简化剩余系.

定理 6.1.4　设 $\delta = \delta_m(a)$，r 与 r' 是正整数，则 $a^r \equiv a^{r'}(\bmod m)$ 的充要条件是 $r \equiv r'(\bmod \delta)$. 特别地，$a^r \equiv 1(\bmod m)$ 的充要条件是 $\delta \mid r$.

证明　不妨设 $r > r'$，因

$$(a,m) = 1$$

则
$$a^r \equiv a^{r'}(\bmod m)$$

推得
$$a^{r-r'} \equiv 1(\bmod m)$$

（必要性）　记
$$r - r' = q\delta + t\ (q \in \mathbf{N}, 0 \leqslant t < \delta)$$

则
$$a^t \equiv a^{q\delta+t} \equiv a^{r-r'}(\bmod m)$$

由 $\delta_m(a)$ 的定义知，$t = 0$，则 $\delta \mid r - r'$，故

$$r \equiv r'(\bmod \delta)$$

（充分性）　若 $r \equiv r'(\bmod \delta)$，则

$$r - r' = q\delta$$

故
$$a^{r-r'} \equiv a^{q\delta} \equiv 1(\bmod m)$$

结论成立. 取 $r' = 0$，则由 $a^r \equiv 1(\bmod m)$ 知 $\delta \mid r$.

推论 6.1.1　$\delta_m(a) \mid \varphi(m)$.

证明　由欧拉定理以及定理 6.1.4 易得.

定理 6.1.5　设 k 是正整数，则

$$\delta_m(a^k)=\frac{\delta_m(a)}{(\delta_m(a),k)}$$

证明 记

$$\delta=\delta_m(a),\delta'=\delta_m(a^k),\delta''=\frac{\delta}{(\delta,k)}$$

则 $a^{k\delta''}\equiv 1(\bmod m)$

因 $\delta'=\delta_m(a^k)$

故 $(a^k)^{\delta''}\equiv 1,a^{k\delta''}\equiv 1(\bmod m),k\delta'\mid k\delta'',\delta'\mid\delta''$

又 $a^{k\delta'}=(a^k)^{\delta'}\equiv 1(\bmod m)$

则 $\delta\mid k\delta'$,故

$$\frac{\delta}{(\delta,k)}\Big|\frac{k\delta'}{(\delta,k)}$$

即

$$\delta''\Big|\frac{k\delta'}{(\delta,k)}$$

又

$$\left(\frac{\delta}{(\delta,k)},\frac{k}{(\delta,k)}\right)=1$$

即

$$\left(\delta'',\frac{k}{(\delta,k)}\right)=1$$

故

$$\delta''\mid\delta'$$

由 $\delta'\mid\delta'',\delta''\mid\delta'$ 知,$\delta''=\delta'$,得证.

根据定理 6.1.5,由 $\delta_7(3)=6$ 得

$$\delta_7(3^4)=\frac{6}{(6,4)}=\frac{6}{2}=3$$

推论 6.1.2 若 $\delta_m(a)=ks,k>0,s>0$,则 $\delta_m(a^k)=s$.

证明

$$\delta_m(a^k)=\frac{\delta_m(a)}{(\delta_m(a),k)}=\frac{ks}{(ks,k)}=s$$

推论 6.1.3 若 r 是模 m 的原根,其中 m 是大于 1 的整数,则 r^u 是模 m 的一个原根当且仅当 $(u,\varphi(m))=1$.

证明 由定理 6.1.5 知

$$\delta_m(r^u)=\frac{\delta_m(r)}{(u,\delta_m(r))}=\frac{\varphi(m)}{(u,\varphi(m))}$$

因此,若 $\delta_m(r^u)=\varphi(m)$,则 r^u 是模 m 的一个原根当且仅当 $(u,\varphi(m))=1$.

定理 6.1.6 如果大于1的正整数 m 有一个原根,那么它一共有 $\varphi(\varphi(m))$ 个不同原根.

证明 令 r 是模 m 的一个原根,定理 6.1.3 表明,$r^0,r^1,\cdots,r^{\varphi(m)-1}$ 构成模 m 的一个简化剩余系.再由推论 6.1.3 知,r^u 是模 m 的一个原根当且仅当 $(u,\varphi(m))=1$.因为只有 $\varphi(\varphi(m))$ 个这样的 u,所有共有 $\varphi(\varphi(m))$ 个模 m 的原根.

例如,已知 2 是模 11 的一个原根,由定理 6.1.6 知,11 一共有 $\varphi(\varphi(11))=4$ 个不同的原根.因为 $\varphi(11)=10$,小于 10 且与 10 互素的数有 1,3,7,9,只需取 $2^1,2^3,2^7,2^9$ 对模 11 的最小非负剩余即可,它们分别是 2,8,7,6.也就是说,2,6,7,8 就是模 11 的全部不同余原根.

定理 6.1.7　等式 $\delta_m(ab)=\delta_m(a)\delta_m(b)$ 与 $(\delta_m(a),\delta_m(b))=1$ 等价.

证明　记

$$\delta_1=\delta_m(a),\quad \delta_2=\delta_m(b),\quad \delta_3=\delta_m(ab),\quad \lambda=[\delta_1,\delta_2]$$

(必要性) 若 $\delta_m(ab)=\delta_m(a)\delta_m(b)$,则

$$\lambda\mid\delta_1\delta_2=\delta_3$$

故

$$(ab)^\lambda=(a)^\lambda(b)^\lambda\equiv 1(\bmod m),\delta_3\mid\lambda$$

由 $\lambda\mid\delta_3,\delta_3\mid\lambda$ 得

$$\delta_3=\lambda$$

即

$$\delta_1\delta_2=[\delta_1,\delta_2]$$

故

$$(\delta_1,\delta_2)=1$$

(充分性) 若 $(\delta_m(a),\delta_m(b))=1$,则

$$1\equiv[(ab)^{\delta_3}]^{\delta_2}\equiv(ab)^{\delta_3\delta_2}\equiv a^{\delta_3\delta_2}(\bmod m)$$

故 $\delta_1\mid\delta_2\delta_3$,又 $(\delta_1,\delta_2)=1$,则 $\delta_1\mid\delta_3$. 同理可得 $\delta_2\mid\delta_3$. 故

$$\lambda=[\delta_1,\delta_2]\mid\delta_3$$

又

$$(\delta_1,\delta_2)=1$$

有

$$[\delta_1,\delta_2]=\delta_1\delta_2$$

故

$$\delta_1\delta_2\mid\delta_3$$

另一方面

$$1\equiv(a^{\delta_1})^{\delta_2}(b^{\delta_2})^{\delta_1}\equiv(ab)^{\delta_1\delta_2}(\bmod m)$$

故 $\delta_3\mid\delta_1\delta_2$,即

$$\delta_3=\delta_1\delta_2$$

例 6.1.1　求 1,2,3,4,5,6 对模 7 的原根.

解　直接计算知,

$$1^1\equiv 1(\bmod 7),\ \delta_7(1)=1,\ 2^3\equiv 1(\bmod 7),\ \delta_7(2)=3$$

$$3^6\equiv 1(\bmod 7),\ \delta_7(3)=6,\ 4^3\equiv 1(\bmod 7),\ \delta_7(4)=3$$

$$5^6\equiv 1(\bmod 7),\ \delta_7(5)=6,\ 6^2\equiv 1(\bmod 7),\ \delta_7(6)=2$$

所以 3 与 5 是模 7 的原根.

例 6.1.2　写出模 11 的指数表.

解　经计算得

$$\delta_{11}(1)=1,\quad \delta_{11}(2)=10,\ \delta_{11}(3)=5,\quad \delta_{11}(4)=5,$$

$$\delta_{11}(6)=10,\ \delta_{11}(7)=10,\ \delta_{11}(8)=10,\ \delta_{11}(9)=5,$$

列表 6.1.1 如下:

表 6.1.1　模 11 的指数表

a	1	2	3	4	5	6	7	8	9	10
$\delta_{11}(a)$	1	10	5	5	5	10	10	10	5	2

例 6.1.3　令 $m=12,a=5$,求 5 对模 12 的指数.

解　因为 $\varphi(12)=4$,并且有正整数因子 1,2,4. 于是,我们只需用 $a=5$ 的二次、四次来验证即可. 易知

$$5^2\equiv 1(\bmod 12)$$

故所求指数

$$\delta=2$$

例 6.1.4　若 $(a,m)=1,aa'\equiv 1(\bmod m)$,则 $\delta_m(a)=\delta_m(a')$.

证明　易知

$$(a',m)=1$$

(否则,若 $(a',m)=d>1$,由 $aa'\equiv 1(\bmod m)$,得 $aa'-km=1$,左边可提取公因数 d,则 $d\mid 1$ 不可能.)

令

$$d=\delta_m(a),d'=\delta_m(a')$$

因

$$aa'\equiv 1(\bmod m)$$

故

$$(aa')^d\equiv 1(\bmod m)$$

因

$$a^d\equiv 1(\bmod m)$$

故

$$a'^d\equiv 1(\bmod m)$$

即 $d'\mid d$.

同理可得

$$(aa')^{d'}\equiv 1(\bmod m)$$

又

$$a'^{d'}\equiv 1(\bmod m)$$

故

$$a^{d'}\equiv 1(\bmod m)$$

则 $d\mid d'$,即

$$d=d'$$

例 6.1.5　若 $n\mid m$,则 $\delta_n(a)\mid\delta_m(a)$.

证明　因 $n\mid m$,由 $a^{\delta_m(a)}\equiv 1(\bmod m)$,得

$$a^{\delta_m(a)}\equiv 1(\bmod n)$$

故

$$\delta_n(a)\mid\delta_m(a)$$

习　题　6.1

1. 求出以 m 为模每个与 m 互质的数的指数:

(1) $m=5$;　(2) $m=8$;　(3) $m=10$.

2. 求模 14 的全部原根.

3. 设 $2^k\equiv 1(\bmod m)$,其中 k 的最小值为 t,则 $t\mid k$.

4. 若 $n>1$,则 $n\nmid 2^n-1(n\in\mathbf{N})$.

5. 若 $(m,n)=1,(a,mn)=1$,则 $\delta_{mn}(a)=[\delta_m(a),\delta_n(a)]$.

6. 证明:(1) 设 p 是奇素数,则 $m_p=2^p-1$ 的素因数必为 $2pk+1$ 型;

(2) 设 $n\geqslant 0$,则 $F_n=2^{2^n}+1$ 的素因数必为 $2^{n+1}k+1$ 型.

6.2　原根存在的条件

由例6.1.1、例6.1.2可知，模7有两个原根，模11有四个原根. 那么，究竟哪些整数有原根呢？这就是本节我们要回答的问题.

任给一个大于1的模m，原根是不一定存在的. 实际上，只有当m是$2,4,p^\alpha,2p^\alpha$(p是奇素数)四者之一时原根才存在，这是本节要证明的结论.

定理 6.2.1　模m有原根的必要条件是$m=2,4,p^\alpha$或$2p^\alpha$，其中p是奇素数，$p>1$.

证明　若m不具备定理中所述形式，则必是

$$m=2^\alpha(\alpha\geqslant 3) \tag{6.2.1}$$

或

$$m=2^\alpha p_1^{\alpha_1}p_2^{\alpha_2}\cdots p_k^{\alpha_k}\quad(\alpha\geqslant 2,k\geqslant 1) \tag{6.2.2}$$

或

$$m=2^\alpha p_1^{\alpha_1}p_2^{\alpha_2}\cdots p_k^{\alpha_k}\quad(\alpha\geqslant 0,k\geqslant 2) \tag{6.2.3}$$

其中$p_i(1\leqslant i\leqslant k)$是奇素数，$\alpha_i(1\leqslant i\leqslant k)$是正整数.

如果m是形如式(6.2.2)的形式，那么对于任意的a，$(a,m)=1$，有

$$a^{\varphi(2^\alpha)}\equiv 1(\bmod 2^\alpha),\quad a^{\varphi(p_i{}^{\alpha_i})}\equiv 1(\bmod p_i{}^{\alpha_i})\quad(1\leqslant i\leqslant k)$$

记

$$\lambda(m)=[\varphi(2^\alpha),\varphi(p_1{}^{\alpha_1}),\varphi(p_2{}^{\alpha_2}),\cdots,\varphi(p_k{}^{\alpha_k})]$$

则

$$a^{\lambda(m)}\equiv 1(\bmod 2^\alpha),\quad a^{\lambda(m)}\equiv 1(\bmod p_i{}^{\alpha_i})\quad(1\leqslant i\leqslant k)$$

故

$$a^{\lambda(m)}\equiv 1(\bmod m)$$

又

$$\varphi(m)=m\left(1-\frac{1}{2}\right)\left(1-\frac{1}{p_1}\right)\left(1-\frac{1}{p_2}\right)\cdots\left(1-\frac{1}{p_k}\right)$$

而

$$\varphi(2^\alpha)=2^\alpha\left(1-\frac{1}{2}\right),\quad \varphi(p_i{}^{\alpha_i})=p_i{}^{\alpha_i}\left(1-\frac{1}{p_i}\right)$$

易知

$$\lambda(m)<\varphi(m)$$

由$a^{\lambda(m)}\equiv 1(\bmod m)$知，任何与$m$互素的数$a$不是模$m$的原根.

同理可证，若m是形如式(6.2.1)或式(6.2.3)的数，模m也没有原根.

引理 6.2.1　设m是正整数，对于任意的整数a,b，一定存在整数c，使得$\delta_m(c)=[\delta_m(a),\delta_m(b)]$.

证明　由1.2节习题10知，下列结论成立：设a,b是正整数，存在a_1,a_2,b_1,b_2使得

$$a=a_1a_2,b=b_1b_2,(a_2,b_2)=1$$

并且

$$[a,b]=a_2b_2$$

从而，存在正整数$\lambda_1,\lambda_2,\mu_1,\mu_2$，使得

$$\delta_m(a)=\lambda_1\lambda_2,\quad \delta_m(b)=\mu_1\mu_2,\quad (\lambda_2,\mu_2)=1,\quad [\delta_m(a),\delta_m(b)]=\lambda_2\mu_2$$

又由定理6.1.5，得

$$\delta_m(a^{\lambda_1})=\frac{\delta_m(a)}{(\delta_m(a),\lambda_1)}=\frac{\lambda_1\lambda_2}{\lambda_1}=\lambda_2$$

$$\delta_m(b^{\mu_1})=\frac{\delta_m(b)}{(\delta_m(b),\mu_1)}=\frac{\mu_1\mu_2}{\mu_1}=\mu_2$$

由定理 6.1.7,得

$$(\lambda_2, \mu_2) = 1$$

即 $$(\delta_m(a^{\lambda_1}), \delta_m(b^{\mu_1})) = 1$$

故 $$\delta_m(a^{\lambda_1} b^{\mu_1}) = \delta_m(a^{\lambda_1})\delta_m(b^{\mu_1}) = \lambda_2\mu_2 = [\delta_m(a), \delta_m(b)]$$

因此取 $c = a^{\lambda_1} b^{\mu_1}$ 即为要证结论.

定理 6.2.2　若 p 是素数,则 p 有原根.

证明　由引理 6.2.1 及归纳法知,存在整数 g,$(g,p) = 1$,使得

$$\delta = \delta_p(g) = [\delta_p(1), \delta_p(2), \cdots, \delta_p(p-1)]$$

显然 $$\delta \mid p-1, \quad \delta_p(j) \mid \delta \quad (1 \leqslant j \leqslant p-1)$$

因 $$1^{\delta_p(1)} \equiv 1(\bmod p), 2^{\delta_p(2)} \equiv 1(\bmod p), \cdots, (p-1)^{\delta_p(p-1)} \equiv 1(\bmod p)$$

又 $$\delta_p(j) \mid \delta \quad (1 \leqslant j \leqslant p-1)$$

故 $$1^{\delta} \equiv 1(\bmod p), 2^{\delta} \equiv 1(\bmod p), \cdots, (p-1)^{\delta} \equiv 1(\bmod p)$$

因此同余方程 $x^{\delta} \equiv 1(\bmod p)$ 有解 $x \equiv i, 1 \leqslant i \leqslant p-1$. 易知同余方程有 $p-1$ 个解,由定理 4.4.3 知,必有

$$p-1 \leqslant \delta$$

又 $\delta \mid p-1$,故

$$\delta = p-1$$

因此 g 是模 p 的原根,得证.

定理 6.2.3　设 p 是奇素数,α 是正整数,则模 p^{α} 有原根.

证明　不妨设 $\alpha > 1$,g 是模 p 的原根,则

$$(g,p) = 1$$

即 $$g^{p-1} \equiv 1(\bmod p)$$

所以存在整数 x_0,使得

$$g^{p-1} = 1 + px_0$$

对于任意整数 t,有

$$\begin{aligned}(g+pt)^{p-1} &= g^{p-1} + p(p-1)tg^{p-2} + \cdots \\ &= 1 + p(x_0 - g^{p-2}t) + p^2 Q\end{aligned}$$

其中 $Q \in \mathbf{Z}$,故

$$(g+pt)^{p-1} \equiv 1 + p(x_0 - g^{p-2}t)(\bmod p^2)$$

因为$(g^{p-2}, p) = 1$,则同余式 $g^{p-2}t - x_0 \equiv 0(\bmod p)$ 只有一解,因此存在整数 t_0 使得

$$g^{p-2}t_0 - x_0 \not\equiv 0(\bmod p)$$

例如,当 $p \nmid x_0$ 时,取 $t_0 = 0$;当 $p \mid x_0$ 时,取 $t_0 = 1$. 则必有

$$p \nmid x_0 - g^{p-2}t_0$$

记 $y_0 = x_0 - g^{p-2}t_0$,则

$$(g+pt_0)^{p-1} = 1 + py_0 \not\equiv 1(\bmod p^2)$$

故 $$(g+pt_0)^{p(p-1)} = (1+py_0)^p = 1 + p^2 y_1$$

其中 $$y_1 = y_0 + C_p^2 y_0^2 + \cdots + p^{p-2} y_0^p \equiv y_0(\bmod p)$$

故 $p \nmid y_1$. 因此,类似地

$$(g+pt_0)^{p^2(p-1)}=(1+p^2y_1)^p=1+p^3y_2$$
$$(g+pt_0)^{p^3(p-1)}=(1+p^3y_2)^p=1+p^4y_3 \tag{6.2.4}$$
……
$$(g+pt_0)^{p^{\alpha-1}(p-1)}=(1+p^{\alpha-1}y_{\alpha-2})^p=1+p^{\alpha}y_{\alpha-1}$$

其中
$$y_{\alpha-1}\equiv y_{\alpha-2}\equiv\cdots\equiv y_0 \pmod p$$
故 $p \nmid y_i(0\leqslant i\leqslant \alpha-1)$.

由于 g 是模 p 的原根,则 $g+pt_0$ 也是模 p 的原根(二项式展开即可). 设 $g+pt_0$ 对模 p^{α} 的指数为 δ,则

$$(g+pt_0)^{\delta}\equiv 1 \pmod{p^{\alpha}}$$

故
$$(g+pt_0)^{\delta}\equiv 1 \pmod p$$
则
$$p-1\mid \delta(\text{因为 } g+pt_0 \text{ 也是模 } p \text{ 的原根})$$
又 $g+pt_0$ 对模 p^{α} 的指数为 δ,则有
$$\delta\mid\varphi(p^{\alpha})=p^{\alpha-1}(p-1)$$
故
$$\delta=p^{r-1}(p-1)\ (1\leqslant r\leqslant\alpha)$$
即
$$(g+pt_0)^{p^{r-1}(p-1)}\equiv 1 \pmod{p^{\alpha}}$$
又由上述已推结论式(6.2.4),有
$$(g+pt_0)^{p^{r-1}(p-1)}=1+p^ry_{r-1}$$
则 $1+p^ry_{r-1}\equiv 1 \pmod{p^{\alpha}}$

故
$$p^ry_{r-1}\equiv 0 \pmod{p^{\alpha}}$$
当 $0\leqslant i\leqslant\alpha-1$ 时,$p\nmid y_i$,又 $1\leqslant r\leqslant\alpha$,故
$$p^r\equiv 0 \pmod{p^{\alpha}}$$
则
$$r\geqslant\alpha$$
又 $1\leqslant r\leqslant\alpha$,故
$$r=\alpha$$
即是说 $(g+pt_0)^{p^{\alpha-1}(p-1)}\equiv 1 \pmod{p^{\alpha}}$ 成立,故 $g+pt_0$ 是模 p^{α} 的原根.

定理 6.2.4　设 p 是奇素数,$\alpha\geqslant 1$,则模 $2p^{\alpha}$ 有原根.

证明　设 g 是模 p^{α} 的原根,则 $g+p^{\alpha}$ 也是模 p^{α} 的原根(二项式展开即可). 以 g_1 表示 g 与 $g+p^{\alpha}$ 中的奇数,则

$$g_1^{\varphi(p^{\alpha})}\equiv 1 \pmod{p^{\alpha}}$$

因 $(2,p)=1,\varphi(p^{\alpha})=\varphi(2p^{\alpha})$

故
$$g_1^{\varphi(2p^{\alpha})}\equiv 1 \pmod{p^{\alpha}}$$
显然
$$g_1^{\varphi(2p^{\alpha})}\equiv 1 \pmod 2$$
结合 $g_1^{\varphi(2p^{\alpha})}\equiv 1 \pmod{p^{\alpha}}$,故
$$g_1^{\varphi(2p^{\alpha})}\equiv 1 \pmod{2p^{\alpha}}$$

下面说明不存在 $r<\varphi(2p^\alpha)$,使得 $g_1^r\equiv 1(\bmod 2p^\alpha)$ 成立. 否则,由上式得到 $g_1^r\equiv 1(\bmod p^\alpha)$,从而 g_1 不是模 p^α 的原根矛盾. 故

$$\delta_{2p^\alpha}(g_1)=\varphi(2p^\alpha)$$

即 g_1 是模 $2p^\alpha$ 的原根.

注意:由以上定理及其证明过程可以得到下列结论.

(1) 若 p 是奇素数,g 是模 p 的原根,且有 $g^{p-1}=1+rp$,$p\nmid r$,则 g 是所有模 $p^\alpha(\alpha\geqslant 1)$ 的原根.

(2) 若 g 是奇素数模 p 的一个原根,则 g 或 $g+p$ 是模 p^2 的一个原根.

(3) 若 p 是奇素数,g 是模 p^2 的一个原根,那么对于任意正整数 α,g 也是模 p^α 的一个原根.

(4) 若 p 是奇素数,g 是模 $p^\alpha(\alpha\geqslant 1)$ 的一个原根,则 g 与 $g+p^\alpha$ 中的奇数是模 $2p^\alpha$ 的一个原根.

由于模 2 和 4,它们的原根分别为 1 和 3,结合上述定理,我们可以得到定理 6.2.5.

定理 6.2.5 设 p 是奇素数,$m=2,4,p^\alpha,2p^\alpha$,则模 m 有原根.

定理 6.2.6 设 $m>1$,$\varphi(m)$ 的所有不同的质因数是 $p_1,p_2,\cdots,p_k$,$(g,m)=1$,则 g 是模 m 的原根的充要条件是

$$g^{\frac{\varphi(m)}{p_i}}\not\equiv 1(\bmod m)\quad(1\leqslant i\leqslant k)$$

证明 (必要性) 由原根定义,结论显然成立.

(充分性) 若 $g^{\frac{\varphi(m)}{p_i}}\not\equiv 1(\bmod m)$ $(1\leqslant i\leqslant k)$ 成立,记 $\delta=\delta_m(g)$,则 $\delta\mid\varphi(m)$. 若 $\delta<\varphi(m)$,则 $\frac{\varphi(m)}{\delta}>1$,则必有某个 p_i,$1\leqslant i\leqslant k$,使得 $p_i\mid\frac{\varphi(m)}{\delta}$. 则 $\delta\mid\frac{\varphi(m)}{p_i}$,故 $g^{\frac{\varphi(m)}{p_i}}\equiv 1(\bmod p)$ 与已知矛盾. 即 g 是模 m 的原根.

例 6.2.1 求模 29 的最小正原根.

解 因

$$\varphi(29)=28=2^2\cdot 7$$

又

$$2^{\frac{\varphi(29)}{2}}=2^{14}\not\equiv 1(\bmod 29)$$

$$2^{\frac{\varphi(29)}{7}}=2^{4}\not\equiv 1(\bmod 29)$$

故 2 是模 29 的最小正原根.

例 6.2.2 分别求模29^3 和模 $2\cdot 29^3$ 的原根.

解 因为 2 是 29 的原根,又

$$2^{29-1}=2^{28}\equiv 1(\bmod 29^2)$$

所以 2 是模29^3 的原根. 又由 2 是模29^3 的原根及 2 是偶数知,$2+29^3$ 是模 $2\cdot 29^3$ 的原根.

例 6.2.3 求模 $p=23$ 的原根.

解 由于 a 对模 p 的指数必是 $p-1$ 的因数,且

$$p-1=22=2\cdot 11$$

若 $a=2$,计算知

$$2^2\equiv 4(\bmod 23),2^{11}\equiv 1(\bmod 23)$$

则
$$\delta_{23}(2)=11$$
故 2 不是模 23 的原根.

若 $a=3$,计算知
$$3^2\equiv 9(\bmod 23),3^{11}\equiv 1(\bmod 23)$$
则
$$\delta_{23}(3)=11$$
故 3 不是模 23 的原根.

若 $a=4$,计算知
$$4^2\equiv -7(\bmod 23),4^{11}\equiv 1(\bmod 23)$$
则
$$\delta_{23}(4)=11$$
故 4 不是模 23 的原根.

若 $a=5$,计算知
$$5^2\equiv 2(\bmod 23),5^{11}\equiv -1(\bmod 23),5^{22}\equiv 1(\bmod 23)$$
则
$$\delta_{23}(5)=22$$
所以 5 是模 23 的原根,且是最小正原根.

注意:为了进一步求出模 p^α,$2p^\alpha$ 的原根,只要求出 g^{p-1} 对模 p^2 的剩余,这里 $23^2=529$.

因
$$5^2\equiv 25(\bmod 529)$$
$$5^8=(23+2)^4\equiv 4\cdot 23\cdot 2^3+2^4\equiv 10\cdot 23-7(\bmod 529)$$
$$5^{10}\equiv(10\cdot 23-7)(23+2)\equiv 12\cdot 23+9(\bmod 529)$$
$$5^{20}\equiv(12\cdot 23+9)^2\equiv 13\cdot 23-11(\bmod 529)$$
$$5^{22}\equiv(13\cdot 23-11)(23+2)\equiv 1+14\cdot 23(\bmod 529)$$
故 $23\nmid 14$,以及 5 是奇数,即 5 是所有模23^α,$2\cdot 23^\alpha$ 的原根.

例 6.2.4　求模 41 的原根.

解　因
$$41-1=40=2^3\cdot 5$$
当 $a=2$ 时,且
$$2^{20}\equiv 1(\bmod 41)$$
故 2 不是模 41 的原根.

当 $a=3$ 时,且
$$3^8\equiv 1(\bmod 41)$$
故 3 不是模 41 的原根.

由于
$$[\delta_{41}(2),\delta_{41}(3)]=[20,8]=40$$
所以我们不用依次计算 4,5,…40,即
$$\delta_{41}(2)=20=2^2\cdot 5,\quad \delta_{41}(3)=8=2^3$$
利用引理 6.2.1,有
$$\lambda_2=5,\quad \lambda_1=2^2,\quad \mu_2=2^3,\quad \mu_1=1$$
故 $c=a^{\lambda_1}b^{\mu_1}=2^4\cdot 3^1=48\equiv 7(\bmod 41)$

所以 7 是模 41 的原根.

再研究41^α,$2\cdot 41^\alpha$ 的原根,即计算 7^{40} 对模$41^2=1\,681$ 的剩余.

$$7^2=41+8(\bmod 16\,81)$$
$$7^4=(^41+8)2\equiv 18(41-1)(\bmod 1\,681)$$
$$7^5=3(41+1)(41-1)\equiv -3(\bmod 1\,681)$$
$$7^{10}\equiv 9(\bmod 1\,681)$$
$$7^{20}\equiv 81(\bmod 1\,681)$$
$$7^{40}\equiv(2\cdot 41-1)^2\equiv 1+(-4)\cdot 41(\bmod 1\,681)$$

因 $41\nmid -4$,7 是奇数,故 7 是所有的模41^α,$2\cdot 41^\alpha$ 的原根.

例 6.2.5 证明:10 是模 487 的原根,但不是模487^2 的原根.

证明
$$487-1=486=3^5\cdot 2$$
只需计算
$$10^{243}\not\equiv 1(\bmod 487),\quad 10^{162}\not\equiv 1(\bmod 487)$$
直接验算知
$$10^3\equiv 26(\bmod 487),\quad 10^9\equiv 44(\bmod 487)$$
$$10^{27}\equiv -41(\bmod 487),\quad 10^{81}\equiv 233(\bmod 487)$$
$$10^{243}\equiv -1(\bmod 487),\quad 10^{162}\equiv 232(\bmod 487)$$
所以,10 是模 487 的原根.

再证$10^{486}\equiv 1(487^2)$,则 10 不是模487^2 的原根.因 $10^{486}=100^3\cdot 100^{240}$,且
$$100^3\equiv 51\,324(487^2),100^{240}\equiv 134\,966(487^2)$$
故
$$10^{486}=100^3\cdot 100^{240}\equiv 1(487^2)$$
再证明 $10+487=497$ 是模487^2 的原根.因
$$\varphi(487^2)=487\cdot 486$$
只需要计算
$$497^{162\cdot 487}\not\equiv 1(\bmod 487^2)$$
$$497^{243\cdot 487}\not\equiv 1(\bmod 487^2)$$
$$497^{486}\not\equiv 1(\bmod 487^2)$$
直接验算知
$$497^{162\cdot 487}\equiv 78\,152(\bmod 487^2)$$
$$497^{243\cdot 487}\equiv -1(\bmod 487^2)$$
$$497^{486}\equiv 71\,103(\bmod 487^2)$$
易知
$$497^{487\cdot 486}\equiv 1(\bmod 487^2)$$
所以,497 是模487^2 的原根.

习　题　6.2

1. 用不同于例 6.2.4 的方法,求出模 41 的一个原根.
2. 求出 101 的一个原根.

3. 求模101^4的一个原根.

4. 求模 43 的原根.

6.3　指标及 n 次剩余

本节研究下列同余式

$$x^n \equiv a(\bmod m),\quad (a,m)=1$$

有解的条件及解数. 本节中 $m = p^\alpha$ 或 $2p^\alpha$, $c = \varphi(m)$, g 是模 m 的一个原根.

定理 6.3.1　若 r 通过模 c 的最小非负完全剩余系, 则 g^r 通过模 m 的一个简化剩余系.

证明　g 是模 m 的一个原根, 由定理 6.1.3 知, $g^0, g^1, \cdots, g^{c-1}$ 对模 m 两两不同余, 又

$$(g,m)=1$$

故

$$(g^r,m)=1\quad (r=0,1,\cdots,c-1)$$

因此 $g^0, g^1, \cdots, g^{c-1}$ 是模 m 的一个简化剩余系.

定理 6.3.1 告诉我们, 原根 g 的优美性体现在: 模 m 的简化系中的任何整数都以 g 的次幂出现.

定义 6.3.1　设 a 是一整数, $(a,m)=1$, 若对模 m 的一个原根 g, 有一整数 r 存在使得下式

$$a \equiv g^r(\bmod m)\ (r \geqslant 0)$$

成立, 则 r 叫作以 g 为底的 a 对模 m 的一个指标.

如果 r 是以 g 为底的 a 对模 m 的指标, 则记作 $r = \mathrm{ind}_g a$, 在不引起混淆时简记作 $\mathrm{ind}a$.

注意: (1) 若 $(a,m)=1$, 则在模 m 的简化剩余系 $g^0, g^1, \cdots, g^{c-1}$ 中一定存在 $g^r \equiv a(\bmod m)$. 这说明, 若 $(a,m)=1$, 则对于模 m 的任一原根 g 来说, a 的指标是存在的.

(2) 若 $(a,m)\neq 1$, 则对于模 m 的任一原根 g 来说, a 的指标是不存在的. 这说明 a 的指标与模有关.

(3) 由指标定义, 易知 $g^{\mathrm{ind}_g a} \equiv a(\bmod m)$.

(4) 若 a 和 b 都是与 m 互素的整数, 且满足 $a \equiv b(\bmod m)$, 则有 $\mathrm{ind}_g a = \mathrm{ind}_g b$.

例如, 设 $m=7$, 已知 3 是模 7 的一个原根, 且有

$$3^0 \equiv 1(\bmod 7),\quad 3^1 \equiv 3(\bmod 7),\quad 3^2 \equiv 2(\bmod 7)$$
$$3^3 \equiv 6(\bmod 7),\quad 3^4 \equiv 4(\bmod 7),\quad 3^5 \equiv 5(\bmod 7)$$

因此, 对模 7 有

$$\mathrm{ind}_3 1 = 0,\quad \mathrm{ind}_3 2 = 2,\quad \mathrm{ind}_3 3 = 1$$
$$\mathrm{ind}_3 4 = 4,\quad \mathrm{ind}_3 5 = 5,\quad \mathrm{ind}_3 6 = 3$$

对模 7 的另一个原根. 就可以得到一组不同的指标. 例如, 经计算原根为 5 的一组指标为

$$\mathrm{ind}_5 1 = 0,\quad \mathrm{ind}_5 2 = 4,\quad \mathrm{ind}_5 3 = 5$$
$$\mathrm{ind}_5 4 = 2,\quad \mathrm{ind}_5 5 = 1,\quad \mathrm{ind}_5 6 = 3$$

定理 6.3.2　若 a 是一个与 m 互质的整数，g 是模 m 的一个原根，则对模 m 来说，a 有一个以 g 为底的指标 r' $(0 \leqslant r' < c)$，并且以 g 为底的 a 对模 m 的一切指标是满足下列条件的一切整数：

$$r \equiv r' (\bmod c) \quad (r \geqslant 0)$$

证明　因 $(a,m) = 1$，由定理 6.3.1，有一整数 r' $(0 \leqslant r' < c)$ 存在，使得

$$a \equiv g^{r'} (\bmod m)$$

若

$$g^{r} \equiv a (\bmod m)$$

则

$$g^{r} \equiv g^{r'} (\bmod m)$$

因 g 是模 m 的一个原根，故 g 对模 m 的指数是 c. 由定理 6.1.4 得

$$r \equiv r' (\bmod c)$$

即 a 的任一指标都是满足定理条件的整数. 反之，若

$$r \equiv r' (\bmod c) \quad (r \geqslant 0)$$

同样由定理 6.1.4 得

$$g^{r} \equiv g^{r'} \equiv a (\bmod m)$$

即满足定理条件的整数 r 都是 a 的指标.

例如，3 是 5 的原根，即 $3^4 \equiv 1(\bmod 5)$，对于与 5 互素的整数 2 来说，易知，$2 \equiv 3^3(\bmod 5)$，$2 \equiv 3^7(\bmod 5)$，$2 \equiv 3^{11}(\bmod 5)$，$\cdots$. 即 2 的指标有 3,7,11,…，但 3 最小.

注意：指标的概念不仅与对数的概念相类似，而且还具有相似的性质.

性质 6.3.1　(1) $\mathrm{ind}_g g = 1$；(2)$\mathrm{ind}_g 1 = 0$；(3)$\mathrm{ind}_g(-1) = \dfrac{\varphi(m)}{2}$.

证明　由原根和指标的定义，上述性质显然成立.

定理 6.3.3　设 g 是模 m 的一个原根，r 是一个非负整数，则以 g 为底，对模 m 有同一指标 r 的一切整数是模 m 的一个与模 m 互质的剩余类.

证明　显然

$$\mathrm{ind}_g g^{r} = r$$

且

$$(g^{r}, m) = 1$$

由定义知，$\mathrm{ind}_g a = r$ 的充要条件是

$$a \equiv g^{r} (\bmod m)$$

故以 g 为底，对模 m 有同一指标 r 的一切整数就是 g^{r} 所在与模 m 互质的剩余类.

定理 6.3.3 表明，对于给定的 r，g^{r} 能表示的数对模 m 来说是同余的. 例如，3 是模 5 的原根，$2 \equiv 3^3(\bmod 5)$，$7 \equiv 3^3(\bmod 5)$，$12 \equiv 3^3(\bmod 5)$，$\cdots$. 显然，2,7,12,… 是与模 5 互素的一个剩余类.

定理 6.3.4　(指标法则) 若 $a_1, a_2, \cdots, a_n$ 是与 m 互质的 n 个整数，则

(1) (乘积法则)$\mathrm{ind}(a_1 a_2 \cdots a_n) = \mathrm{ind}a_1 + \mathrm{ind}a_2 + \cdots + \mathrm{ind}a_n (\bmod c)$；

(2) (幂法则)$\mathrm{ind}a^{n} = n\,\mathrm{ind}a (\bmod c)$.

证明　由指标的定义，有

$$a_i \equiv g^{\mathrm{ind}a_i} (\bmod m) \quad (i = 1,2,\cdots,n)$$

故

$$a_1 a_2 \cdots a_n \equiv g^{\mathrm{ind}a_1 + \mathrm{ind}a_2 + \cdots + \mathrm{ind}a_n} (\bmod m)$$

由于 $a_1,a_2,\cdots,a_n$ 是与 m 互质的 n 个整数，则 $a_1a_2\cdots a_n$ 也是与 m 互质的一个整数.由指标的定义知，有一整数 r 存在使得 $a_1a_2\cdots a_n \equiv g^r(\bmod m)$ 成立，即

$$r = \operatorname{ind}(a_1a_2\cdots a_n)$$

从而

$$g^{\operatorname{ind}(a_1a_2\cdots a_n)} \equiv g^{\operatorname{ind}a_1+\operatorname{ind}a_2+\cdots+\operatorname{ind}a_n}(\bmod m)$$

由定理 6.3.2，得

$$\operatorname{ind}(a_1a_2\cdots a_n) \equiv \operatorname{ind}a_1 + \operatorname{ind}a_2 + \cdots + \operatorname{ind}a_n(\bmod c)$$

令 $a_1 = a_2 = \cdots = a_n$，则

$$\operatorname{ind}a^n \equiv n\operatorname{ind}a(\bmod c)$$

下面简要说明如何使用指标法则与指标表来简化计算和解同余式.为此，表 6.3.1 给出了素数 $p = 37$，底为 $g = 2$ 的指标表.

表 6.3.1　以 2 为底的模 37 的指标表

a	1	2	3	4	5	6	7	8	9	10	11	12	13	14	15	16	17	18
ind$a$	36	1	26	2	23	27	32	3	16	24	30	28	11	33	13	4	7	17
a	19	20	21	22	23	24	25	26	27	28	29	30	31	32	33	34	35	36
ind$a$	35	25	22	31	15	29	10	12	6	34	21	14	9	5	20	8	19	18

例 6.3.1　计算 $23 \times 17(\bmod 37)$.

解　如果要计算 $23 \times 17(\bmod 37)$，以前我们需要把 23 与 17 相乘，然后再把所得乘积除以 37，就可以计算 $23 \times 17(\bmod 37)$.现在，我们用指标法则进行计算，显然

$$\operatorname{ind}(23 \times 19) \equiv \operatorname{ind}23 + \operatorname{ind}19 \equiv 15 + 35 \equiv 50 \equiv 14(\bmod 36)$$

注意计算模 $p-1$，此时为模 36.观察表求得

$$\operatorname{ind}30 = 14$$

从而

$$23 \times 17 \equiv 30(\bmod 37)$$

下面，我们再用上述方法来计算另一个较难的例子.

例 6.3.2　求$29^{14}(\bmod 37)$.

解

$$\operatorname{ind}29^{14} \equiv 14\operatorname{ind}29 \equiv 14 \cdot 21 \equiv 294 \equiv 6(\bmod 36)$$

查表(6.3.1)得

$$\operatorname{ind}27 = 6$$

从而

$$29^{14} \equiv 27(\bmod 37)$$

指标不仅对直接计算有用，而且是解同余方程的有效工具.

例 6.3.3　解同余方程 $19x \equiv 23(\bmod 37)$.

解　如果 x 是同余方程的解，则 $19x$ 的指标等于 23 的指标.即

$$\operatorname{ind}(19x) = \operatorname{ind}23$$

则

$$\operatorname{ind}19 + \operatorname{ind}x \equiv \operatorname{ind}23(\bmod 36)$$

查表 6.3.1，得

$$35 + \operatorname{ind}x \equiv 15(\bmod 36)$$

则

$$\operatorname{ind}x \equiv -20 \equiv 16(\bmod 36)$$

查表 6.3.1，得

$$x \equiv 9(\bmod 37)$$

例 6.3.4　解同余方程 $3x^{30} \equiv 4(\bmod 37)$.

解 $$\text{ind}(3x^{30}) \equiv \text{ind}4 \pmod{36}$$

即 $$\text{ind}3 + 30\text{ind}x \equiv \text{ind}4 \pmod{36}$$

查表 6.3.1,得 $$26 + 30\text{ind}x \equiv 2 \pmod{36}$$

则 $$30\text{ind}x \equiv -24 \equiv 12 \pmod{36}$$

注意,同余式两边不要同除以 6 得到,$5\text{ind}x \equiv 2 \pmod{36}$,否则方程会丢失一些解.根据定理 4.1.1 可知,同余方程 $30\text{ind}x \equiv 12 \pmod{36}$ 有 6 个解,易知其解为

$$\text{ind}x \equiv 4,10,16,22,28,34 \pmod{36}$$

查表 6.3.1,得 $$x \equiv 16,25,9,21,12,28 \pmod{37}$$

为了更方便地利用指标知识解决同余等问题,下面我们给出一些相关定义和定理.

定义 6.3.2 设 m 是任一整数,若同余式

$$x^n \equiv a \pmod{m}, \quad (a,m) = 1 \tag{6.3.1}$$

有解,则称 a 是模 m 的一个 n 次剩余.若同余式(6.3.1)无解,则称 a 是模 m 的一个 n 次非剩余.

定理 6.3.5 若 $(n,c) = d$,$(a,m) = 1$,则

(1) 同余式 $x^n \equiv a \pmod{m}$ 有解的充要条件是 $d \mid \text{ind}a$,并且在有解的情况下,解数为 d;

(2) 在模 m 的一个简化剩余系中,n 次剩余的个数是 $\frac{c}{d}$.

证明 先证明同余式 $x^n \equiv a \pmod{m}$ 与同余式 $n \cdot \text{ind}x \equiv \text{ind}a \pmod{c}$ 等价.

若 $x^n \equiv a \pmod{m}$ 有解,设为

$$x \equiv x_0 \pmod{m}$$

则 $$x_0^n \equiv a \pmod{m}$$

故 $$n \cdot \text{ind}x_0 \equiv \text{ind}x_0^n \equiv \text{ind}a \pmod{c}$$

反之,若有 x_0 适合 $n \cdot \text{ind}x \equiv \text{ind}a \pmod{c}$,即

$$x_0^n \equiv a \pmod{m}$$

则 $x \equiv x_0 \pmod{m}$ 是 $x^n \equiv a \pmod{m}$ 的解.

(1) 令 $\text{ind}x = y$,解同余方程 $n \cdot \text{ind}x \equiv \text{ind}a \pmod{c}$,即解同余方程

$$ny \equiv \text{ind}a \pmod{c}$$

由定理 4.1.1 知,同余方程 $ny \equiv \text{ind}a \pmod{c}$ 有解的充要条件是

$$(n,c) = d \mid \text{ind}a$$

并且有 d 个解.

(2) 由(1)知,模 m 的 n 次剩余的个数是序列 $0,1,2,\cdots,c-1$ 中 d 的倍数的个数,故 n 次剩余的个数是 $\frac{c}{d}$.

推论 6.3.1 a 是模 m 的 n 次剩余的充要条件是 $a^{\frac{c}{d}} \equiv 1 \pmod{m}$,$d = (n,c)$.

证明 由定理 6.3.5 知,a 是模 m 的 n 次剩余的充要条件是 $d \mid \text{ind}a$,即

$$\text{ind}a \equiv 0 \pmod{d}$$

则 $$\frac{c}{d}\text{ind}a \equiv 0 \pmod{c}$$

故
$$\text{ind}a^{\frac{c}{d}} \equiv 0 \pmod{c}$$
即
$$a^{\frac{c}{d}} \equiv 1 \pmod{m}$$

例 6.3.5　以 6 为底构造模 41 的指标表.

解　因为

$6^1 \equiv 6$,　$6^2 \equiv 36$,　$6^3 \equiv 11$,　$6^4 \equiv 25$,　$6^5 \equiv 27$,　$6^6 \equiv 39$,　$6^7 \equiv 29$

$6^8 \equiv 10$,　$6^9 \equiv 19$,　$6^{10} \equiv 32$,　$6^{11} \equiv 28$,　$6^{12} \equiv 4$,　$6^{13} \equiv 24$,　$6^{14} \equiv 21$

$6^{15} \equiv 3$,　$6^{16} \equiv 18$,　$6^{17} \equiv 26$,　$6^{18} \equiv 33$,　$6^{19} \equiv 34$,　$6^{20} \equiv 40$,　$6^{21} \equiv 35$

$6^{22} \equiv 5$,　$6^{23} \equiv 30$,　$6^{24} \equiv 16$,　$6^{25} \equiv 14$,　$6^{26} \equiv 2$,　$6^{27} \equiv 12$,　$6^{28} \equiv 31$

$6^{29} \equiv 22$,　$6^{30} \equiv 9$,　$6^{31} \equiv 13$,　$6^{32} \equiv 37$,　$6^{33} \equiv 17$,　$6^{34} \equiv 20$,　$6^{35} \equiv 38$

$6^{36} \equiv 23$,　$6^{37} \equiv 15$,　$6^{38} \equiv 8$,　$6^{39} \equiv 7$,　$6^{40} \equiv 1 \pmod{41}$

所以建表如表 6.3.2 所示.

表 6.3.2　以 6 为底的模 41 的指标表

a	1	2	3	4	5	6	7	8	9	10	11	12	13	14	15	16	17	18	19	20
ind$a$	40	26	15	12	22	1	39	38	30	8	3	27	31	25	37	24	33	16	9	34
a	21	22	23	24	25	26	27	28	29	30	31	32	33	34	35	36	37	38	39	40
ind$a$	14	29	36	13	4	17	5	11	7	23	28	10	18	19	21	2	32	35	6	20

例 6.3.6　解同余方程 $x^8 \equiv 23 \pmod{41}$.

解　即解
$$8\text{ind}x \equiv \text{ind}23 \pmod{40}$$
而
$$\text{ind}23 = 36$$
即解同余方程
$$8\text{ind}x \equiv 36 \pmod{40}$$
又 $d = (8,40) = 8 \nmid 36$,故同余方程无解.

习　题　6.3

1. 解同余方程 $x^{12} \equiv 37 \pmod{41}$.
2. 求满足同余式 $x^4 \equiv a \pmod{41}$ 的 a 值.
3. 解同余方程 $6x^{12} \equiv 11 \pmod{17}$.
4. 解同余方程 $7^x \equiv 6 \pmod{17}$.

第 7 章　连　分　数

7.1　连分数及其基本性质

如果不用平方根表，也不用计算器，你可以求出 $\sqrt{11}$ 的近似值吗？下面我们介绍一种求 $\sqrt{11}$ 的近似值的方法.

因
$$3<\sqrt{11}<4$$

且
$$\sqrt{11}=3+(\sqrt{11}-3)=3+\frac{2}{\sqrt{11}+3}=3+\cfrac{1}{\cfrac{\sqrt{11}+3}{2}}$$

$$=3+\cfrac{1}{3+\cfrac{\sqrt{11}-3}{2}}=3+\cfrac{1}{3+\cfrac{1}{\sqrt{11}+3}}$$

$$=3+\cfrac{1}{3+\cfrac{1}{6+(\sqrt{11}-3)}}$$

把上述过程继续下去，可得

$$\sqrt{11}=3+\cfrac{1}{3+\cfrac{1}{6+\cfrac{1}{3+\cfrac{\sqrt{11}-3}{2}}}}$$

$$=3+\cfrac{1}{3+\cfrac{1}{6+\cfrac{1}{3+\cfrac{1}{6+(\sqrt{11}-3)}}}}$$

$$=3+\cfrac{1}{3+\cfrac{1}{6+\cfrac{1}{3+\cfrac{1}{6+\cfrac{1}{3+\cfrac{\sqrt{11}-3}{2}}}}}}$$

$$= 3 + \cfrac{1}{3 + \cfrac{1}{6 + \cfrac{1}{3 + \cfrac{1}{6 + \cfrac{1}{3 + \cfrac{1}{6 + (\sqrt{11} - 3)}}}}}}$$

$$= \cdots\cdots$$

如果我们把上述表示 $\sqrt{11}$ 的式子中的无理数 $\sqrt{11}-3,\frac{\sqrt{11}-3}{2},\cdots$ 依次去掉，用所得到的数作为 $\sqrt{11}$ 的近似值，则这些近似值分别是：$3,\frac{10}{3},\frac{63}{19},\frac{199}{60},\frac{1\ 257}{379},\frac{3\ 970}{1\ 197},\frac{25\ 077}{7\ 561}$. 写成小数形式即是 3，3. 333 333 33，3. 315 789 47，3. 166 666 6，3. 316 622 69，3. 316 624 89，3. 316 624 78. 而 $\sqrt{11}\approx 3.316\ 624\ 79\cdots$，显然这些近似值依次一个比一个更精确.

上述例子表明，可以用构造一些特殊形式的“分数”作为无理数的近似值，我们把这种“分数”叫作“连分数”，这也就是本节要讨论的问题.

定义 7.1.1　设 $a_1,a_2,\cdots,a_n$ 是一个实数列，$a_i>0,i\geqslant 2$. 对给定的 $n\geqslant 1$，我们把形如

$$a_1 + \cfrac{1}{a_2 + \cfrac{1}{a_3 + \cfrac{}{\ddots + \cfrac{1}{a_{n-1} + \cfrac{1}{a_n}}}}}$$

的表达式称为(n 阶) 有限连分数. 如果 $a_1,a_2,\cdots,a_n$ 都是整数，那么就称连分数是(n 阶) 有限简单连分数.

为书写方便，我们把有限连分数简记为

$$\langle a_1,a_2,\cdots,a_n\rangle = a_1 + \frac{1}{a_2+}\frac{1}{a_3+}\cdots\frac{1}{a_n}$$

定义 7.1.2　设 $a_1,a_2,\cdots$ 是一个无穷实数列，$a_i>0,i\geqslant 2$. 记

$$\frac{p_k}{q_k} = \langle a_1,a_2,\cdots,a_k\rangle$$

若 $\frac{p_k}{q_k}$ 有意义，且 $\lim\limits_{n\to\infty}\frac{p_k}{q_k}=A\neq\infty$，则称 $\langle a_1,a_2,\cdots,a_n,\cdots\rangle$ 是无限连分数，并称 $\langle a_1,a_2,\cdots,a_n,\cdots\rangle$ 等于 A. 也称它是 A 的连分数，或者称它表示 A，记作

$$A = \langle a_1,a_2,\cdots,a_n,\cdots\rangle = a_1 + \frac{1}{a_2+}\frac{1}{a_3+}\cdots\frac{1}{a_n+}\cdots$$

$\frac{p_k}{q_k}$ 称为连分数 $\langle a_1,a_2,\cdots,a_n,\cdots\rangle$ 的第 k 个渐近分数.

注意：在本章中，除非有特别声明，在谈到连分数时，都是指简单连分数.

下面我们建立 p_k 与 q_k 的递推公式.

定理 7.1.1　下列递推关系成立：

(1) $p_1=a_1,p_2=a_1a_2+1,p_k=a_kp_{k-1}+p_{k-2}\ (k\geqslant 3)$；

(2) $q_1=1, q_2=a_2, q_k=a_kq_{k-1}+q_{k-2}\ (k\geqslant 3)$.

证明　当 $k=3$ 时,因

$$\langle a_1\rangle = a_1,\quad \langle a_2,a_2\rangle = a_1+\frac{1}{a_2}=\frac{a_1a_2+1}{a_2}$$

则

$$\langle a_1,a_2,a_3\rangle=\frac{a_3a_2a_1+a_3+a_1}{a_3a_2+1}$$

结论显然成立.

假设 $k=i$ 时结论成立,即

$$\langle a_1,a_2,\cdots,a_i\rangle=\frac{p_i}{q_i}=\frac{a_ip_{i-1}+p_{i-2}}{a_iq_{i-1}+q_{i-2}}$$

则 $k=i+1$ 时

$$\begin{aligned}\frac{p_{i+1}}{q_{i+1}}&=\langle a_1,a_2,\cdots,a_i,a_{i+1}\rangle=\left\langle a_1,a_2,\cdots,a_i+\frac{1}{a_{i+1}}\right\rangle\\&=\frac{\left(a_i+\frac{1}{a_{i+1}}\right)p_{i-1}+p_{i-2}}{\left(a_i+\frac{1}{a_{i+1}}\right)q_{i-1}+q_{i-2}}=\frac{a_{i+1}(a_ip_{i-1}+p_{i-2})+p_{i-1}}{a_{i+1}(a_iq_{i-1}+q_{i-2})+q_{i-1}}\\&=\frac{a_{i+1}p_i+p_{i-1}}{a_{i+1}q_i+q_{i-1}}\end{aligned}$$

即是说,$k=i+1$ 时结论成立.由数学归纳法知,结论成立.

推论 7.1.1　当 $k\geqslant 3$ 时,$q_k\geqslant q_{k-1}+1$,因而对任何 k 来说,都有 $q_k\geqslant k-1$.

证明　在定理 7.1.1 中,显然 $q_k\geqslant 1$,又因为 $a_k\geqslant 1\ (k\geqslant 2)$,所以当 $k\geqslant 3$ 时,

$$q_k=a_kq_{k-1}+q_{k-2}\geqslant q_{k-1}+1$$

由 $q_1=1, q_2=a_2\geqslant 2-1$,结合 $q_k\geqslant q_{k-1}+1$,易知 $q_k\geqslant k-1$ 成立.

定理 7.1.2　(1) $p_kq_{k-1}-p_{k-1}q_k=(-1)^k\ (k\geqslant 2)$;

(2) $p_kq_{k-2}-p_{k-2}q_k=(-1)^{k-1}a_k\ (k\geqslant 3)$.

证明　(1) 当 $k=2$ 时

$$p_2q_1-p_1q_2=(a_1a_2+1)\cdot 1-a_1\cdot a_2=1=(-1)^2$$

结论成立.

假设 $k=i$ 时结论成立,即

$$p_iq_{i-1}-p_{i-1}q_i=(-1)^i$$

则 $k=i+1$ 时

$$\begin{aligned}p_{i+1}q_i-p_iq_{i+1}&=(a_{i+1}p_i+p_{i-1})q_i-p_i(a_{i+1}q_i+q_{i-1})\\&=-(p_iq_{i-1}-p_{i-1}q_i)=-(-1)^i=(-1)^{i+1}\end{aligned}$$

即是说,$k=i+1$ 时结论成立.故结论成立.

(2) 由定理 7.1.1 及(1),当 $k\geqslant 3$ 时,有

$$\begin{aligned}p_kq_{k-2}-p_{k-2}q_k&=(a_kp_{k-1}+p_{k-2})q_{k-2}-p_{k-2}(a_kq_{k-1}+q_{k-2})\\&=a_k(p_{k-1}q_{k-2}-p_{k-2}q_{k-1})=a_k(-1)^{k-1}\end{aligned}$$

定理 7.1.3　设 $\langle a_1,a_2,\cdots,a_n,\cdots\rangle$ 是简单连分数,$\dfrac{p_k}{q_k}\ (k\geqslant 1)$ 是它的渐近分数,则

(1) $\frac{p_{2(k-1)}}{q_{2(k-1)}} > \frac{p_{2k}}{q_{2k}}, \frac{p_{2k-1}}{q_{2k-1}} > \frac{p_{2k-3}}{q_{2k-3}}, \frac{p_{2k}}{q_{2k}} > \frac{p_{2k-1}}{q_{2k-1}}$;

(2) 对任意的正整数 k, p_k 与 q_k 互素.

证明 (1) 易知 $a_2, \cdots, a_n, \cdots$ 都是正整数,则由定理 7.1.2 得

$$\frac{p_{2(k-1)}}{q_{2(k-1)}} - \frac{p_{2k}}{q_{2k}} = \frac{(-1)^{2k-1}a_{2k}}{q_{2(k-1)}q_{2k}} < 0$$

$$\frac{p_{2k-1}}{q_{2k-1}} - \frac{p_{2k-3}}{q_{2k-3}} = \frac{(-1)^{2k-1}a_{2k-1}}{q_{2k-1}q_{2k-3}} > 0$$

$$\frac{p_{2k}}{q_{2k}} - \frac{p_{2k-1}}{q_{2k-1}} = \frac{(-1)^{2k}}{q_{2k}q_{2k-1}} > 0$$

(2) 由定理 7.1.2 的结论(1) 易得.

定理 7.1.4 任何简单连分数都表示一个实数.

证明 以 $\frac{p_n}{q_n}$ 表示这个连分数的第 n 个渐近分数.

由定理 7.1.3 知, $\frac{p_1}{q_1}, \frac{p_3}{q_3}, \cdots, \frac{p_{2k-1}}{q_{2k-1}}, \cdots$ 是有界的递增数列, $\frac{p_2}{q_2}$ 为其一个上界; $\frac{p_2}{q_2}, \frac{p_4}{q_4}, \cdots, \frac{p_{2k}}{q_{2k}}, \cdots$ 是有界的递减数列, $\frac{p_1}{q_1}$ 为其一个下界. 从而,下列极限存在:

$$\lim_{k\to\infty}\frac{p_{2k-1}}{q_{2k-1}} = A < \infty, \quad \lim_{k\to\infty}\frac{p_{2k}}{q_{2k}} = B < \infty$$

又
$$\frac{p_{2k}}{q_{2k}} - \frac{p_{2k-1}}{q_{2k-1}} = \frac{(-1)^{2k}}{q_{2k}q_{2k-1}} \leqslant \frac{1}{(2k-1)(2k+1)} \to 0 \ (k \to \infty)$$

因而, $\left[\frac{p_{2k-1}}{q_{2k-1}}, \frac{p_{2k}}{q_{2k}}\right]$ $(k = 1, 2, \cdots)$ 构成一个闭区间套,故 $A = B$,且 $\lim\limits_{k\to\infty}\frac{p_k}{q_k} = A$,定理得证.

例 7.1.1 计算:

$$\underbrace{1+\cfrac{1}{1+\cfrac{1}{1+\cfrac{1}{1+\ddots+\cfrac{1}{1+\cfrac{1}{1}}}}}}_{13个1}$$

解 设 $\frac{p_k}{q_k}$ 为第 k 个渐近分数,根据定理 7.1.1,得到表 7.1.1:

表 7.1.1 p_k 与 q_k 的值

k	1	2	3	4	5	6	7	8	9	10	11	12	13
p_k	1	2	3	5	8	13	21	34	55	89	144	233	377
q_k	1	1	2	3	5	8	13	21	34	55	89	144	233

则
$$原式 = \frac{p_{13}}{q_{13}} = \frac{377}{233}$$

例 7.1.2 计算：

$$3+\cfrac{1}{7+\cfrac{1}{15+\cfrac{1}{1+\cfrac{1}{292+\cfrac{1}{1+\cfrac{1}{1}}}}}}$$

解 由定理 7.1.1,列表 7.1.2 如下：

表 7.1.2 p_k 与 q_k 的值

k	1	2	3	4	5	6	7
a_k	3	7	15	1	292	1	1
p_k	3	22	333	355	103 993	104 348	208 341
q_k	1	7	106	113	33 102	33 215	66 317

则
$$\text{原式}=\frac{p_7}{q_7}=\frac{208341}{66317}$$

例 7.1.3 求$\frac{140}{39}$的连分数展开及各个渐近分数.

解
$$\frac{140}{39}=3+\frac{23}{39}=3+\cfrac{1}{\cfrac{39}{23}}=3+\cfrac{1}{1+\cfrac{16}{23}}=3+\cfrac{1}{1+\cfrac{1}{\cfrac{23}{16}}}$$

$$=3+\cfrac{1}{1+\cfrac{1}{1+\cfrac{7}{16}}}=3+\cfrac{1}{1+\cfrac{1}{1+\cfrac{1}{\cfrac{16}{7}}}}=3+\cfrac{1}{1+\cfrac{1}{1+\cfrac{1}{2+\cfrac{2}{7}}}}$$

$$=3+\cfrac{1}{1+\cfrac{1}{1+\cfrac{1}{2+\cfrac{1}{\cfrac{7}{2}}}}}3+\cfrac{1}{1+\cfrac{1}{1+\cfrac{1}{2+\cfrac{1}{3+\cfrac{1}{2}}}}}$$

$$=\langle 3,1,1,2,3,2\rangle$$

各个渐近分数列表 7.1.3 如下：

表 7.1.3 p_k 与 q_k 的值

k	1	2	3	4	5	6
a_k	3	1	1	2	3	2
p_k	3	4	7	18	61	140
q_k	1	1	2	5	17	39
$\frac{p_k}{q_k}$	3	4	$\frac{7}{2}$	$\frac{18}{5}$	$\frac{61}{17}$	$\frac{140}{39}$

例 7.1.4　求连分数 $\langle 0,1,2,1,2,\cdots\rangle$ 的值.

解　设 $x=\langle 0,1,2,1,2,\cdots\rangle=\cfrac{1}{1+\cfrac{1}{2+\cfrac{1}{1+\cfrac{1}{2+\ddots}}}}$

则
$$x=\cfrac{1}{1+\cfrac{1}{2+x}}$$

显然 $0<x<1$,所以
$$x=\sqrt{3}-1$$

习　题　7.1

1. 计算 $2+\cfrac{1}{1+\cfrac{1}{2+\cfrac{1}{3+\cfrac{1}{2}}}}$.

2. 求连分数 $\langle 1,2,3,4,5,\cdots\rangle$ 的前三个渐近分数.

3. 求 $\dfrac{67}{29}$ 的连分数展开.

4. 求连分数 $\langle 2,3,2,3,\cdots\rangle$ 的值.

5. 设连分数 $\langle a_1,a_2,\cdots,a_n,\cdots\rangle$ 的第 k 个渐近分数为 $\dfrac{p_k}{q_k}$. 证明：
$$p_k=\begin{vmatrix} a_1 & -1 & 0 & \cdots & 0 & 0 \\ 1 & a_2 & -1 & \cdots & 0 & 0 \\ 0 & 1 & a_3 & \cdots & 0 & 0 \\ \vdots & \vdots & \vdots & & \vdots & \vdots \\ 0 & 0 & 0 & \cdots & a_{k-1} & -1 \\ 0 & 0 & 0 & \cdots & 1 & a_k \end{vmatrix},\quad q_k=\begin{vmatrix} 1 & 0 & 0 & \cdots & 0 & 0 \\ 0 & a_2 & -1 & \cdots & 0 & 0 \\ 0 & 1 & a_3 & \cdots & 0 & 0 \\ \vdots & \vdots & \vdots & & \vdots & \vdots \\ 0 & 0 & 0 & \cdots & a_{k-1} & -1 \\ 0 & 0 & 0 & \cdots & 1 & a_k \end{vmatrix}$$

6. 设连分数 $\langle a_1,a_2,\cdots,a_n,\cdots\rangle$ 的第 k 个渐近分数为 $\dfrac{p_k}{q_k}$. 证明：
$$\begin{pmatrix} a_1 & 1 \\ 1 & 0 \end{pmatrix}\begin{pmatrix} a_2 & 1 \\ 1 & 0 \end{pmatrix}\cdots\begin{pmatrix} a_k & 1 \\ 1 & 0 \end{pmatrix}=\begin{pmatrix} p_k & p_{k-1} \\ q_k & q_{k-1} \end{pmatrix}\quad (k\geqslant 2)$$

7.2　把实数表示成连分数

定理 7.2.1　每一个有限简单连分数都表示一个有理数.

证明 由定理 7.1.1 知,结论显然成立.

定理 7.2.2 每一个有理数都可以表示为有限简单连分数.

证明 不妨设 $x=\frac{a}{b}$,其中 a 与 b 是整数,且 $b>0$. 令 $r_0=a$,$r_1=b$,作带余数除法得

$$
\begin{aligned}
&r_0=r_1q_1+r_2 \quad (0<r_2<r_1)\\
&r_1=r_2q_2+r_3 \quad (0<r_3<r_2)\\
&r_2=r_3q_3+r_4 \quad (0<r_4<r_3)\\
&\cdots\cdots\\
&r_{n-3}=r_{n-2}q_{n-2}+r_{n-1} \quad (0<r_{n-1}<r_{n-2})\\
&r_{n-2}=r_{n-1}q_{n-1}+r_n \quad (0<r_n<r_{n-1})\\
&r_{n-1}=r_nq_n
\end{aligned}
$$

上述等式中 $q_2,q_3,\cdots,q_n$ 都是正整数. 以连分数形式表示上式,有

$$\frac{a}{b}=\frac{r_0}{r_1}=q_1+\frac{r_2}{r_1}=q_1+\cfrac{1}{\cfrac{r_1}{r_2}}$$

同理,可得

$$
\begin{aligned}
&\frac{r_1}{r_2}=q_2+\cfrac{1}{\cfrac{r_2}{r_3}}\\
&\frac{r_2}{r_3}=q_3+\cfrac{1}{\cfrac{r_3}{r_4}}\\
&\cdots\cdots\\
&\frac{r_{n-3}}{r_{n-2}}=q_{n-2}+\cfrac{1}{\cfrac{r_{n-2}}{r_{n-1}}}\\
&\frac{r_{n-2}}{r_{n-1}}=q_{n-1}+\cfrac{1}{\cfrac{r_{n-1}}{r_n}}\\
&\frac{r_{n-1}}{r_n}=q_n
\end{aligned}
$$

把上述等式依次从最后一个开始代入上一个等式,则有

$$\frac{a}{b}=q_1+\cfrac{1}{q_2+\cfrac{1}{q_3+\ddots+\cfrac{1}{q_{n-1}+\cfrac{1}{q_n}}}}$$

因此,每一个有理数都可以写成有限简单连分数.

定理 7.2.3 每一个无理数都可以表示为无限简单连分数.

证明 对于任意一个无理数 γ,总存在无理数 γ_1,使得

$$\gamma=[\gamma]+\frac{1}{\gamma_1},\quad \gamma_1=\frac{1}{\gamma-[\gamma]}>1$$

因此,于是对于任意一个无理数 β,我们有

$$\beta=a_1+\frac{1}{\beta_1},\quad a_1=[\beta],\quad \beta_1=\frac{1}{\beta-a_1}>1$$

$$\beta_1=a_2+\frac{1}{\beta_2},\quad a_2=[\beta_1],\quad \beta_2=\frac{1}{\beta_1-a_2}>1$$

……

$$\beta_{k-1}=a_k+\frac{1}{\beta_k},\quad a_k=[\beta_{k-1}],\quad \beta_k=\frac{1}{\beta_{k-1}-a_k}>1$$

……

由定理 7.1.1 易知

$$\beta=\frac{\beta_1 a_1+1}{\beta_1},\quad \beta=\langle a_1,a_2,\cdots,a_k,\beta_k\rangle=\frac{\beta_k p_k+p_{k-1}}{\beta_k q_k+q_{k-1}}\quad (k=2,3,\cdots)$$

下面证明

$$\lim_{k\to\infty}\langle a_1,a_2,\cdots,a_k\rangle=\beta$$

亦即

$$\lim_{k\to\infty}\frac{p_k}{q_k}=\beta$$

由于

$$\beta-\frac{p_k}{q_k}=\frac{\beta_k p_k+p_{k-1}}{\beta_k q_k+q_{k-1}}-\frac{p_k}{q_k}=\frac{(-1)^{k-1}}{q_k(\beta_k q_k+q_{k-1})}$$

从而,由推论 7.1.1 得

$$\left|\beta-\frac{p_k}{q_k}\right|=\frac{1}{q_k(\beta_k q_k+q_{k-1})}<\frac{1}{q_k q_{k-1}}\leqslant\frac{1}{k(k-1)}\to 0\quad (k\to\infty)$$

即

$$\lim_{k\to\infty}<a_1,a_2,\cdots,a_k>=\beta$$

推论 7.2.1 设 β 是实无理数,那么对于任意的正整数 k,存在 η_k 与 δ_k, $0<\eta_k,\delta_k<1$,使得

$$\beta=\frac{p_k}{q_k}+\frac{(-1)^{k-1}\eta_k}{q_k q_{k+1}}=\frac{p_k}{q_k}+\frac{(-1)^{k-1}\delta_k}{q_k^2}$$

证明 由定理 7.2.3 的证明,有

$$\beta_k>a_{k+1}$$

从而

$$\beta_k q_k+q_{k-1}>a_{k+1}q_k+q_{k-1}=q_{k+1}>q_k$$

$$0<\frac{1}{\beta_k q_k+q_{k-1}}<\frac{1}{q_{k+1}}<\frac{1}{q_k}$$

所以,必有 η_k 与 δ_k, $0<\eta_k,\delta_k<1$,使得

$$\frac{1}{\beta_k q_k+q_{k-1}}=\frac{\eta_k}{q_{k+1}}=\frac{\delta_k}{q_k}$$

将 $\frac{1}{\beta_k q_k+q_{k-1}}=\frac{\eta_k}{q_{k+1}}=\frac{\delta_k}{q_k}$ 代入 $\beta-\frac{p_k}{q_k}=\frac{\beta_k p_k+p_{k-1}}{\beta_k q_k+q_{k-1}}-\frac{p_k}{q_k}=\frac{(-1)^{k-1}}{q_k(\beta_k q_k+q_{k-1})}$ 中,得证.

定理 7.2.4 无理数的连分数表示是唯一的.

证明 由定理 7.2.3 知,任一实无理数 β 只能表示成无限简单连分数.我们只需要证明如果有两个简单无限连分数 $\beta_0=\langle a_1,a_2,\cdots,a_k,\cdots\rangle$ 与 $\gamma_0=\langle b_1,b_2,\cdots,b_k,\cdots\rangle$ 相等,其中 $a_1,b_1\in\mathbf{Z},a_k\geqslant 1,b_k\geqslant 1$ $(k=2,3,\cdots)$.则 $a_i=b_i$ $(i=1,2,3,\cdots)$.

对于非负整数 i,记

$$\beta_i=\langle a_{i+1},a_{i+2},\cdots,a_n,\cdots\rangle,\quad \gamma_i=\langle b_{i+1},b_{i+2},\cdots,b_n,\cdots\rangle$$

则
$$\beta_i=a_{i+1}+\frac{1}{\beta_{i+1}}\quad(\beta_{i+1}>1)$$

同理,可得
$$\gamma_i=b_{i+1}+\frac{1}{\gamma_{i+1}}\quad(\gamma_{i+1}>1)$$

则
$$a_1+\frac{1}{\beta_1}=b_1+\frac{1}{\gamma_1}$$

其中 a_1 与 b_1 是整数,β_1 与 γ_1 是大于 1 的无理数,从而 $a_1=b_1$.即是说,当 $i=1$ 时结论成立.

假设 $i<k+1$ 时结论成立,即

$$a_1=b_1,a_2=b_2,\cdots,a_k=b_k$$

则由 $\langle a_1,a_2,\cdots,a_k,\cdots\rangle=\langle b_1,b_2,\cdots,b_k,\cdots\rangle$ 得

$$\langle a_{k+1},a_{k+2},\cdots\rangle=\langle b_{k+1},b_{k+2},\cdots\rangle$$

即
$$\beta_k=a_{k+1}+\frac{1}{\beta_{k+1}}=b_{k+1}+\frac{1}{\gamma_{k+1}}=\gamma_k\quad(\beta_{k+1}>1,\gamma_{k+1}>1)$$

从而

$$a_{k+1}=b_{k+1}$$

即 $i=k+1$ 时结论成立,故得证.

定理 7.2.5 设 a 与 b 是整数,$\langle a_1,a_2,\cdots,a_n\rangle$ 与 $\langle b_1,b_2,\cdots,b_m\rangle$ 是 $\frac{a}{b}$ 的两个简单连分数表示.下列两个结论成立:

(1) 若 $a_n>1,b_m>1$,则 $n=m,a_i=b_i$ $(1\leqslant i\leqslant n)$;

(2) 若 a_n 是大于 1 的整数,则有理数 $\frac{a}{b}$ 仅有两种表示成简单连分数的方法,即 $\langle a_1,a_2,\cdots,a_n\rangle=\langle a_1,a_2,\cdots,a_n-1,1\rangle$.

证明 (1) 不妨设 $m\geqslant n$,对 n 用数学归纳法.

当 $n=1$ 时,必有 $a_1=b_1,n=m=1$.否则,若 $m\geqslant 2$,则

$$\frac{a}{b}=\langle a_1\rangle=\langle b_1,b_2,\cdots,b_m\rangle$$

由于 $b_m>1$,从而 $\langle b_2,\cdots,b_m\rangle$ 大于 1,于是等式 $\frac{a}{b}=a_1=b_1+\frac{1}{\langle b_2,\cdots,b_m\rangle}$ 不成立,矛盾.

假设 $n=k$ 时结论成立,则当 $n=k+1$ 时

$$\langle a_1,a_2,\cdots,a_{k+1}\rangle=a_1+\frac{1}{\langle a_2,\cdots,a_{k+1}\rangle}$$

$$\langle b_1, b_2, \cdots, b_m \rangle = b_1 + \frac{1}{\langle b_2, \cdots, b_m \rangle}$$

由于$\langle a_2, \cdots, a_{k+1} \rangle$ 大于 1,$\langle b_2, \cdots, b_m \rangle$ 大于 1,又

$$a_1 + \frac{1}{\langle a_2, \cdots, a_{k+1} \rangle} = b_1 + \frac{1}{\langle b_2, \cdots, b_m \rangle}$$

从而

$$a_1 = b_1, \langle a_2, \cdots, a_{k+1} \rangle = \langle b_2, \cdots, b_m \rangle$$

由归纳假设知,$m = k+1, a_i = b_i, i \geqslant 2$. 所以 $n = k+1$ 时结论成立. 得证.

(2) 若 a_n 是大于 1 的整数,易知

$$\langle a_1, a_2, \cdots, a_n \rangle = \langle a_1, a_2, \cdots, (a_n - 1) + \frac{1}{1} \rangle = \langle a_1, a_2, \cdots, a_n - 1, 1 \rangle$$

但$\frac{a}{b}$ 的表示仅此而已,故有理数$\frac{a}{b}$ 仅有两种表示成简单连分数的方法.

定理 7.2.6　设$\frac{p_k}{q_k}$是实数α 的第k 个渐近分数,则在分母不超过q_k 的一切有理数中,$\frac{p_k}{q_k}$是α 的最好的有理似近值. 即若 $0 < q \leqslant q_k$,则

$$\left| \alpha - \frac{p_k}{q_k} \right| \leqslant \left| \alpha - \frac{p}{q} \right|$$

证明　若 $\alpha = \frac{p_k}{q_k}$,则结论显然成立.

若 $\alpha \neq \frac{p_k}{q_k}$,则$\alpha$ 有第$k+1$ 个渐近$\frac{p_{k+1}}{q_{k+1}}$,且$\frac{p_k}{q_k} \neq \frac{p_{k+1}}{q_{k+1}}$. 不妨设

$$\frac{p_k}{q_k} < \frac{p_{k+1}}{q_{k+1}}$$

$\left(\frac{p_{k+1}}{q_{k+1}} < \frac{p_k}{q_k} \right.$ 的情形可类似讨论$\Big)$,则

$$\frac{p_k}{q_k} < \alpha \leqslant \frac{p_{k+1}}{q_{k+1}}$$

下面分 4 种情况进行讨论.

(1) 若$\frac{p}{q} \leqslant \frac{p_k}{q_k}$,则

$$\frac{p}{q} - \alpha \leqslant \frac{p_k}{q_k} - \alpha$$

又

$$\frac{p_k}{q_k} < \alpha$$

则

$$0 < \alpha - \frac{p_k}{q_k} \leqslant \alpha - \frac{p}{q}$$

得证.

(2) 若$\frac{p}{q} > \frac{p_{k+1}}{q_{k+1}}$,则

$$\alpha \leqslant \frac{p_{k+1}}{q_{k+1}} < \frac{p}{q}, \quad \frac{p}{q} - \alpha \geqslant \frac{p}{q} - \frac{p_{k+1}}{q_{k+1}} > 0$$

故
$$\left|\alpha - \frac{p}{q}\right| \geqslant \left|\frac{p_{k+1}}{q_{k+1}} - \frac{p}{q}\right| \geqslant \frac{1}{qq_{k+1}} \geqslant \frac{1}{q_k q_{k+1}}$$

结合推论 7.2.1,得证.

(3) 若$\frac{p}{q} = \frac{p_{k+1}}{q_{k+1}}$,则

$$pq_{k+1} = qp_{k+1}$$

由于$(p_{k+1}, q_{k+1}) = 1$,则$q \mid q_{k+1}$,从而$q \geqslant q_{k+1}$,又由定理 7.1.1 推论知$q_{k+1} > q_k$,从而$q > q_k$,这与题设条件$q \leqslant q_k$矛盾.

(4) 若$\frac{p_k}{q_k} < \frac{p}{q} < \frac{p_{k+1}}{q_{k+1}}$,则易知

$$\frac{p}{q} - \frac{p_k}{q_k} \geqslant \frac{1}{qq_k}, \quad \frac{p_{k+1}}{q_{k+1}} - \frac{p}{q} \geqslant \frac{1}{qq_{k+1}}$$

从而

$$\frac{p_{k+1}}{q_{k+1}} - \frac{p_k}{q_k} = \frac{p_{k+1}}{q_{k+1}} - \frac{p}{q} + \frac{p}{q} - \frac{p_k}{q_k} \geqslant \frac{1}{qq_k} + \frac{1}{qq_{k+1}} = \frac{q_k + q_{k+1}}{qq_k q_{k+1}} > \frac{1}{q_k q_{k+1}}$$

则
$$p_{k+1}q_k - p_k q_{k+1} > 1$$

这与定理 7.1.2 矛盾.

定理 7.2.7　若$\frac{p_j}{q_j}$是无理数α的第j个渐近分数,$j = 1, 2, \cdots$,r和s都是整数,并且$s > 0$,k为一正整数,使得$|s\alpha - r| < |q_k\alpha - p_k|$,那么$s \geqslant q_{k+1}$.

证明　假设$|s\alpha - r| < |q_k\alpha - p_k|$,但是$1 \leqslant s < q_{k+1}$.考虑联立方程

$$\begin{cases} p_k x + p_{k+1} y = r & (7.2.1) \\ q_k x + q_{k+1} y = s & (7.2.2) \end{cases}$$

两个方程两边分别乘以q_k和p_k,然后用第一式减去第二式,则

$$(p_{k+1}q_k - p_k q_{k+1})y = rq_k - sp_k$$

由定理 7.1.2 知

$$p_{k+1}q_k - p_k q_{k+1} = (-1)^{k+1}$$

所以
$$y = (-1)^{k+1}(rq_k - sp_k)$$

同理,可得

$$x = (-1)^{k+1}(sp_{k+1} - rq_{k+1})$$

易知$x \neq 0, y \neq 0$.若$x = 0$,则

$$sp_{k+1} = rq_{k+1}$$

因为
$$(p_{k+1}, q_{k+1}) = 1$$
所以
$$q_{k+1} \mid s$$
从而
$$q_{k+1} \leqslant s$$
这与假设矛盾.

若 $y=0$，则由式(7.2.1)、式(7.2.2)得

$$r=p_kx,\quad s=q_kx$$

从而

$$|s\alpha-r|=|x||q_k\alpha-p_k|\geqslant|q_k\alpha-p_k|$$

这与假设矛盾.

下面我们证明 x 和 y 的符号相反. 若 $y<0$，由

$$q_kx=s-q_{k+1}y>0$$

即

$$x>0$$

若 $y>0$，由

$$q_{k+1}y\geqslant q_{k+1}>s$$

则

$$q_kx=s-q_{k+1}y<0$$

即

$$x<0$$

由于，$\frac{p_k}{q_k}<\alpha<\frac{p_{k+1}}{q_{k+1}}$ 与 $\frac{p_{k+1}}{q_{k+1}}<\alpha<\frac{p_k}{q_k}$ 中必有一个成立，而无论何种情况都有 $q_k\alpha-p_k$ 与 $q_{k+1}\alpha-p_{k+1}$ 的符号相反. 于是

$$\begin{aligned}|s\alpha-r|&=|(q_kx+q_{k+1}y)\alpha-(p_kx+p_{k+1}y)|\\&=|x(q_k\alpha-p_k)+y(q_{k+1}\alpha-p_{k+1})|\end{aligned}$$

易知，$x(q_k\alpha-p_k)$ 与 $y(q_{k+1}\alpha-p_{k+1})$ 有相同的符号，从而

$$|s\alpha-r|=|x||q_k\alpha-p_k|+|y||q_{k+1}\alpha-p_{k+1}|\geqslant|x||q_k\alpha-p_k|\geqslant|q_k\alpha-p_k|$$

这与假设矛盾，故定理得证.

推论 7.2.2　设 $\frac{p_j}{q_j}$ 是无理数 α 的第 j 个渐近分数，$j=1,2,\cdots$，如果 $\frac{r}{s}$ 为一有理数，其中 r 和 s 都是整数，并且 $s>0$，k 为一正整数，使得 $\left|\alpha-\frac{r}{s}\right|<\left|\alpha-\frac{p_k}{q_k}\right|$，那么 $s>q_k$.

证明　假设 $s\leqslant q_k$，并且

$$\left|\alpha-\frac{r}{s}\right|<\left|\alpha-\frac{p_k}{q_k}\right|$$

把两个不等式相乘，得

$$s\left|\alpha-\frac{r}{s}\right|<q_k\left|\alpha-\frac{p_k}{q_k}\right|$$

即

$$|s\alpha-r|<|q_k\alpha-p_k|$$

这与定理 7.2.7 矛盾，故结论成立.

定理 7.2.8　如果 α 是一个无理数，且 $\frac{r}{s}$ 是一个既约分数，其中 r 和 s 都是整数，并且 $s>0$，使得 $\left|\alpha-\frac{r}{s}\right|<\frac{1}{2s^2}$，那么 $\frac{r}{s}$ 是 α 的简单连分数的一个渐近分数.

证明　假设 $\frac{r}{s}$ 不是 α 的简单连分数的一个渐近分数，则存在相邻的渐近分数 $\frac{p_k}{q_k}$ 和

$\frac{p_{k+1}}{q_{k+1}}$,使得

$$q_k \leqslant s < q_{k+1}$$

由定理 7.2.7,得

$$|q_k\alpha - p_k| \leqslant |s\alpha - r| = s\left|\alpha - \frac{r}{s}\right| < s \cdot \frac{1}{2s^2} = \frac{1}{2s}$$

两边同除以 q_k,则

$$\left|\alpha - \frac{p_k}{q_k}\right| < \frac{1}{2sq_k}$$

又

$$|sp_k - rq_k| \geqslant 1$$

(因为 $sp_k - rq_k$ 是非零整数)于是

$$\frac{1}{sq_k} \leqslant \frac{|sp_k - rq_k|}{sq_k} = \left|\frac{p_k}{q_k} - \frac{r}{s}\right| \leqslant \left|\alpha - \frac{p_k}{q_k}\right| + \left|\alpha - \frac{r}{s}\right| < \frac{1}{2sq_k} + \frac{1}{2s^2}$$

因此

$$2sq_k > 2s^2$$

即

$$q_k > s$$

这与假设矛盾.故定理得证.

例 7.2.1 把$\sqrt{2}$展成简单连分数的形式.

解 $\sqrt{2} = 1 + (\sqrt{2} - 1) = 1 + \cfrac{1}{\cfrac{1}{\sqrt{2}-1}} = 1 + \cfrac{1}{\sqrt{2}+1}$

$$= 1 + \cfrac{1}{2 + (\sqrt{2}-1)} = 1 + \cfrac{1}{2 + \cfrac{1}{\sqrt{2}+1}} = 1 + \cfrac{1}{2 + \cfrac{1}{2 + (\sqrt{2}-1)}}$$

$$= 1 + \cfrac{1}{2 + \cfrac{1}{2 + \cfrac{1}{\sqrt{2}+1}}} = 1 + \cfrac{1}{2 + \cfrac{1}{2 + \cfrac{1}{2 + (\sqrt{2}-1)}}}$$

$$= 1 + \cfrac{1}{2 + \cfrac{1}{2 + \cfrac{1}{2 + \cfrac{1}{\sqrt{2}+1}}}}$$

即

$$\sqrt{2} = \langle 1, 2, 2, 2, \cdots \rangle$$

例 7.2.2 把$\sqrt{3}$展成简单连分数的形式.

解 $\sqrt{3} = 1 + (\sqrt{3} - 1) = 1 + \cfrac{1}{\cfrac{1}{\sqrt{3}-1}} = 1 + \cfrac{1}{\cfrac{\sqrt{3}+1}{2}}$

$$= 1 + \cfrac{1}{1 + \cfrac{\sqrt{3}-1}{2}} = 1 + \cfrac{1}{1 + \cfrac{1}{\sqrt{3}+1}} = 1 + \cfrac{1}{1 + \cfrac{1}{2 + (\sqrt{3}-1)}}$$

$$=1+\cfrac{1}{1+\cfrac{1}{2+\cfrac{1}{\cfrac{1}{\sqrt{3}-1}}}}=1+\cfrac{1}{1+\cfrac{1}{2+\cfrac{1}{\cfrac{\sqrt{3}+1}{2}}}}=1+\cfrac{1}{1+\cfrac{1}{2+\cfrac{1}{1+\cfrac{\sqrt{3}-1}{2}}}}$$

$$=1+\cfrac{1}{1+\cfrac{1}{2+\cfrac{1}{1+\cfrac{1}{\sqrt{3}+1}}}}=1+\cfrac{1}{1+\cfrac{1}{2+\cfrac{1}{1+\cfrac{1}{2+(\sqrt{3}-1)}}}}$$

$$=1+\cfrac{1}{1+\cfrac{1}{2+\cfrac{1}{1+\cfrac{1}{2+\cfrac{1}{\cfrac{1}{\sqrt{3}-1}}}}}}$$

即

$$\sqrt{3}=\langle 1,1,2,1,2,\cdots\rangle$$

祖冲之是世界上第一个把 π 值准确计算到小数点后第七位的人，并提出圆周率的约率为 22/7，密率为 355/113. 现在很多人知道用 355/113 表示 π 的近似值是一项了不起的贡献. 但是，它的妙处不少人却说不出来，或者说不全. 下面，我们用连分数的相关知识加以解释.

事实上，355/113 相当精确. 易知，$\frac{355}{113}=3.141\,592\,903\,5\cdots$，$\pi=3.141\,592\,653\,589\,7\cdots$，

从而

$$\left|\frac{355}{113}-\pi\right|<0.000\,000\,267$$

也许你觉得，可以找一个比 355/113 更接近 π 的分数. 只要把 π 算得精确，并用一个分数代表 π 还不容易吗？比如，祖冲之把 π 算到了小数点后第七位，则 314 159 265/1 000 000 000 = 3.141 592 65 来作为 π 的近似值，误差不超过 0.000 000 005，岂不是更精确？但是，这个分数的分母比 113 大得多，不方便写和记. 在数学家看来，好的近似分数，既要精确，分母最好又不太大. 如果你仔细算一算，会发现，分母不超过 113 的分数当中，和 π 最接近的分数就是 355/113.

如果允许分母大一些，允许分母是一位三位数，能否找到比 355/113 更接近 π 的分数呢？答案仍是否定的，任何一个分母小于 1000 的分数，不会比 355/113 更接近 π.

条件再放宽一点，令人惊奇的是，在所有分母不超过 10000 的分数中，仍找不到比 355/113 更接近 π 的分数.

事实上，在所有分母不超过 33 100 的分数中，要问谁最接近 π，355/113 是当之无愧的冠军. 祖冲之的密率之妙，让人叹服吧.

下面，我们用"连分数"展开法，根据 π 的值，把它的一系列渐近分数找出来.

设

$$\pi=3+0.141\,592\,653\cdots=3+a_2 \tag{7.2.3}$$

则
$$\frac{1}{a_2}=\frac{1}{0.141\,592\,653\cdots}=7.062\,513\,305\cdots=7+a_3 \tag{7.2.4}$$
把式(7.2.4)代入式(7.2.3)得
$$\pi=3+\frac{1}{7+a_3}$$
略去 a_3，得 $\pi\approx\frac{22}{7}$

又
$$\frac{1}{a_3}=15.996\,594\,54\cdots=15+a_4$$
得到
$$\pi=3+\frac{1}{7+a_3}=3+\cfrac{1}{7+\cfrac{1}{15+a_4}}$$
如果略去 a_4，则
$$\pi\approx3+\cfrac{1}{7+\cfrac{1}{15}}=\frac{333}{106}$$
又
$$\frac{1}{a_4}=1.003417097\cdots=1+a_5$$
即
$$\pi=3+\cfrac{1}{7+\cfrac{1}{15+\cfrac{1}{1+a_5}}}$$
如果略去 a_5，则
$$\pi\approx3+\cfrac{1}{7+\cfrac{1}{15+\cfrac{1}{1}}}=\frac{355}{113}$$

如果还想更准确一点，由 $a_5=292+a_6$，得到 π 的更精确近似分数是 $\frac{103\,993}{33\,102}$.

显然，根据定理 7.2.6，在分母小于 33 100 的所有分数中，没有比 $\frac{355}{113}$ 更接近 π 的渐近分数.

习　题　7.2

1. 求 $\frac{13}{5}$ 的简单连分数表示.
2. 求 $\sqrt{5}$ 的简单连分数表示.
3. 求 $\sqrt{11}$ 的简单连分数表示.
4. 求 $\sqrt{23}$ 的简单连分数表示.
5. 求 $1+\sqrt{5}$ 的简单连分数表示，并求其精确到小数点后四位的有理近似值.

7.3　循环连分数

在 7.2 节中，我们知道$\sqrt{2}=\langle 1,2,2,2,\cdots\rangle$，也就是说，$\sqrt{2}$的连分数是由一个 1 和随后的 2 构成的. 同样，$\sqrt{3}=\langle 1,1,2,1,2,\cdots\rangle$，$\sqrt{3}$的连分数是由一个 1 和随后的 1,2 构成的. 类似这样的连分数(它们的连分数是周期性的)还有许多. 观察表 7.3.1：

表 7.3.1　一些连分数

D	$\sqrt{D}$ 的连分数	周期
7	$\langle 2,1,1,1,4,1,1,1,4,\cdots\rangle$	4
11	$\langle 3,3,6,3,6,3,6,3,6,\cdots\rangle$	2
13	$\langle 3,1,1,1,1,6,1,1,1,1,6,\cdots\rangle$	5
17	$\langle 4,8,8,8,8,8,\cdots\rangle$	1
19	$\langle 4,2,1,3,1,2,8,2,1,3,1,2,8,\cdots\rangle$	6
23	$\langle 4,1,3,1,8,1,3,1,8,\cdots\rangle$	4
29	$\langle 5,2,1,1,2,10,2,1,1,2,10,\cdots\rangle$	5
31	$\langle 5,1,1,3,5,3,1,1,10,1,1,3,5,3,1,1,10,\cdots\rangle$	8

对于这类连分数，我们给出一个定义.

定义 7.3.1　设$\langle a_1,a_2,\cdots,a_n,\cdots\rangle$是无限简单连分数. 如果存在两个整数$s\geqslant 0$，$t>0$，使得$a_{s+i}=a_{s+kt+i}$，$i=1,2,\cdots,t$，$k=0,1,2,\cdots$，则称$\langle a_1,a_2,\cdots,a_n,\cdots\rangle$是循环连分数，并记为$\langle a_1,a_2,\cdots,a_s,\dot{a}_{s+1},\dot{a}_{s+2},\cdots,\dot{a}_{s+t}\rangle$. 如果$s=0$，则称它是纯循环连分数.

首先，我们看一个简单的例子，设数A的连分数为$A=\langle a,b,b,b,b,b,b,\cdots\rangle$，则$A$可表示为

$$A=a+\frac{1}{\langle b,b,b,b,\cdots\rangle}$$

记$B=\langle b,b,b,b,b,\cdots\rangle$，则

$$B=b+\frac{1}{\langle b,b,b,b,b,\cdots\rangle}=b+\frac{1}{B}$$

即
$$B^2-bB-1=0$$
又
$$B>0$$
则
$$B=\frac{b+\sqrt{b^2+4}}{2}$$

从而$A=a+\dfrac{1}{B}=\dfrac{2a-b}{2}+\dfrac{\sqrt{b^2+4}}{2}$

由上述计算过程可知

$$\frac{2a-b}{2}+\frac{\sqrt{b^2+4}}{2}=\langle a,b,b,b,b,b,b,\cdots\rangle$$

$$\frac{b+\sqrt{b^2+4}}{2}=\langle b,b,b,\cdots\rangle$$

若在$\frac{2a-b}{2}+\frac{\sqrt{b^2+4}}{2}=\langle a,b,b,b,b,b,b,\cdots\rangle$中令

$$b=2a$$

则

$$\sqrt{a^2+1}=\langle a,2a,2a,2a,2a,\cdots\rangle$$

再看一个具体的例子.计算 $A=\langle 1,2,3,4,5,4,5,4,5,\cdots\rangle$.

$$A=\langle 1,2,3,4,5,4,5,4,5,\cdots\rangle=1+\cfrac{1}{2+\cfrac{1}{3+\cfrac{1}{\langle 4,5,4,5,\cdots\rangle}}}$$

令 $B=\langle 4,5,4,5,\cdots\rangle$,易知

$$B=4+\cfrac{1}{5+\cfrac{1}{B}}$$

化简得 $5B^2-20B-4=0$.
由于 $B>0$,所以

$$B=\frac{10+2\sqrt{30}}{5}$$

也就是说,连分数 A 是一个二次方程的根.事实上,我们有下列定理.

定理 7.3.1 任何循环连分数表示一个不可约整系数二次方程的实根.

证明 设 $\beta=\langle a_1,a_2,\cdots,a_s,\dot{a}_{s+1},\dot{a}_{s+2},\cdots,\dot{a}_{s+t}\rangle$,记 $\beta_n=\langle a_{n+1},a_{n+2},\cdots\rangle$,$\frac{p_k}{q_k}$ 表示 β 的第 k 个渐近分数.

(1) 若 $s=0$,则

$$\beta=\langle\dot{a}_1,\dot{a}_2,\cdots,\dot{a}_t\rangle=\langle a_1,a_2,\cdots,a_t,\beta\rangle$$

由定理 7.1.1,得

$$\beta=\frac{\beta p_t+p_{t-1}}{\beta q_t+q_{t-1}}$$

即 β 满足整系数二次方程 $q_tx^2+(q_{t-1}-p_t)x-p_{t-1}=0$.

(2) 若 $s\neq 0$,则

$$\beta=\langle a_1,a_2,\cdots,a_s,a_{s+1},a_{s+2},\cdots,a_{s+t},a_{s+1},a_{s+2},\cdots,a_{s+t},\cdots\rangle$$

又

$$\beta_s=\langle a_{s+1},a_{s+2},\cdots\rangle=\langle a_{s+t+1},a_{s+t+2},\cdots\rangle=\beta_{s+t}$$

从而

$$\beta=\langle a_1,a_2,\cdots,a_s,\beta_s\rangle=\langle a_1,a_2,\cdots,a_s,a_{s+1},a_{s+2},\cdots,a_{s+t},\beta_{s+t}\rangle$$

由定理 7.1.1,得

$$\beta=\frac{\beta_s p_s+p_{s-1}}{\beta_s q_s+q_{s-1}}=\frac{\beta_{s+t}p_{s+t}+p_{s+t-1}}{\beta_{s+t}q_{s+t}+q_{s+t-1}}$$

结合 $\beta_s=\beta_{s+t}$,则

$$\beta=\frac{\beta_s p_s+p_{s-1}}{\beta_s q_s+q_{s-1}}=\frac{\beta_s p_{s+t}+p_{s+t-1}}{\beta_s q_{s+t}+q_{s+t-1}}$$

变形,得

$$\beta_s=\frac{p_{s-1}-\beta q_{s-1}}{q_s\beta-p_s}=\frac{p_{s+t-1}-\beta q_{s+t-1}}{q_{s+t}\beta-p_{s+t}}$$

由此,得

$$(q_{s+t}\beta-p_{s+t})(p_{s-1}-\beta q_{s-1})=(q_s\beta-p_s)(p_{s+t-1}-\beta q_{s+t-1})$$

整理,得

$$Ax^2+Bx+C=0$$

其中

$$A=q_s q_{s+t-1}-q_{s+t}q_{s-1}$$
$$B=q_{s+t}p_{s-1}+p_{s+t}q_{s-1}-p_s q_{s+t-1}-q_s p_{s+t-1}$$
$$C=p_s p_{s+t-1}-p_{s+t}p_{s-1}$$

由于 β 是无限连分数,故 β 是实无理数,因此在上述两种情况下得到的方程都是不可约的,从而定理得证.

定理 7.3.2　设 β 是二次不可约整系数方程 $Ax^2+Bx+C=0$ 的实根,则 β 的简单连分数是循环连分数.

证明　因为 $Ax^2+Bx+C=0$ 是不可约的,所以 β 是无理数,它可以表示为无限简单连分数.不妨设 $\beta=\langle a_1,a_2,\cdots,a_n,\cdots\rangle$,记 $\beta_n=\langle a_{n+1},a_{n+2},\cdots\rangle$,则

$$\beta=\langle a_1,a_2,\cdots,a_n,\beta_n\rangle$$

由定理 7.3.1,得

$$\beta=\frac{\beta_n p_n+p_{n-1}}{\beta_n q_n+q_{n-1}}$$

把 $\beta=\dfrac{\beta_n p_n+p_{n-1}}{\beta_n q_n+q_{n-1}}$ 代入 $Ax^2+Bx+C=0$,可知 β_n 满足方程

$$A_n x^2+B_n x+C_n=0$$

其中

$$A_n=Ap_n^2+Bp_n q_n+Cq_n^2$$
$$B_n=2Ap_n p_{n-1}+B(p_n q_{n-1}+p_{n-1}q_n)+2Cq_n q_{n-1}$$
$$C_n=Ap_{n-1}^2+Bp_{n-1}q_{n-1}+Cq_{n-1}^2=A_{n-1}$$

由推论 7.2.1,得

$$p_n=\beta q_n+\frac{\delta_n}{q_n}\quad(|\delta_n|<1)$$

代入 $A_n = Ap_n^2 + Bp_nq_n + Cq_n^2$ 得

$$\begin{aligned} A_n &= A\left(\beta q_n + \frac{\delta_n}{q_n}\right)^2 + B\left(\beta q_n + \frac{\delta_n}{q_n}\right)q_n + Cq_n^2 \\ &= q_n^2(A\beta^2 + B\beta + C) + 2A\beta\delta_n + A\cdot\frac{\delta_n^2}{q_n^2} + B\delta_n \\ &= 2A\beta\delta_n + A\cdot\frac{\delta_n^2}{q_n^2} + B\delta_n \end{aligned}$$

则

$$\begin{aligned} |A_n| &= \left|2A\beta\delta_n + A\cdot\frac{\delta_n^2}{q_n^2} + B\delta_n\right| \leqslant |2A\beta\delta_n| + \left|A\cdot\frac{\delta_n^2}{q_n^2}\right| + |B\delta_n| \\ &\leqslant |2A\beta| + |A| + |B| = |A|(2|\beta|+1) + |B| \end{aligned}$$

从而,由 $C_n = Ap_{n-1}^2 + Bp_{n-1}q_{n-1} + Cq_{n-1}^2 = A_{n-1}$ 得

$$|C_n| \leqslant |A|(2|\beta|+1) + |B|$$

又由定理 7.1.2 知

$$p_nq_{-1} - p_{n-1}q_n = (-1)^{n-1}$$

从而容易验证

$$B_n^2 - 4A_nC_n = (B^2 - 4AC)(p_nq_{-1} - p_{n-1}q_n)^2 = B^2 - 4AC$$

于是

$$\begin{aligned} |B_n| &\leqslant \sqrt{4|A_nC_n| + |B^2 - 4AC|} \\ &\leqslant \sqrt{4[|A|(2|\beta|+1) + |B|]^2 + |B^2 - 4AC|} \end{aligned}$$

由于 A,B,C,β 都是常数,故 A_n,B_n,C_n 只能取有限组不同的值.因此,至少有三组是相同的,即存在正整数 $n_1,n_2,n_3,n_1 < n_2 < n_3$,使得

$$A_{n_1} = A_{n_2} = A_{n_3} = A_0$$

$$B_{n_1} = B_{n_2} = B_{n_3} = B_0$$

$$C_{n_1} = C_{n_2} = C_{n_3} = C_0$$

从而,$\beta_{n_1},\beta_{n_2},\beta_{n_3}$ 满足同一个方程

$$A_0x^2 + B_0x + C_0 = 0$$

由于方程 $A_0x^2 + B_0x + C_0 = 0$ 至多有两个不同的解,所以 $\beta_{n_1},\beta_{n_2},\beta_{n_3}$ 中必有两个是相同的,不妨设 $\beta_{n_1} = \beta_{n_2}$,则

$$\langle a_{n_1+1}, a_{n_1+2}, \cdots\rangle = \langle a_{n_2+1}, a_{n_2+2}, \cdots\rangle$$

由于 β_{n_1} 与 β_{n_2} 都是无限简单连分数,所以

$$a_{n_1+i} = a_{n_2+i} \quad (i = 1,2,\cdots)$$

令 $s = n_1, t = n_2 - n_1$,则

$$\beta = \langle a_1, a_2, \cdots, a_s, \dot{a}_{s+1}, \dot{a}_{s+2}, \cdots, \dot{a}_{s+t}\rangle$$

即是说 β 是一循环连分数.

注意:定理 7.3.1 和定理 7.3.2 表明,二次无理数的简单连分数是循环连分数.

例 7.3.1　求$\sqrt{8}$的无限连分数展开式.

解　$\sqrt{8}=2+\sqrt{8}-2=2+\cfrac{1}{\cfrac{\sqrt{8}+2}{4}}=2+\cfrac{1}{1+\cfrac{\sqrt{8}-2}{4}}$

$$=2+\cfrac{1}{1+\cfrac{\sqrt{8}-2}{4}}=2+\cfrac{1}{1+\cfrac{1}{\sqrt{8}+2}}=2+\cfrac{1}{1+\cfrac{1}{4+\sqrt{8}-2}}$$

$$=2+\cfrac{1}{1+\cfrac{1}{4+\cfrac{1}{\cfrac{\sqrt{8}+2}{4}}}}=\langle 2,1,4,2,1,4,\cdots\rangle$$

例 7.3.2　设 d 是一个整数,且 $d\geqslant 2$. 证明:$\sqrt{d^2-1}$ 的简单连分数为$\langle d-1,\dot{1},2\dot{d}-2\rangle$.

证明

$$\begin{aligned}\sqrt{d^2-1}&=d-1+\sqrt{d^2-1}-(d-1)\\&=d-1+\cfrac{1}{\cfrac{1}{\sqrt{d^2-1}-(d-1)}}\\&=d-1+\cfrac{1}{\cfrac{\sqrt{d^2-1}+(d-1)}{2d-2}}\\&=d-1+\cfrac{1}{1+\cfrac{\sqrt{d^2-1}-(d-1)}{2d-2}}\\&=d-1+\cfrac{1}{1+\cfrac{1}{\cfrac{2d-2}{\sqrt{d^2-1}-(d-1)}}}\\&=d-1+\cfrac{1}{1+\cfrac{1}{\sqrt{d^2-1}+(d-1)}}\\&=d-1+\cfrac{1}{1+\cfrac{1}{2d-2+\sqrt{d^2-1}-(d-1)}}\\&=\langle d-1,\dot{1},2\dot{d}-2\rangle\end{aligned}$$

习　题　7.3

1. 计算:$\langle 1,2,1,1,2,1,1,2,1,\cdots\rangle$.

2. 计算:$\langle 6,3,6,3,6,3,\cdots\rangle$.

3. 求 $\sqrt{28}$ 的连分数展开.

4. 求$\dfrac{24-\sqrt{15}}{17}$的连分数展开.

7.4 佩尔方程

对于方程 $x^2-2y^2=1$,我们用什么工具或方法求解呢?

我们过去反复使用的一种方法是因式分解.可是,如果在整数范围中,则 $x^2-2y^2=1$ 无法分解.如果我们突破这一限制,则 $x^2-2y^2=(x+\sqrt{2}y)(x-\sqrt{2}y)$.

显然方程的解 $(x,y)=(3,2)$ 可以写成

$$1=3^2-2\cdot 2^2=(3+2\sqrt{2})(3-2\sqrt{2})$$

对上面的等式两边平方,则

$$\begin{aligned}1&=(3+2\sqrt{2})^2(3-2\sqrt{2})^2\\&=(17+12\sqrt{2})(17-12\sqrt{2})\\&=17^2-2\cdot 12^2\end{aligned}$$

因此,通过解 $(x,y)=(3,2)$ 我们构造出了另一个解

$$(x,y)=(17,12)$$

重复上述过程,例如

$$\begin{aligned}1&=(3+2\sqrt{2})^3(3-2\sqrt{2})^3\\&=(99+70\sqrt{2})(99-70\sqrt{2})\\&=99^2-2\cdot 70^2\end{aligned}$$

易知$(99,70)$ 也是方程的一组解.

$$\begin{aligned}1&=(3+2\sqrt{2})^4(3-2\sqrt{2})^4\\&=(577+408\sqrt{2})(577-408\sqrt{2})\\&=577^2-2\cdot 408^2\end{aligned}$$

显然,$(577,408)$ 也是方程的解.

那么,对于 5 次幂呢?事实上,可直接用 $3+2\sqrt{2}$ 的 4 次幂 $577+408\sqrt{2}$ 乘以 $3+2\sqrt{2}$,则

$$(577+408\sqrt{2})(3+2\sqrt{2})=3363+2\,378\sqrt{2}$$

也就是说,$(3363,2378)$ 是方程的解.

通过将 $3+2\sqrt{2}$ 自乘到越来越高次幂,可以找到方程 $x^2-2y^2=1$ 越来越多的解.事实上,方程 $x^2-2y^2=1$ 的每个正整数解都可通过 $3+2\sqrt{2}$ 自乘得到.

在本节中,我们要研究形如 $x^2-2y^2=1$ 的方程.一般地,我们把方程 $x^2-dy^2=1$ 叫

佩尔方程，其中 d 是一个固定的正整数并且不是完全平方数.

因为 d 是一个非平方正整数，则$\sqrt{d}$ 是一个二次不尽根，从而$\sqrt{d}$ 是一个循环连分数，设$\sqrt{d}=\langle a_1,a_2,\cdots,a_s,\dot{a}_{s+1},\dot{a}_{s+2},\cdots,\dot{a}_{s+t}\rangle$，令 $\beta_n=\langle a_{n+1},a_{n+2},\cdots\rangle$，则有下列定理.

定理 7.4.1　有两个整数 P_n,Q_n 存在使得下式成立：

$$\beta_n=\frac{\sqrt{d}+P_n}{Q_n}\quad (P_n^2\equiv d(\mathrm{mod}\, Q_n))$$

证明　因为

$$\sqrt{d}=[\sqrt{d}]+\frac{1}{\beta_1}$$

即

$$\beta_1=\frac{\sqrt{d}+[\sqrt{d}]}{d-[\sqrt{d}]^2}$$

令 $P_1=[\sqrt{d}],Q_1=d-[\sqrt{d}]^2$，易知 $n=1$ 时，结论成立.

假设 $n=k$ 时结论成立，即

$$\beta_k=\frac{\sqrt{d}+P_k}{Q_k}$$

且

$$P_k^2\equiv d(\mathrm{mod}\, Q_k)$$

则 $n=k+1$ 时，把 $\beta_k=\dfrac{\sqrt{d}+P_k}{Q_k}$ 代入 $\beta_k=a_{k+1}+\dfrac{1}{\beta_{k+1}}$ 中，有

$$\beta_{k+1}=\frac{Q_k}{\sqrt{d}-(a_{k+1}Q_k-P_k)}=\frac{Q_k\{\sqrt{d}+(a_{k+1}Q_k-P_k)\}}{d-(a_{k+1}Q_k-P_k)^2}$$

$$=\frac{\sqrt{d}+(a_{k+1}Q_k-P_k)}{\dfrac{d-(a_{k+1}Q_k-P_k)^2}{Q_k}}$$

令

$$P_{k+1}=a_{k+1}Q_k-P_k,Q_{k+1}=\frac{d-(a_{k+1}Q_k-P_k)^2}{Q_k}$$

因为

$$P_k^2\equiv d(\mathrm{mod}\, Q_k)$$

所以

$$d-(a_{k+1}Q_k-P_k)^2\equiv d-P_k^2\equiv 0(\mathrm{mod}\, Q_k)$$

从而 Q_{k+1} 是整数. 由 P_{k+1} 及 Q_{k+1} 的定义知

$$P_{k+1}^2=(a_{k+1}Q_k-P_k)^2=d-Q_{k+1}Q_k\equiv d(\mathrm{mod}\, Q_{k+1})$$

即是说 $n=k+1$ 时成立，由数学归纳法知，定理得证.

引理 7.4.1　令 $r+s\sqrt{n}=t+u\sqrt{n}$，其中 r,s,t,u 都是有理数，同时 n 是正整数，且不为完全平方数，那么 $r=t$ 且 $s=u$.

证明　假设 $s\neq u$，则由 $r+s\sqrt{n}=t+u\sqrt{n}$ 得

$$\sqrt{n}=\frac{r-t}{u-s}$$

而$\dfrac{r-t}{u-s}$ 为有理数，$\sqrt{n}$ 为无理数，矛盾. 故 $s=u$，进而 $r=t$.

定理 7.4.2　若 d 是一个非平方的正整数，Q_n 是定理 7.4.1 中所定义的，则二次方程

$$x^2 - dy^2 = (-1)^n Q_n$$

有正整数解 x, y，且 $(x, y) = 1$.

证明　令 $\sqrt{d}$ 的第 n 个渐近分数是 $\frac{p_n}{q_n}$，由定理 7.4.1 得

$$\sqrt{d} = \frac{\beta_n p_n + p_{n-1}}{\beta_n q_n + q_{n-1}}$$

把 $\beta_n = \frac{\sqrt{d} + P_n}{Q_n}$ 代入上式，得

$$\sqrt{d} = \frac{\frac{\sqrt{d} + P_n}{Q_n} \cdot p_n + p_{n-1}}{\frac{\sqrt{d} + P_n}{Q_n} \cdot q_n + q_{n-1}} = \frac{(P_n + \sqrt{d}) p_n + p_{n-1} Q_n}{(P_n + \sqrt{d}) q_n + q_{n-1} Q_n}$$

因此

$$d q_n + (q_n P_n + q_{n-1} Q_n) \sqrt{d} = p_n P_n + p_{-1} Q_n + p_n \sqrt{d}$$

由引理 7.4.1，得

$$d q_n = p_n P_n + p_{-1} Q_n, \quad q_n P_n + q_{n-1} Q_n = p_n$$

把上述两式分别乘以 q_n, p_n，并作差得

$$p_n^2 - d q_n^2 = (p_n q_{n-1} - p_{-1} q_n) Q_n = (-1)^n Q_n$$

定理得证.

令 $\alpha = \frac{a + b\sqrt{d}}{c}$ 为一个二次无理数，那么称 $\alpha' = \frac{a - b\sqrt{d}}{c}$ 为 α 的共轭.

引理 7.4.2　若 $\alpha_1 = \frac{a_1 + b_1\sqrt{d}}{c_1}$ 和 $\alpha_2 = \frac{a_2 + b_2\sqrt{d}}{c_2}$ 是有理数或者二次无理数，则 $(\alpha_1\alpha_2)' = \alpha'_1\alpha'_2$.

证明

$$\begin{aligned}(\alpha_1\alpha_2)' &= \left(\frac{a_1 + b_1\sqrt{d}}{c_1} \cdot \frac{a_2 + b_2\sqrt{d}}{c_2}\right)' \\ &= \left(\frac{a_1a_2 + b_1b_2 d + (a_1b_2 + a_2b_1)\sqrt{d}}{c_1c_2}\right)' \\ &= \frac{a_1a_2 + b_1b_2 d - (a_1b_2 + a_2b_1)\sqrt{d}}{c_1c_2}\end{aligned}$$

又

$$\begin{aligned}\alpha'_1\alpha'_2 &= \frac{a_1 - b_1\sqrt{d}}{c_1} \cdot \frac{a_2 - b_2\sqrt{d}}{c_2} \\ &= \frac{a_1a_2 + b_1b_2 d - (a_1b_2 + a_2b_1)\sqrt{d}}{c_1c_2}\end{aligned}$$

得证.

特别地，若 $\alpha_1 = \alpha_2 = \alpha$，则

$$(\alpha^2)' = (\alpha')^2$$

进而，对于任意正整数 k，有

$$(\alpha^k)' = (\alpha')^k$$

定理 7.4.3　设 d 为正整数且非完全平方数，则方程 $x^2 - dy^2 = 1$ 总有正整数解. 如果(x_1, y_1) 是使 x_1 最小的解，则每个解(x_k, y_k) 可通过取幂得到

$$x_k + y_k\sqrt{d} = (x_1 + y_1\sqrt{d})^k \quad (k = 1, 2, 3, \cdots)$$

证明　首先证明 x_k, y_k 是方程 $x^2 - dy^2 = 1$ 的解. 由引理 7.4.2 知

$$\begin{aligned} x_k^2 - dy_k^2 &= (x_k + y_k\sqrt{d})(x_k - y_k\sqrt{d}) \\ &= (x_1 + y_1\sqrt{d})^k (x_1 - y_1\sqrt{d})^k \\ &= x_1^2 - dy_1^2 = 1 \end{aligned}$$

因此，(x_k, y_k) 是方程的一组解，$k = 1, 2, 3, \cdots$.

为了证明每个正整数解都等于 $x_k, y_k, k = 1, 2, 3, \cdots$，假设 X, Y 为不同于 x_k, y_k 的一个解，则存在整数 n，使得

$$(x_1 + y_1\sqrt{d})^n < X + Y\sqrt{d} < (x_1 + y_1\sqrt{d})^{n+1}$$

两边同除以$(x_1 + y_1\sqrt{d})^n$ 得

$$1 < \frac{X + Y\sqrt{d}}{(x_1 + y_1\sqrt{d})^n} < x_1 + y_1\sqrt{d}$$

也就是

$$1 < (X + Y\sqrt{d})(x_1 - y_1\sqrt{d})^n < x_1 + y_1\sqrt{d}$$

令 $s + t\sqrt{d} = (X + Y\sqrt{d})(x_1 - y_1\sqrt{d})^n$，显然

$$\begin{aligned} s^2 - dt^2 &= (s + t\sqrt{d})(s - t\sqrt{d}) \\ &= (X + Y\sqrt{d})(x_1 - y_1\sqrt{d})^n (X - Y\sqrt{d})(x_1 + y_1\sqrt{d})^n \\ &= (x_1^2 - dy_1^2)^n (X^2 - dY^2) = 1 \end{aligned}$$

从而，s, t 是方程 $x^2 - dy^2 = 1$ 的一个解，并且

$$1 < s + t\sqrt{d} < x_1 + y_1\sqrt{d}$$

又 $s + t\sqrt{d} > 1$，则

$$0 < \frac{1}{s + t\sqrt{d}} < 1$$

因此

$$s = \frac{1}{2}[(s + t\sqrt{d}) + (s - t\sqrt{d})] > 0$$

$$t = \frac{1}{2\sqrt{d}}[(s + t\sqrt{d}) - (s - t\sqrt{d})] > 0$$

这表明 s, t 是方程的正整数解. 但是，由 x_1, y_1 是方程的最小正整数解，有 $s \geqslant x_1, t \geqslant y_1$，显然与 $s + t\sqrt{d} < x_1 + y_1\sqrt{d}$ 矛盾. 故一定存在某个 k，使得

$$X = x_k, Y = y_k$$

得证.

定理 7.4.3 解决了方程 $x^2-dy^2=1$ 的所有正整数解的问题,但是,方程的最小正整数解是否存在?如果存在的话,如何求方程的最小正整数解 x_1,y_1 呢?这些问题并没有解决,下面我们给出相关结论.

一个连分数的渐近分数构成一列越来越接近于该数的有理数.例如,$\sqrt{71}$ 有如下连分数:$\sqrt{71}=\langle 8,\dot{2},\dot{2},\dot{1},\dot{7},\dot{1},\dot{2},\dot{2},\dot{16}\rangle$,它的前几个渐近分数是:$\frac{17}{2},\frac{42}{5},\frac{59}{7},\frac{455}{54},\frac{514}{61}$,$\frac{1\,483}{176},\frac{3\,480}{413},\frac{57\,163}{6\,784},\frac{117\,806}{13\,981},\frac{292\,775}{34\,746}$.

如果 $\frac{p}{q}$ 是 $\sqrt{d}$ 的一个渐近分数,则 $\frac{p}{q}\approx\sqrt{d}$,即 $\frac{p^2}{q^2}\approx d$.也就是说,p^2 接近于 dq^2.

观察表 7.4.1.易知,$3480^2-71\cdot 413^2=1$,也就是说,$\sqrt{71}$ 的渐近分数 $\frac{3480}{413}$ 提供了方程 $x^2-71y^2=1$ 的一组解(3480,413).这是否暗示着 $\sqrt{d}$ 的渐近分数与方程 $x^2-dy^2=1$ 的解之间有某种联系呢?再观察表 7.4.2.

表 7.4.1　$\sqrt{71}$ 的渐近分数

p	q	p^2-71q^2
17	2	5
42	5	−11
59	7	2
455	54	−11
514	61	5
1 483	176	−7
3 480	413	1
57 163	6784	−7
117 806	13 981	5
292 775	34 746	−11

表 7.4.2　$\sqrt{d}$ 的渐近分数与佩尔方程

$\sqrt{d}$	$\langle a_1,a_2,a_3,\cdots,a_n\rangle=\frac{p}{q}$	p^2-dq^2	循环节长度
$\sqrt{71}$	$\langle 8,2,2,1,7,1,2,2\rangle=\frac{3\,480}{413}$	$3\,480^2-71\cdot 413^2=1$	8
$\sqrt{73}$	$\langle 8,1,1,5,5,1,1\rangle=\frac{1\,068}{125}$	$1\,068^2-73\cdot 125^2=-1$	7
$\sqrt{79}$	$\langle 8,1,7,1\rangle=\frac{80}{9}$	$80^2-79\cdot 9^2=1$	4
$\sqrt{97}$	$\langle 9,1,5,1,1,1,1,1,1,5,1\rangle=\frac{5\,604}{569}$	$5\,604^2-97\cdot 469^2=-1$	11

从表 7.4.2 可以看出，我们要么得到了方程 $x^2-dy^2=1$ 的一个解，要么得到了方程 $x^2-dy^2=-1$ 的一个解. 并且，当 $\sqrt{d}$ 的循环节长度是偶数时，取正号，当 $\sqrt{d}$ 的循环节长度是奇数时，取负号. 事实上，我们有下列结论(这一结论我们就不给出证明了，有兴趣的读者参见其他相关书籍).

若 d 是一个非平方的正整数，令 $\frac{p_k}{q_k}$ 表示 $\sqrt{d}$ 的简单连分数的第 k 个渐近分数，$k=1,2,\cdots,t$ 表示连分数的循环节长度.

当 t 是偶数时，方程 $x^2-dy^2=1$ 的全体正整数解为

$$x=p_{jt-1},\quad y=q_{jt-1}\quad (j=1,2,3,\cdots)$$

并且方程 $x^2-dy^2=-1$ 无解.

当 t 是奇数时，方程 $x^2-dy^2=1$ 的全体正整数解为

$$x=p_{2jt-1},\quad y=q_{2jt-1}\quad (j=1,2,3,\cdots)$$

方程 $x^2-dy^2=-1$ 的全体正整数解为

$$x=p_{(2j-1)t-1},\quad y=q_{(2j-1)t-1}\quad (j=1,2,3,\cdots)$$

例 7.4.1　求方程 $x^2-13y^2=1$ 的最小正整数解.

解　易知 $\sqrt{13}=\langle 3,\dot{1},\dot{1},\dot{1},\dot{1},\dot{6}\rangle$，所以方程 $x^2-13y^2=1$ 的正整数解为

$$x=p_{10j-1},\quad y=q_{10j-1}$$

其中 $j=1,2,3,\cdots$. 最小的正整数解为

$$p_9=649,\quad q_9=180$$

例 7.4.2　求方程 $x^2-14y^2=1$ 的最小正整数解.

解　易知 $\sqrt{14}=\langle 3,\dot{1},\dot{2},\dot{1},\dot{6}\rangle$，所以方程 $x^2-14y^2=1$ 的正整数解为

$$x=p_{4j-1},\quad y=q_{4j-1}$$

其中 $j=1,2,3,\cdots$. 最小的正整数解为

$$p_3=15,\quad q_3=4$$

习　题　7.4

1. 求方程 $x^2-73y^2=-1$ 的最小正整数解.
2. 求方程 $x^2-8y^2=1$ 的最小正整数解.
3. 设 d 和 n 是正整数. 证明：如果 r,s 是方程 $x^2-dy^2=1$ 的一个解，并且 X,Y 是方程 $x^2-dy^2=n$ 的一个解，那么 $Xr\pm dYs,Xs\pm Yr$ 也是方程 $x^2-dy^2=n$ 的解.

挑战自我

第 1 章

1. 若整系数方程 $x^2+ax+b=0$ 有一个有理根，证明此根实际为一整数.
2. 求证：$x^3+x^2+x+1 \mid x^{4\,444}+x^{3\,333}+x^{2\,222}+x^{1\,111}$.
3. 证明：若 n 为大于 1 的奇数，则 $n \left| \left(1+\frac{1}{2}+\frac{1}{3}+\cdots+\frac{1}{n-1}\right)(n-1)! \right.$.
4. 证明：对每个整数 x，$x^2+5x+16$ 不能被 169 整除.
5. 是否存在两个不等于 0 的整数 a 和 b，其中之一可被它们的和整除，另一个可被它们的差整除？
6. 若干个整数的和能被 6 整除，证明这些数的立方和也能被 6 整除.
7. 若干个整数的和能被 30 整除，证明这些数的五次方和也能被 30 整除.
8. 2^n+1 和 2^n-1($n>2$ 且 $n\in\mathbf{N}$)，若其中一数为素数，则另一数必为合数.
9. 设素数 $p>5$，$2p+1$ 是素数，则 $4p+1$ 是合数.
10. 若数 p，$p+10$，$p+14$ 都是素数，求 p.
11. 证明或说明不正确. 存在素数 a,b,c,d，且 $a<b<c<d$，满足$\frac{1}{a}+\frac{1}{d}=\frac{1}{b}+\frac{1}{c}$.
12. 如果一个自然数是素数，而且把它的各位数字任意交换后仍然是素数，则称这个素数为绝对素数. 证明：绝对素数不能有多于 3 个不同的数字.
13. 如果整系数多项式的最高次项系数为 1，则该多项式被称为首一的证明：如果首一的整系数多项式有一个有理零点，那么这个零点一定是整数.
14. 证明：$\frac{1}{2}+\frac{1}{3}+\cdots+\frac{1}{n}$ 永远不会是一个整数.
15. 求方程 $1!+2!+\cdots+n!=m^2$ 的正整数解.
16. 设 p 与 q 为自然数，使得$\frac{p}{q}=1-\frac{1}{2}+\frac{1}{3}-\cdots-\frac{1}{1\,318}+\frac{1}{1\,319}$. 证明：$1\,979 \mid p$.
17. 若 $n\in\{1,2,\cdots,100\}$ 且 n 是其各位数字和的倍数，这样的 n 有多少个？
18. 求出有序整数对 (m,n) 的个数，其中 $1\leqslant m\leqslant 99$，$1\leqslant n\leqslant 99$，$(m+n)^2+3m+n$ 是完全平方数.
19. 证明：若正整数 a,b 满足 $2a^2+a=3b^2+b$，则 $a-b$ 和 $2a+2b+1$ 都是完全平方数.
20. 若 r 是 1 059，1 417，2 312 被 d 除后的余数，这里 d 是大于 1 的整数，求 $d-r$ 的值.
21. 若 n 为小于 50 的自然数，求使代数式 $4n+5$ 和 $7n+6$ 的值有大于 1 的公约数的所有的 n 的值.
22. 设 k 是正奇数，证明：$\frac{n(n+1)}{2} \left| (1^k+2^k+\cdots+n^k) \right.$.
23. 正整数 $a_1,a_2,\cdots,a_{49}$ 的和为 999，令 d 为 $a_1,a_2,\cdots,a_{49}$ 的最大公约数，问 d 的最大值是多少？

24. 正整数 a 和 b 互素，证明：$a+b$ 与 a^2+b^2 的最大公约数等于 1 或 2.

25. 数列 101，104，109，116，… 的通项是 $a_n=100+n^2$，对于每个 n，d_n 表示 a_n 与 a_{n+1} 的最大公约数，求 d_n 的最大值.

26. 确定所有的三元正整数组 (a,b,c)，使得 $a+b+c$ 是 a,b,c 的最小公倍数.

27. 已知方程 $x^4-px^3+q=0$ 有一整数根，求素数 p,q.

28. 求证：一个整数 a 若不能被 2 和 3 整除，则 a^2+23 必能被 24 整除.

29. (1) 求所有能使 2^n-1 被 7 整除的正整数 n；

(2) 没有正整数 n 能使 2^n+1 被 7 整除.

30. 试证斐波那契数列中相邻项互素.

31. 若三个大于 10 的素数成等差数列，其公差为 d，则 $6\mid d$.

32. 试证不可能由不同素数组成一个无穷等差数列.

33. 试找出六个小于 160 而成等差数列的素数.

34. 设素数 p_1,p_2,p_3 是公差为 d 的等差数列中相继的三项，证明：若 6 不整除 d，那么 $p_1=3$，且这样的数组唯一，试给出 $d\leqslant 20$ 的那些素数组.

35. 求一个正数 x，它的小数部分 $\{x\}$，整数 $[x]$ 部分及这个数本身是等比数列中的连续三项.

36. 解方程：$\left[\dfrac{5+6x}{8}\right]=\dfrac{15x-7}{5}$.

37. 求证：$m=n\left[\dfrac{m}{n}\right]+n\left\{\dfrac{m}{n}\right\}$，$0\leqslant n\left\{\dfrac{m}{n}\right\}\leqslant n-1$，其中 $m,n\in\mathbf{Z}$，$n>0$.

38. 若 $x\geqslant 1$，$y>0$，求证：$\left[\dfrac{y}{x}\right]\leqslant\dfrac{[y]}{[x]}$.

39. 求方程 $x^2-8[x]+7=0$ 的所有解.

40. 数列 $\{a_n\}$ 定义为 $a_1=1$，$a_{n+1}=a_n+\dfrac{1}{a_n}\ (n\geqslant 1)$，求 $[a_{100}]$.

第 2 章

1. 求不定方程 $y-\dfrac{x+3y}{x+2}=1$ 的正整数解.

2. 求所有边长为整数且面积等于周长的所有直角三角形.

3. 求方程 $x^2+y^2=1\,000\,003$ 的所有整数解.

4. 证明：方程 $x^3+3=4y(y+1)$ 无整数解.

5. 能否找出正整数 m,n，使 $m^2+(m+1)^2=n^4+(n+1)^4$ 成立？

6. 求不定方程 $x^3+y^3+z^3=x+y+z=3$ 的整数解.

7. 求证：二次方程 $x^2+y^2=z^2$，$x>0$，$y>0$，$z>0$，$(x,y)=1$ 的解 (x,y,z) 中，x 与 y 不可能都是奇数.

8. 方程 $x^2+y^3=z^4$ 有质数解吗？

9. 证明：方程 $15x^2-7y^2=9$ 无整数解.

10. 求所有满足 $x^3+8x^2-6x+8=y^3$ 的非负整数解.

11. 求证:方程 $x^2+y^2+z^2=2xyz$ 除 $x=y=z=0$ 外没有整数解.

12. 求所有三元正整数组(a,b,c)使得$\left(1+\dfrac{1}{a}\right)\left(1+\dfrac{1}{b}\right)\left(1+\dfrac{1}{c}\right)=2$.

13. 求 $abc-2=a+b+c$ 的所有正整数解.

14. 证明:若弦与股的差为1,则勾股数的形式为:$2a+1,2a^2+2a,2a^2+2a+1$,这里 a 是任意整数.

15. 设 x,y,z 是勾股数,x 是素数.证明:$2z-1,2(x+y+1)$ 都是平方数.

16. 求整数 $x,y,z,x>y>z$,使 $x-y,x-z,y-z$ 都是平方数.

17. 观察本原勾股数组:(3,4,5),(15,8,17),(35,12,37),(63,16,65),你会发现三元数组(a,b,c)满足 c 比 a 大 2.

(1) 再求两个本原勾股数组(a,b,c)使得 $c=a+2$;

(2) 求本原勾股数组(a,b,c)使得 $c=a+2$ 且 $c>1000$;

(3) 试求满足 $c=a+2$ 的本原勾股数组(a,b,c)的通用公式.

18. 自己列举一些本原勾股数组(a,b,c),计算 $2c-2a$.这些值呈现某种特殊形式吗?试证明你的观察对所有本原勾股数组(a,b,c)成立.

第 3 章

1. 证明:在 $2^1-1,2^2-1,2^3-1,\cdots,2^{n-1}-1$ 中至少有一个数能被 n 整除,其中 n 为大于 1 的奇数.

2. 在黑板上写上数 1,2,3,…,2011,进行下列操作:从写出的数中擦去某些数,再写上擦去数的和除以 7 的余数来代替它们.若干步之后,在黑板上剩下两个数,其中之一是 987,剩下的第二个数是什么?

3. 对任给的 99 个互异的正整数 $a_1,a_2,\cdots,a_{99}$,试证其中一定存在四个正整数,仅用减号、乘号和括号将它们适当组合为一个算式,其结果是 2 010 的倍数.

4. 证明:若 p 为奇素数,且 $2^m\not\equiv 1(\bmod p)$,则 $1^m+2^m+\cdots+(p-1)^m\equiv 0(\bmod p)$.

5. 用模 63 的非负的最小完全剩余系的所有元素组成一个矩阵(7×9),使得该矩阵的每行元素对于 mod7 都同余,每列元素对于 mod9 都同余.

6. 设$(a,m)=1\ (a,m\in\mathbf{N})$.证明:$\displaystyle\sum_{x=1}^{m-1}\left[\frac{ax}{m}\right]=\frac{1}{2}(m-1)(a-1)$.

7. 证明:若 p 为奇素数,则$(p-1)\left|\left[\dfrac{(p-1)!}{p}\right]\right.$.

8. 证明:数列 11,111,1111,… 中无平方数.

9. 求出最小的正整数 k,使得存在正整数 m,n,满足 $k=19^n-5^m$.

10. 证明:对于非负整数 n,$19\times 8^n+17$ 为合数.

11. 试确定具有下述性质的所有正整数 n,集合 $M=\{n,n+1,n+2,n+3,n+4,n+5\}$ 可以分成两个不相交的非空子集,使得一个子集中所有的元素的积等于另一个子集的所有元素之积.

12. 试求不大于 100,且使 $11\mid(3^n+7^n+4)$成立的自然数 n 的和.

13. 证明:$\varphi(n)=\dfrac{1}{4}n$ 不可能成立.

14. 设 p 是一个奇素数.试证:

(1) $1^{p-1}+2^{p-1}+\cdots+(p-1)^{p-1}\equiv-1(\bmod p)$;

(2) $1^p+2^p+\cdots+(p-1)^p\equiv 0(\bmod p)$.

15. 若 p 是一个奇素数,$(a,p)=1$,问对模 p,$a^{\frac{p-1}{2}}$ 可取哪些值?

16. n 是什么数时,有素数 $p\mid(1+n+n^2+\cdots+n^{p-2})$?

17. 证明:若 a 和 b 均不被素数 $n+1$ 整除,则 a^n-b^n 被 $n+1$ 整除.

18. 求证:$2730\mid n^{13}-n$ (n 为任意整数).

19. (1) 注意到:$6!\equiv-1(\bmod 7)$,$5!1!\equiv 1(\bmod 7)$,$4!2!\equiv-1(\bmod 7)$,$3!3!\equiv 1(\bmod 7)$,对模 11,试做同样的运算;

(2) 根据(1),提出一个猜想,并加以证明.

20. 使 $2^n\equiv 2(\bmod n)$ 成立的 n 并不一定是质数,这样的合数 n 称为伪质数.证明:存在无穷多个伪质数.

第 4 章

1. 提出解同余方程的一种简单方法.

(1) $2^k x\equiv b(\bmod m)$,$(2,m)=1$;

(2) $3^k x\equiv b(\bmod m)$,$(3,m)=1$.

2. 用题 1 解同余方程:

(1) $256x\equiv 179(\bmod 337)$;

(2) $243x\equiv 112(\bmod 551)$.

3. 解同余方程:$31x\equiv 5(\bmod 17)$.

4. 试用同余方程的解法求解不定方程 $37x+49y=1$.

5. 用数字 1,2,3,4,5,6,7 组成七位数(数字不重复).证明:任何两个七位数不构成倍数(整数倍)关系.

6. 解同余方程:$x^3+x^2+2x+26\equiv 0(\bmod 243)$.

7. 同余方程 $x^5+x-6\equiv 0(\bmod 144)$ 有多少不同余的解?

8. 求所有满足 $8^x+15^y=17^z$ 的正整数三元组(x,y,z).

9. 从 1,2,…,200 这些数中选取 100 个数,使得其中任何一个数都不能被其他数整除.

10. 从 $1\sim 3n$ 这 $3n$ 个自然数中任取 $n+2$ 个数.证明:当 $n>1$ 时,在这 $n+2$ 个数中至少有两个数,它们的差大于 n,且小于 $2n$.

11. 设 A 是十进制数$4\,444^{4\,444}$ 的各位数字之和,B 是 A 的各位数字之和,求 B 的各位数字之和 C.

第 5 章

1. 设 a 和 b 是不被素数 p 整除的整数.证明:a,b 和 ab 这三个整数中,或者有一个是 p 的二次剩余,或者三个都是 p 的二次剩余.

2. 证明:若 p 是素数且 $p \geqslant 7$,则 p 总有两个差为 3 的二次剩余.
3. 数 a 称为模 p 的三次剩余,是指它与一个立方数对于模 p 同余.也就是说,存在一个数 b,使得 $a \equiv b^3 (\bmod p)$ 成立.
   (1) 对 $p = 5,7,11,13$,列出模 p 的所有三次剩余;
   (2) 找出两个数 a_1 和 b_1,使 a_1, b_1 都不是模 19 的三次剩余,但 $a_1 b_1$ 是模 19 的三次剩余.类似地,找出两个数 a_2 和 b_2,使 $a_2, b_2, a_2 b_2$ 都不是模 19 的三次剩余;
   (3) 若 $p \equiv 2(\bmod 3)$,对哪些 a 是三次剩余作一个猜测并证明之;
   (4) 若 $p \equiv 1(\bmod 3)$,对哪些 a 是三次剩余作一个猜测并证明之.
4. 计算勒让德符号$\left(\frac{7}{11}\right)$的值.
5. 求同余方程 $x^2 \equiv 58(\bmod 77)$ 的所有解.
6. 已知方程 $x^2 \equiv 860(\bmod 11\,021)$ 有解,求出方程所有的解.
7. 证明:若 p 是素数且 $p \equiv 3(\bmod 4)$,则$\left(\frac{p-1}{2}\right)! \equiv (-1)^t (\bmod p)$,其中 t 是 p 的二次非剩余中小于$\frac{p}{2}$ 的正整数的个数.
8. 证明:若 p 是素数且 $p \geqslant 7$,则 p 总有两个差为 3 的二次剩余.
9. 找出一个描述以 5 为二次剩余的所有素数 p 的同余式.
10. 找出一个描述以 7 为二次非剩余的所有素数 p 的同余式.
11. 证明:存在无穷多个模 3 余 1 的素数.
12. 设 p 是一个素数($p \neq 2$ 且 $p \neq 5$),a 是某个给定的数.假定 p 整除 $a^2 - 5$.证明:$p \equiv 1(\bmod 5)$ 或 $p \equiv 4(\bmod 5)$.
13. 若 p 是形如 $8k+1$ 的素数,且 $d \mid p$.证明:$\left(\frac{d}{p}\right) = 1$.
14. 若 p 是 $n^4 - n^2 + 1$ 的素因数,则 $p \equiv 1(\bmod 12)$.
15. 若 p 是奇素数.证明:$x^4 \equiv -4(\bmod p)$ 有解的充要条件是 $p \equiv 1(\bmod 4)$.
16. 假设 $n = pq$,其中 p 和 q 是素数.若 a 是 n 二次非剩余但$\left(\frac{a}{n}\right) = 1$,则称 a 是模 n 的伪平方数.证明:若 a 是模 n 的伪平方数,则$\left(\frac{a}{p}\right) = \left(\frac{a}{q}\right) = -1$.
17. 若 p 是素数,且$(k,p) = 1$,则$\sum_{i=0}^{p}\left(\frac{i(i+k)}{p}\right) = -1$.

参考答案

第 1 章

习题 1.1

1. 证明　因 $3\mid n$,可设 $n=3m$,由 $7\mid n$,得 $7\mid 3m$,而 $7\mid 7m$,故 $7\mid(7m-2\times 3m)$,即 $7\mid m$,则 $21\mid 3m$,即 $21\mid n$.

2. 证明　因 $a\mid 2n$,故 $a\mid 2kn$,而 $2kn=(2k-1)n+n=an+n$,则 $a\mid an+n$.又 $a\mid an$,则 $a\mid n$.

3. 证明　因 $f(b)-f(c)=a_n(b^n-c^n)+a_{n-1}(b^{n-1}-c^{n-1})+\cdots+a_1(b-c)$,则 $d\mid b-c$,故 $d\mid b^i-c^i\ (i=1,2,\cdots,n)$,即 $d\mid f(b)-f(c)$.

4. 证明　因 $mq+np=(mn+pq)-(m-p)(n-q)$,又 $m-p\mid mn+pq$,故 $m-p\mid mq+np$.

5. 解　将原数列改写为 $1,4,-3,-1,5,-3,-1,3,-3,-1$.用 s_n 表示其前 n 项和,则 $s_1=s_4=s_{10}=1,s_2=s_8=5,s_3=s_7=s_9=2,s_5=6,s_6=3$.共有 $C_3^2+C_2^2+C_3^2=7$ 组,即 $s_4-s_1,s_{10}-s_1,s_{10}-s_4,s_8-s_2,s_7-s_3,s_9-s_3,s_9-s_7$.

6. 证明　因 $a^3-a=a(a-1)(a+1)$ 是 6 的倍数,故 $6\mid a^3-a$.同理,$6\mid b^3-b,6\mid c^3-c$,故 $6\mid a^3+b^3+c^3$.

习题 1.2

1. 证明　对于任意的正整数 a,b 以及正奇数 k,有

$$a^k+b^k=(a+b)(a^{k-1}-a^{k-2}b+a^{k-3}b^2-\cdots+b^{k-1})=(a+b)q$$

其中,q 是整数.记 $s=1^r+2^r+\cdots+n^r$,则

$$2s=2+(2^r+n^r)+[3^r+(n-1)^r]+\cdots+(n^r+2^r)=2+(n+2)Q$$

其中,Q 是整数.

若 $n+2\mid s$,由上式知 $n+2\mid 2$,因为 $n+2>2$,这是不可能的,所以 $n+2\nmid s$.

2. 证明　取 $a=4k^4$,对于任意的 $n\in\mathbf{N}$,有

$$n^4+4k^4=(n^2+2k^2)^2-4n^2k^2=(n^2+2k^2+2nk)(n^2+2k^2-2nk)$$

因为
$$n^2+2k^2-2nk=(n-k)^2+k^2\geqslant k^2$$
所以,对于任意 $k=2,3,\cdots$ 以及任意的 $n\in\mathbf{N}$,n^4+a 是合数.

3. 证明　若 n_1 不是素数,则 $n_1=n_2n_3,n_2\geqslant p,n_3\geqslant p$,于是 $n=pn_2n_3\geqslant p^3$,即 $p\leqslant\sqrt[3]{n}$,矛盾.

4. 解　因 $a^4-3a^2+9=(a^2-3a+3)(a^2+3a+3)$,当 $a=1,2$ 时,$a^4-3a^2+9=7,13$,故 a^4-3a^2+9 是素数;当 $a\geqslant 3$ 时,$a^2-3a+3>1,a^2+3a+3>1$,故 a^4-3a^2+9 是合数.

5. 证明　因 n 是合数,故可设 $n=ab$,其中 $a>1,b>1$.

因
$$10^n-1=(10^a)^b-1=(10^a-1)(10^{a(b-1)}+\cdots+10^a+1)$$
故
$$9\cdot(\underbrace{11\cdots1}_{n个})=9\cdot(\underbrace{11\cdots1}_{a个})(10^{a(b-1)}+\cdots+10^a+1)$$
则
$$(\underbrace{11\cdots1}_{n个})=(\underbrace{11\cdots1}_{a个})(10^{a(b-1)}+\cdots+10^a+1)$$
即 $\underbrace{11\cdots1}_{n个}$ 也是合数.

注意:此命题的逆命题不成立,如 111 是合数,但 3 是素数.

6. 证明　假设 $p_1,p_2,\cdots,p_k$ 是形如 $3n+2$ 的素数,设 $a=3p_1\cdot p_2\cdot\cdots\cdot p_k-1=q_1\cdot q_2\cdot\cdots\cdot q_k$,

这里 q_i 是素数,显然 q_i 与 $p_1,p_2,\cdots,p_k$ 都不相等.如果所有的 q_i 都是 $3n+1$ 的形式,那么它们的乘积也是 $3n+1$ 的形式,这与 $a=3p_1\cdot p_2\cdot\cdots\cdot p_k-1$ 矛盾.所以至少有一个 q_i 是形如 $3n+2$ 的.

7. 解　设三个素数分别是 p,q,r,依题意

$$pqr=5(p+q+r)$$

则 p,q,r 中必有一个等于 5,不妨设 $r=5$,从而

$$pq=p+q+5$$

得
$$(p-1)(q-1)=6$$

易知

$$\begin{cases}p=2\\q=7\end{cases}\quad\text{或}\quad\begin{cases}p=7\\q=2\end{cases}$$

所以这三个素数是 2,5,7.

8. (1) 取 $n=20$,则 $119=7\times17,121=11\times11$;

(2) 证明　取 $n=77k+20$,就符合要求,这里 k 是整数.

9. 证明　设

$$a=\prod_{i=1}^{k}p_i^{\alpha_i},\quad b=\prod_{i=1}^{k}p_i^{\beta_i}$$

其中,$p_1,p_2,\cdots,p_k$ 是互不相同的素数,$\alpha_i,\beta_i\geqslant0$.

$$(a,b)=\prod_{i=1}^{k}p_i^{\lambda_i},\lambda_i=\min\{\alpha_i,\beta_i\}\quad(1\leqslant i\leqslant k)$$

$$[a,b]=\prod_{i=1}^{k}p_i^{\mu_i},\mu_i=\max\{\alpha_i,\beta_i\}\quad(1\leqslant i\leqslant k)$$

故
$$(a,b)[a,b]=\prod_{i=1}^{k}p_i^{\lambda_i+\mu_i}=\prod_{i=1}^{k}p_i^{\min\{\alpha_i,\beta_i\}+\max\{\alpha_i,\beta_i\}}=ab$$

10. 证明　设

$$a=\prod_{i=1}^{k}p_i^{\alpha_i},\quad b=\prod_{i=1}^{k}p_i^{\beta_i}$$

其中,$p_1,p_2,\cdots,p_k$ 是互不相同的素数,$\alpha_i,\beta_i\geqslant0$.

令
$$a_2=\prod_{i=1}^{k}p_i^{\gamma_i},\gamma_i=\begin{cases}\alpha_i, & \alpha_i=\max\{\alpha_i,\beta_i\}\\0, & \text{其他}\end{cases},a_1=\frac{a}{a_2}$$

$$b_2=\prod_{i=1}^{k}p_i^{\delta_i},\delta_i=\begin{cases}\beta_i, & \beta_i=\max\{\alpha_i,\beta_i\}\neq\alpha_i\\0, & \text{其他}\end{cases},b_1=\frac{b}{b_2}$$

则存在 a_1,a_2,b_1,b_2,使得 $a=a_1a_2,b=b_1b_2,(a_2,b_2)=1$,并且 $[a,b]=a_2b_2$.

习题 1.3

1. 解　(1)　$(-1\,859,1\,573)=(1\,859,1\,573)=(286,1\,573)$

$$=(286,1\,573-286\times5)=(286,143)=(0,143)=143$$

(2)
$$(30,45,84)=(30,15,84)=(0,15,84)=(15,84)$$
$$=(15,9)=3(5,3)=3$$

(3)
$$(2n-1,n-2)=(2n-1-2(n-2),n-2)=(3,n-2)$$
$$=\begin{cases}3 & \text{当 } n=3k+2 \text{ 时},\\1 & \text{当 } n=3k,3k+1 \text{ 时}.\end{cases}$$

2. 证明　因
$$(am,bm)=(a,b)m$$

故 $$(a,b)(a,c)=(a(a,c),b(a,c))=(a^2,ac,ab,bc)$$
$$=(a^2,(ac,ab),bc)=(a^2,a(c,b),bc)=(a^2,a,bc)$$
$$=((a^2,a),bc)=(a(a,1),bc)=(a,bc)$$

3. 证明 由$(a,4)=(b,4)=2$,可得$2\mid a,2\mid b$,且$4\nmid a,4\nmid b$,可设$a=4k_1+2,b=4k_2+2$,所以$(a+b,4)=(4(k_1+k_2),4)=4(k_1+k_2,1)=4$.

4. 证明 由$(am,bm)=(a,b)m$,得
$$(a,b)(b,c)(c,a)=((a,b)b,(a,b)c)(c,a)=(ab,b^2,ac,bc)(c,a)$$
$$=(ab(c,a),b^2(c,a),ac(c,a),bc(c,a))$$
$$=(abc,a^2b,b^2c,b^2a,ac^2,a^2c,bc^2,abc)$$
$$=(abc,a^2b,b^2c,b^2a,ac^2,a^2c,bc^2)$$
$$(a,b,c)(ab,bc,ca)=(ab(a,b,c),bc(a,b,c),ca(a,b,c))$$
$$=((a^2b,ab^2,abc),(abc,b^2c,bc^2),(a^2c,abc,ac^2))$$
$$=(a^2b,ab^2,abc,abc,b^2c,bc^2,a^2c,abc,ac^2)$$
$$=(a^2b,ab^2,b^2c,bc^2,a^2c,abc,ac^2)$$
得证.

5. 证明 因$(a,b)=1$,故$(a,a+b)=1,(b,a+b)=1$.又因$c\mid a+b$,则$(a,c)\leqslant(a,a+b),(b,c)\leqslant(b,a+b)$,故$(c,a)=(c,b)=1$.

6. 证明 设这5个数分别是a_1,a_2,a_3,a_4,a_5,记
$$(a_1,a_2,a_3,a_4)=d_1,\quad (a_1,a_2,a_3,a_5)=d_2$$
$$(a_1,a_3,a_4,a_5)=d_3,\quad (a_1,a_2,a_4,a_5)=d_4,\quad (a_2,a_3,a_4,a_5)=d_5$$
只需证明d_1,d_2,d_3,d_4,d_5中有一个1即可.显然d_1,d_2,d_3,d_4,d_5两两互素,若均大于1,不妨设$d_1>d_2>d_3>d_4>d_5$,则
$$a_1=b_1d_1d_2d_3d_4\geqslant b_1\times3\times5\times7\times11>1\,000$$
矛盾.

7. 证明 要证C_m^k与l互素,即证$(C_m^k,l)=1$.如果能构造$C_m^k=ql+1$,其中q是正整数,则结论显然成立.

由于$C_m^k=\dfrac{m!}{k!(m-k)!}=\dfrac{(m-k+1)\cdot(m-k+2)\cdot\cdots\cdot(m-k+k)}{k!}$,若把$m-k$记为$a$,上式中分子的展开式是:$Ma+k!$.要使$\dfrac{Ma+k!}{k!}$是$ql+1$的形式,只需要$a=m-k=k!l$,又由于要构造无穷多个满足条件的$m$,于是$m=tk!l+k\ (t\in\mathbf{N}_+)$.

习题 1.4

1. 解 $$[221,391,136]=[[221,391],136]=\left[\frac{221\times391}{(221,391)},136\right]$$
$$=[5\,083,136]=\frac{5\,083\times136}{(5\,083,136)}=40\,664$$

2. 证明 若 $$(a,b)=(b,c)=(c,a)=1$$
则 $$(ab,bc,ca)=((ab,bc),ca)=(b(a,c),ca)=(b,ca)=1,$$
由例1.4.1得 $$[a,b,c]=\frac{abc}{(ab,bc,ca)}=abc$$
若$[a,b,c]=abc$,由例1.4.1得
$$(ab,bc,ca)=1$$

假设$(a,b)=d>1$,则

$$(ab,bc,ca)=(ab,(b,a)c)=(ab,dc)=(ab,d)=d>1$$

矛盾.故

$$(a,b)=1$$

同理可得

$$(b,c)=1,(c,a)=1$$

3. 证明 因为 $[a,b]\geqslant a\geqslant (a,b),\quad [a,b]\geqslant b\geqslant (a,b)$

所以 $$a=b=[a,b]=(a,b)$$

4. 证明 因 $$(m,a)=1$$

故 $$(m,b)=(m,b(m,a))=(m,bm,ab)=(m,ab)$$

5. 证明 因 $$(a,u)(a,v)=(a^2,au,av,uv)=(a^2,auv,au,u^2v,av,uv^2,uv)$$
$$=(a(a,uv),u(a,uv),v(a,uv),uv)$$

又 $(a,uv)\mid a(a,uv),(a,uv)\mid u(a,uv),(a,uv)\mid v(a,uv),(a,uv)\mid uv$,

故 $(a,uv)\mid (a(a,uv),u(a,uv),v(a,uv),uv)$,即$(a,uv)\mid (a,u)(a,v)$.

习题 1.5

1. 解 对 525,231 作辗转相除法:

$$525=2\times 231+63,\quad q_1=2,\quad r_1=63,$$
$$231=3\times 63+42,\quad q_2=3,\quad r_2=42,$$
$$63=1\times 42+21,\quad q_3=1,\quad r_3=21,$$
$$42=2\times 21,\quad q_4=2,\quad r_4=0.$$

故 $$(525,231)=21$$

因 $aQ_k-bP_k=(-1)^{k-1}r_k$,则 $aQ_3-bP_3=(-1)^2r_3=21$

因 $$Q_0=0,Q_1=1$$

则 $$Q_2=q_2Q_1+Q_0=3\times 1+0=3$$
$$Q_3=q_3Q_2+Q_1=1\times 3+1=4$$

因 $$P_0=1,P_1=q_1=2$$

则 $$P_2=q_2P_1+P_0=3\times 2+1=7$$
$$P_3=q_3P_2+P_1=1\times 7+2=9$$

易知 $4\times 525-9\times 231=21$,故 $s=4,t=9$.

2. 解 对 288,158 作辗转相除法:

$$288=1\times 158+130,\quad q_1=1,\quad r_1=130$$
$$158=1\times 130+28,\quad q_2=1,\quad r_2=28$$
$$130=4\times 28+18,\quad q_3=4,\quad r_3=18$$
$$28=1\times 18+10,\quad q_4=1,\quad r_4=10$$
$$18=1\times 10+8,\quad q_5=1,\quad r_5=8$$
$$10=1\times 8+2,\quad q_6=1,\quad r_6=2$$
$$8=4\times 2,\quad q_7=4,\quad r_7=0$$

故$(288,158)=2$

因 $aQ_k-bP_k=(-1)^{k-1}r_k$,则 $aQ_6-bP_6=(-1)^5r_6=-2$

因 $$Q_0 = 0, Q_1 = 1$$
则
$$Q_2 = q_2 Q_1 + Q_0 = 1 \times 1 + 0 = 1$$
$$Q_3 = q_3 Q_2 + Q_1 = 4 \times 1 + 1 = 5$$
$$Q_4 = q_4 Q_3 + Q_2 = 1 \times 5 + 1 = 6$$
$$Q_5 = q_5 Q_4 + Q_3 = 1 \times 6 + 5 = 11$$
$$Q_6 = q_6 Q_5 + Q_4 = 1 \times 11 + 6 = 17$$
因 $$P_0 = 1, P_1 = q_1 = 1$$
则
$$P_2 = q_2 P_1 + P_0 = 1 \times 1 + 1 = 2$$
$$P_3 = q_3 P_2 + P_1 = 4 \times 2 + 1 = 9$$
$$P_4 = q_4 P_3 + P_2 = 1 \times 9 + 2 = 11$$
$$P_5 = q_5 P_4 + P_3 = 1 \times 11 + 9 = 20$$
$$P_6 = q_6 P_5 + P_4 = 1 \times 20 + 11 = 31$$
故 $17 \times 288 - 31 \times 158 = -2$，则 $-17 \times 288 + 31 \times 158 = 2$

另解：由等式 $10 = 8 + 2$ 起逐步回代，得
$$\begin{aligned} 2 &= 10 - 8 = 10 - (18 - 10) = 2 \times 10 - 18 = 2 \times (28 - 18) - 18 \\ &= 2 \times 28 - 3 \times 18 = 2 \times 28 - 3 \times (130 - 4 \times 28) = -3 \times 130 + 14 \times 28 \\ &= -3 \times 130 + 14 \times (158 - 130) = 14 \times 158 - 17 \times 130 \\ &= 14 \times 158 - 17 \times (288 - 158) = 31 \times 158 - 17 \times 288 \end{aligned}$$
故 $s = -17, t = 31$，即可满足要求.

3. 证明　记 $a = 3q_1 + r_1, b = 3q_2 + r_2, r_1, r_2 = 0, 1$ 或 2，由 $3 \mid a^2 + b^2 = 3Q + r_1^2 + r_2^2$ 知，$r_1 = r_2 = 0$，即 $3 \mid a$ 且 $3 \mid b$.

4. 证明　设 $n = 3q + r, r = 0, 1, 2$，当 $r = 0$ 时，$n = 3q$，显然 $3 \mid n$，故 $3 \mid n(n+1)(2n+1)$；

当 $r = 1$ 时，这时 $2n + 1 = 6q + 3$，显然 $3 \mid (2n+1)$，故 $3 \mid n(n+1)(2n+1)$；

当 $r = 2$ 时，这时 $n + 1 = 3q + 3$，显然 $3 \mid (n+1)$，故 $3 \mid n(n+1)(2n+1)$.

综上，对任何整数 n，总有 $3 \mid n(n+1)(2n+1)$.

5. 证明　任何整数都可以写成 $3n$ 或 $3n \pm 1$，因为 $(3n)^2 = 9n^2 = 3k, (3n \pm 1)^2 = 3(3n^2 \pm 2n) + 1 = 3t + 1$. 所以，形如 $3n - 1$ 的数不是平方数.

6. 证明　分别对 $x, 2$ 及 $y, 2$ 作带余数除法，有
$$x = 2q_1 + r_1 \quad (0 \leqslant r_1 < 2)$$
$$y = 2q_2 + r_2 \quad (0 \leqslant r_2 < 2)$$
于是 $$x^2 + y^2 = 4(q_1^2 + q_2^2 + q_1 r_1 + q_2 r_2) + r_1^2 + r_2^2$$
分别考虑 $r_1 = 0, 1; r_2 = 0, 1$ 四种情况知
$$r_1^2 + r_2^2 = 0, 1, 2$$
故 $$x^2 + y^2 \neq 4k + 3$$

7. 证明　因为对于任一整数 x，x^2 除以 9 的余数是 0,1,4 或 7，又 $9 \mid a^2 + b^2 + c^2$，所以 (a^2, b^2, c^2) 除以 9 的余数只可能是(0,0,0)，(1,1,7)，(1,4,4)，或(4,7,7)(可以改变次序)，其中总有两个余数相同. 因此 $9 \mid a^2 - b^2$ 或 $9 \mid a^2 - c^2$ 或 $9 \mid b^2 - c^2$.

8. 证明　设 $ax + by = (ax_0 + by_0)q + r, 0 \leqslant r < ax_0 + by_0$，则有
$$r = ax + by - (ax_0 + by_0)q = ax + by - aqx_0 - bqy_0 = a(x - qx_0) + b(y - qy_0)$$
若 $r \neq 0$，则 r 也为形如 $ax + by$ 的正数，但 $0 \leqslant r < ax_0 + by_0$，与 $ax_0 + by_0$ 的最小性矛盾.

故 $r=0$,即 $(ax_0+by_0)\mid(ax+by)$.

9. 证明　$b\neq 0$,设 $a=qb+r,0\leqslant r<|b|$.

若 $0\leqslant r\leqslant\frac{|b|}{2}$,取

$$s=q,t=r$$

即有结论成立.

若 $\frac{|b|}{2}<r<|b|$,有

$$-\frac{|b|}{2}<r-|b|<0$$

此时 $|r-|b||<\frac{|b|}{2}$.

当 $b>0$ 时,$a=qb+r=(q+1)b+r-b=(q+1)b+r-|b|$,此时取 $s=q+1,t=r-|b|$;当 $b<0$ 时,$a=qb+r=(q-1)b+r+b=(q-1)b+r-|b|$,此时取 $s=q-1,t=r-|b|$.也有结论成立,故存在性得证.

当 b 为奇数时,有 $|t|$ 严格小于 $\frac{|b|}{2}$,若 $a=bs_1+t_1,a=bs_2+t_2$,且 $(s_1-s_2)^2+(t_1-t_2)^2\neq 0$,那么 $b(s_1-s_2)=t_2-t_1$,于是 $b\,\big|\,|t_2-t_1|$,而 $|t_2-t_1|\leqslant|t_1|+|t_2|<|b|$,矛盾.故 $(s_1-s_2)^2+(t_1-t_2)^2=0\Rightarrow s_1=s_2,t_1=t_2$,所以 b 为奇数时,s,t 具有唯一性.

当 b 是偶数时,形如 $a=bs+\frac{b}{2},s\in\mathbf{Z}$ 的整数,都有 $a=bs+\frac{b}{2}=b(s+1)-\frac{b}{2}$ 两种表示方法,不唯一.

习题 1.6

1. 解　$51\,480=2^3\cdot 3^2\cdot 5\cdot 11\cdot 13$.

2. 解　30!含有质因数 2,3,5,7,11,13,17,19,23,29,它们在分解式中的指数分别是

$$\left[\frac{30}{2}\right]+\left[\frac{30}{4}\right]+\left[\frac{30}{8}\right]+\left[\frac{30}{16}\right]=15+7+3+1=26$$

$$\left[\frac{30}{3}\right]+\left[\frac{30}{9}\right]+\left[\frac{30}{27}\right]=10+3+1=14$$

$$\left[\frac{30}{5}\right]+\left[\frac{30}{25}\right]=6+1=7,\left[\frac{30}{7}\right]=4,\left[\frac{30}{11}\right]=2,\left[\frac{30}{13}\right]=2,\left[\frac{30}{17}\right]=\left[\frac{30}{19}\right]=\left[\frac{30}{23}\right]=\left[\frac{30}{29}\right]=1$$

故

$$30!=2^{26}\cdot 3^{14}\cdot 5^7\cdot 7^4\cdot 11^2\cdot 13^2\cdot 17\cdot 19\cdot 23\cdot 29$$

3. 解　因为 $\left[\frac{500}{7}\right]=71,\left[\frac{199}{7}\right]=28$,所以所求个数等于 $71-28=43$ 个.

4. 证明　由带余数除法,存在整数 q,r,使得

$$[x]=qn+r\quad(0\leqslant r<n)$$

即

$$\frac{[x]}{n}=q+\frac{r}{n}\quad\left(0\leqslant\frac{r}{n}<1\right)$$

$$\left[\frac{[x]}{n}\right]=\left[q+\frac{r}{n}\right]=q+\left[\frac{r}{n}\right]=q$$

另一方面,

$$\frac{x}{n}=\frac{[x]+\{x\}}{n}=\frac{[x]}{n}+\frac{\{x\}}{n}=q+\frac{\{x\}+r}{n}$$

又 $0\leqslant\{x\}<1$,故

$$0 \leqslant \{x\} + r < r + 1 \leqslant n$$

则
$$0 \leqslant \frac{\{x\} + r}{n} < 1$$

故
$$\left[\frac{r}{n}\right] = q$$

$$\left[\frac{[x]}{n}\right] = \left[\frac{x}{n}\right]$$

5. 解　因为
$$x = [x] + \{x\}$$

所以
$$[x]\{x\} < [x] + \{x\} - 1$$

则
$$(\{x\} - 1)([x] - 1) < 0$$

注意,因$\{x\} < 1$,故

$$[x] - 1 > 0, \quad [x] > 1, \quad [x] \geqslant 2$$

知不等式解集为

$$\{x \mid x \geqslant 2\}$$

6. 证明　当$\{x\} < \frac{1}{n}$时,

$$\left[x + \frac{i}{n}\right] = [x] \quad (i = 0,1,2,\cdots,n-1)$$

$$[nx] = [n[x] + n\{x\}] = n[x]$$

故
$$[x] + \left[x + \frac{1}{n}\right] + \left[x + \frac{2}{n}\right] + \cdots + \left[x + \frac{n-1}{n}\right] = [nx]$$

当$\frac{1}{n} \leqslant \{x\} < \frac{2}{n}$时,

$$\left[x + \frac{i}{n}\right] = [x] \quad (i = 0,1,2,\cdots,n-2)$$

$$\left[x + \frac{i}{n}\right] = [x] + 1 \quad (i = n-1)$$

$$[nx] = [n[x] + n\{x\}] = n[x] + 1$$

故
$$[x] + \left[x + \frac{1}{n}\right] + \left[x + \frac{2}{n}\right] + \cdots + \left[x + \frac{n-1}{n}\right] = [nx]$$

一般地,当$\frac{k}{n} \leqslant \{x\} < \frac{k+1}{n}$时,

$$[x + \frac{i}{n}] = [x] \quad (i = 0,1,2,\cdots,n-k-1)$$

$$[x + \frac{i}{n}] = [x] + 1 \quad (i = n-k,\cdots,n-1)$$

$$[nx] = [n[x] + n\{x\}] = n[x] + k$$

故
$$[x] + \left[x + \frac{1}{n}\right] + \left[x + \frac{2}{n}\right] + \cdots + \left[x + \frac{n-1}{n}\right] = [nx]$$

7. 解　因
$$10^{93} + 3^3 = (10^{31} + 3)(10^{62} - 3 \cdot 10^{31} + 9)$$

从而

$$\begin{aligned}\text{原式} &= (10^{31})^2 - 3 \cdot 10^{31} + 9 + \left[\frac{-3^3}{10^{31} + 3}\right] \\ &= 10^{31}(10^{31} - 3) + 9 - 1 \\ &= 10^{31}(10^{31} - 3) + 8\end{aligned}$$

故所求末两位数字是 08.

8. 解　原式 $=\dfrac{2\,006!}{11^k\cdot 1\,000!}$. 因为 2 006! 中含素因子 11 的个数是

$$\left[\frac{2\,006}{11}\right]+\left[\frac{2\,006}{11^2}\right]+\left[\frac{2\,006}{11^3}\right]=182+16+1=199$$

又 1 000! 中含 11 的个数是

$$\left[\frac{1\,000}{11}\right]+\left[\frac{1\,000}{11^2}\right]=90+8=98$$

所以
$$k_{\max}=199-98=101.$$

9. 证明　由于 n 有限,则

$$n=a_0+a_1p+\cdots+a_kp^k\quad(0\leqslant a_i<p)$$

对于任意正整数 r,总有

$$\begin{aligned}\left[\frac{n}{p^r}\right]&=\left[\frac{a_0+a_1p+\cdots+a_{r-1}p^{r-1}}{p^r}+a_r+a_{r+1}p+\cdots+a_kp^{k-r}\right]\\&=a_r+a_{r+1}p+\cdots+a_kp^{k-r}+\left[\frac{a_0+a_1p+\cdots+a_{r-1}p^{r-1}}{p^r}\right]\end{aligned}$$

又因 $0\leqslant a_i<p\Rightarrow 0\leqslant a_i\leqslant p-1$,则

$$\begin{aligned}a_0+a_1p+\cdots+a_{r-1}p^{r-1}&\leqslant p-1+(p-1)p+\cdots+(p-1)p^{r-1}\\&=(p-1)(1+p+\cdots+p^{r-1})=p^r-1\end{aligned}$$

从而
$$\left[\frac{a_0+a_1p+\cdots+a_{r-1}p^{r-1}}{p^r}\right]=0$$

且当 $r>k$ 时,
$$\left[\frac{n}{p^r}\right]=0$$

故
$$\begin{aligned}h=\sum_{r=1}^{\infty}\left[\frac{n}{p^r}\right]&=\left[\frac{n}{p}\right]+\left[\frac{n}{p^2}\right]+\cdots+\left[\frac{n}{p^k}\right]\\&=(a_1+a_2p+\cdots+a_kp^{k-1})+(a_2+a_3p+\cdots+a_kp^{k-2})+\cdots+a_k.\end{aligned}$$

而

$$\begin{aligned}\frac{n-S_n}{p-1}&=\frac{a_1(p-1)+\cdots+a_k(p^k-1)}{p-1}\\&=a_1+a_2(p+1)+\cdots+a_k(p^{k-1}+\cdots+1)\\&=(a_1+a_2p+\cdots+a_kp^{k-1})+(a_2+a_3p+\cdots+a_kp^{k-2})+\cdots+a_k\\&=h\end{aligned}$$

即 $h=\dfrac{n-S_n}{p-1}$ 成立.

第 2 章

习题 2.1

1. 解　因 $(10,-7)=1$, $1\mid 17$,则原方程有整数解. 易知原方程有一组整数解为 $x_0=1$, $y_0=-1$,故原方程的全部整数解为 $x=1-7t$, $y=-1-10t$, $t=0,\pm1,\pm2,\cdots$.

2. 解　先求方程 $5x+3y=52$ 的整数解. 因 $(5,3)=1$,则原方程 $5x+3y=52$ 有整数解,容易看出方程 $5x+3y=1$ 有一组解 $(-1,2)$,所以方程 $5x+3y=52$ 有一组解

$$x_0=-52,\quad y_0=104$$

原方程的全部整数解为

$$x=-52+3t,\quad y=104-5t$$

其中，$t=0,\pm1,\pm2,\cdots$. 再求方程的正整数解. 令$\begin{cases}-52+3t>0\\104-5t>0\end{cases}$，解得

$$17\frac{1}{3}<t<20\frac{4}{5}$$

由于 t 为整数，所以

$$t=18,19,20$$

原方程的全部正整数解为

$$(2,14),(5,9),(8,4)$$

3. 解 设一份为 $7x$，另一份为 $11y$，则 $7x+11y=100$. 先求方程 $7x+11y=100$ 的整数解. 因为 $(7,11)=1$，原方程 $7x+11y=100$ 有整数解，容易看出方程 $7x+11y=1$ 有一组解 $x_0=-3,y_0=2$，所以方程 $7x+11y=100$ 有一组解 $x_0=-3\times100,y_0=2\times100$. 原方程的全部整数解为 $x=-3\times100+11t,y=2\times100-7t,t=0,\pm1,\pm2,\cdots$.

再求方程的正整数解. 令$\begin{cases}-3\times100+11t>0\\2\times100-7t>0\end{cases}$，解得 $27\frac{3}{11}<t<28\frac{4}{7}$. 由于 t 为整数，所以 $t=28$. 原方程的全部正整数解为(8,4)，即两份分别是 56，44.

4. 证明 若 $N>ab-a-b$，令 $N=ab-a-b+k$，其中 k 是正整数. 则原方程化为

$$ax+by=ab-a-b+k$$

即

$$a(x+1)+b(y+1)=ab+k$$

设 $x=x_0,y=y_0$ 为 $ax'+by'=ab+k$ 的一组特解，则通解为

$$\begin{cases}x'=x_0+bt\\y'=y_0-at\end{cases}$$

其中 t 为整数. 要求 $a(x+1)+b(y+1)=ab+k$ 的非负整数解，即要使 $x'\geqslant1,y'\geqslant1$，则

$$\begin{cases}x_0+bt\geqslant1\Rightarrow bt\geqslant1-x_0\Rightarrow t\geqslant\dfrac{1-x_0}{b}\\y_0-at\geqslant1\Rightarrow at\leqslant y_0-1\Rightarrow t\leqslant\dfrac{y_0-1}{a}\end{cases}$$

即$\dfrac{1-x_0}{b}\leqslant t\leqslant\dfrac{y_0-1}{a}$. 下证 t 在$\left[\dfrac{1-x_0}{b},\dfrac{y_0-1}{a}\right]$内有整数解.

假设 t 在$\left[\dfrac{1-x_0}{b},\dfrac{y_0-1}{a}\right]$内没有整数解，即存在整数 m，使 $m<t<m+1$，则

$$\begin{cases}m<\dfrac{1-x_0}{b}\Rightarrow bm<1-x_0\\\dfrac{y_0-1}{a}<m+1\Rightarrow y_0-1<am+a\end{cases}$$

易知 bm,am 为整数，且 x_0,y_0 为整数，

从而 $\Rightarrow\begin{cases}bm+1\leqslant1-x_0\Rightarrow x_0\leqslant-bm\Rightarrow ax_0\leqslant-abm & ①\\y_0-1\leqslant am+a-1\Rightarrow y_0\leqslant am+a\Rightarrow by_0\leqslant abm+ab & ②\end{cases}$

①＋②$\Rightarrow ax_0+by_0\leqslant ab\Rightarrow ab+k\leqslant ab\Rightarrow k=0$ 与 $k\geqslant1$ 矛盾.

故假设不成立，t 在$\left[\dfrac{1-x_0}{b},\dfrac{y_0-1}{a}\right]$内有整数解.

若有 $x\geqslant0,y\geqslant0,ax+by=ab-a-b$，则 $a(x+1)+b(y+1)=ab$，即 $a\mid b(y+1)$. 因 $(a,b)=$

1,则 $a \mid y+1$,即 $y+1 \geqslant a$,同理 $x+1 \geqslant b$,故 $a(x+1)+b(y+1) \geqslant 2ab$ 与 $a(x+1)+b(y+1)=ab$ 矛盾,即证.

习题 2.2

1. 解　原方程 $x_1-2x_2-3x_3=7$ 等价于不定方程组

$$\begin{cases} x_1-2x_2=t \\ t-3x_3=7 \end{cases}$$

由 $x_1-2x_2=t$,得

$$\begin{cases} x_1=-t+2u \\ x_2=-t+u \end{cases} \quad (t,u \in \mathbf{Z})$$

由 $t-3x_3=7$,得

$$\begin{cases} t=1+3v \\ x_3=-2+v \end{cases} \quad (v \in \mathbf{Z})$$

消去 t,得

$$\begin{cases} x_1=-1+2u-3v \\ x_2=-1+u-3v \\ x_3=-2+v \end{cases} \quad (u,v \in \mathbf{Z})$$

2. 解　原方程 $x_1+2x_2+3x_3=41$ 等价于不定方程组

$$\begin{cases} x_1+2x_2=t \\ t+3x_3=41 \end{cases}$$

$x_1+2x_2=t$,得

$$\begin{cases} x_1=t-2u \\ x_2=u \end{cases} \quad (t,u \in \mathbf{Z})$$

由 $t+3x_3=41$,得

$$\begin{cases} t=41-3v \\ x_3=v \end{cases} \quad (v \in \mathbf{Z})$$

消去 t,得

$$\begin{cases} x_1=41-2u-3v \\ x_2=u \\ x_3=v \end{cases} \quad (u,v \in \mathbf{Z})$$

所以,原方程的正整数解为

$$(x_1,x_2,x_3)=(41-2u-3v,u,v)$$

其中,$u>0, v>0, 41-2u-3v>0$,且 $u,v \in \mathbf{Z}$.

3. 解　设 $\frac{17}{105}=\frac{x}{3}+\frac{y}{5}+\frac{z}{7}$,则

$$35x+21y+15z=17$$

可得

$$\begin{cases} 35x+21y=7t \\ 7t+15z=17 \end{cases}$$

由 $35x+21y=7t$,即 $5x+3y=t$,得 $(-t,2t)$ 是一个解

故

$$\begin{cases} x=-t+3u \\ y=2t-5u \end{cases} \quad (u \in \mathbf{Z})$$

由 $7t+15z=17$，得$(11,-4)$是一个解

故
$$\begin{cases} t=11+15v \\ z=-4-7v \end{cases} \quad (v\in\mathbf{Z})$$

消去 t，得
$$\begin{cases} x=-11+3u-15v \\ y=22-5u+30v \\ z=-4-7v \end{cases} \quad (u,v\in Z)$$

对于任意确定的 u 与 v 的值，都可以给出一种表示法.

习题 2.3

1. 解　由第一个方程得 $z=-(x+y)$，代入第二个方程并化简得
$$xyz=-6$$

由此得
$$(x,y,z)=(1,2,-3),(2,1,-3),(1,-3,2),(2,-3,1),(-3,1,2),(-3,2,1)$$

2. 解　原方程可变为
$$(x+y+z)(x+y-z)(-x+y+z)(x-y+z)=-2^3\cdot 3$$

因为 $x+y+z,x+y-z,-x+y+z,x-y+z$ 同奇偶，易知它们都是偶数，但是$2^4\nmid 2^3\cdot 3$，所以原方程无整数解.

3. 证明　易知 $x_1\geqslant 2$，则 $x_i\geqslant i+1,i=1,2,\cdots,m$. 因为
$$\frac{1}{x_i^3}\leqslant\frac{1}{(i+1)^3}<\frac{1}{(i+1)^2}<\frac{1}{i(i+1)}=\frac{1}{i}-\frac{1}{i+1}$$

所以
$$\text{原式}<(1-\frac{1}{2})+(\frac{1}{2}-\frac{1}{3})+\cdots+(\frac{1}{m}-\frac{1}{m+1})=1-\frac{1}{m+1}<1$$

4. 证明　因为
$$\begin{aligned}(y-x)^3&=y^3-3xy^2+3x^2y-x^3\\&=y^3-3xy^2+x^3+3x^2(y-x)+x^3\\&=n+3x^2(y-x)+x^3\end{aligned}$$

即
$$(y-x)^3-3(y-x)(-x)^2+(-x)^3=n$$

所以$(y-x,-x)$也是方程的一组解. 记 $u=y-x,v=-x$，即(u,v)是方程的一组解.

同样，令 $u'=v-u,v'=-u$，则 $u'=-y,v'=x-y$ 也是方程的一组解.

下面证明$(x,y),(y-x,-x),(-y,x-y)$是方程不同的解.

若$(x,y)=(y-x,-x)$，则 $x=0,y=0$，从而 $n=0$，矛盾. 同理可证其他情况.

5. 解　易知 $x=1$ 是方程的根，对原方程降次得
$$5x^2-5px+66p-1=0$$

则
$$\begin{cases} x_1+x_2=p \\ x_1x_2=\dfrac{66p-1}{5} \end{cases}$$

消去 p，得
$$5x_1x_2+1=66(x_1+x_2)$$

即
$$(5x_1-66)(5x_2-66)=66^2-5=19\times 229$$

可得
$$x_1=17,x_2=49$$

从而
$$p=76$$

习题 2.4

1. 证明　显然 $x=|a^2-2b^2|,y=2ab,z=a^2+2b^2$ 是方程 $x^2+2y^2=z^2$ 的解.

设 $d=(|a^2-2b^2|,2ab,a^2+2b^2)=(a^2-2b^2,2ab,a^2+2b^2)$，不妨设 $d\geqslant 2$.

若 d 为偶数，$2\mid d$，此时 $2\mid a^2-2b^2$，所以 $2\mid a^2$ 与 a 不为偶数矛盾.

若 d 为奇数，则 d 必含有奇数因子 $q\geqslant 3$.

由 $q\mid a^2-2b^2,q\mid a^2+2b^2$，得 $q\mid 2a^2,q\mid 4b^2$，又 $(q,2)=1$，则 $q\mid a^2,q\mid b^2$，故 $q\mid a,q\mid b$，与 $(a,b)=1$ 矛盾，则 $(x,y,z)=1$.

另一方面，由 $x^2+2y^2=z^2$ 可得 $2y^2=z^2-x^2$，故 z^2-x^2 为偶数，于是 z,x 同奇偶. 若 z,x 同为偶数，则 $4\mid z^2-x^2$，即 $4\mid 2y^2,2\mid y^2,2\mid y$. 此时 $2\mid(x,y,z)$ 与 $(x,y,z)=1$ 矛盾，故 z,x 同为奇数. 由于 $8\mid(z^2-1)-(x^2-1)$，则 $8\mid z^2-x^2$，令 $z=2k_1+1,x=2k_2+1$，则 $z^2-x^2=4(k_1+k_2+1)(k_1-k_2)$，此时 $z+x=2(k_1+k_2+1),z-x=2(k_1-k_2)$，显然 k_1+k_2 与 k_1-k_2 同奇偶，因此 k_1+k_2+1 与 k_1-k_2 不同奇偶，不妨设 k_1+k_2+1 为偶数，则

$$\left(\frac{y}{2}\right)^2=\frac{2(k_1+k_2+1)}{4}\cdot\frac{2(k_1-k_2)}{2}=\frac{z+x}{4}\cdot\frac{z-x}{2}$$

下证 $\frac{z+x}{4}$ 与 $\frac{z-x}{2}$ 互素. 记 $d=\left(\frac{z+x}{4},\frac{z-x}{2}\right)$，则 $d^2\left|\left(\frac{y}{2}\right)^2\right.$，即 $d^2\mid y^2,d\mid y$，且由 $d\left|\frac{z+x}{4}\right.$，得 $d\left|\frac{z+x}{2}\right.$.

又 $d\left|\frac{z-x}{2}\right.$，则 $d\left|\left(\frac{z+x}{2}+\frac{z-x}{2}\right)\right.$，$d\left|\left(\frac{z+x}{2}-\frac{z-x}{2}\right)\right.$，即 $d\mid z,d\mid x$，故 $d\mid(x,y,z)$，即 $d=1$. 故有 $\frac{z+x}{4}$ 与 $\frac{z-x}{2}$ 互素，从而 $\left(\frac{y}{2}\right)^2=\frac{z+x}{4}\cdot\frac{z-x}{2}$ 的一切整数解为 $\frac{z-x}{2}=a^2,\frac{z+x}{4}=b^2,\frac{y}{2}=ab$，可得 $x=2b^2-a^2,y=2ab,z=a^2+2b^2$，从而一切正整数解为 $x=|a^2-2b^2|,y=2ab,z=a^2+2b^2$，其中 $(a,b)=1$，且 2 不整除 a，否则与 $(x,y,z)=1$ 矛盾.

说明：当 k_1-k_2 为偶数时，有 $\left(\frac{y}{2}\right)^2=\frac{2(k_1+k_2+1)}{2}\cdot\frac{2(k_1-k_2)}{4}=\frac{z+x}{2}\cdot\frac{z-x}{4}$，同样的方法可以证明 $\frac{z+x}{2}$ 与 $\frac{z-x}{4}$ 互素，解该方程一样可以得到最后的结果.

2. 解　$x^2+y^2=z^4$ 即 $x^2+y^2=(z^2)^2$，由 $2\mid x,(x,y)=1$，则方程的整数解为

$$x=2uv,\quad y=u^2-v^2,\quad z^2=u^2+v^2$$

其中，$u>v>0,(u,v)=1$. 又 $z^2=u^2+v^2$ 的整数解为

$$u=2ab,\quad v=a^2-b^2,\quad z=a^2+b^2$$

其中，$(a,b)=1,a>b>0$，代入得

$$x=4ab(a^2-b^2),\quad y=6a^2b^2-a^4-b^4,\quad z=a^2+b^2$$

其中，$(a,b)=1,a>b>0$. 故方程的一切正整数解为

$$x=4ab(a^2-b^2),\quad y=|6a^2b^2-a^4-b^4|,\quad z=a^2+b^2$$

其中，$(a,b)=1,a>b>0$.

3. 证明　假设方程 $x^4+4y^4=z^2$ 存在整数解，则在这些解中一定有一个解使得 z 的值比其余的解中 z 的值小，即存在一个最小的正整数 u，使 $x^4+4y^4=u^2,x>0,y>0,u>0$ 有解，这时 $(x^2,2y^2)=1$，否则，若 $(x^2,2y^2)>1$，且 $\left(\frac{x^2}{(x^2,2y^2)}\right)^2+\left(\frac{2y^2}{(x^2,2y^2)}\right)^2=\left(\frac{u}{(x^2,2y^2)}\right)^2$ 成立，但是 $0<\frac{u}{(x^2,2y^2)}<u$ 与 u 的假设矛盾，所以 $(x^2,2y^2)=1$.

由 $x^4+4y^4=u^2,(x^2,2y^2)=1,2\mid 2y^2$，有

$$x^2=a^2-b^2,\quad 2y^2=2ab,\quad u=a^2+b^2$$

其中，$a>0,b>0,(a,b)=1$，且容易知道 a 为奇数，b 为偶数，可设 $b=2c'$，那么 $y^2=2ac'$，又 a 为奇数，

故 $c'=2c$,从而 $\left(\frac{y}{2}\right)^2=ac$. 由 $(a,b)=1$,得

$$\left(a,\frac{b}{4}\right)=(a,c)=1$$

由引理 2.4.1 有

$$a=m^2,\quad c=n^2,\quad (n,m)=1$$

其中 $n>0, m>0$,从而

$$x^2=a^2-b^2=m^4-(4n^2)^2$$

则有

$$x^2+(4n^2)^2=(m^2)^2$$

且

$$(x,4n^2)=1$$

由定理 2.4.2 得

$$x=p^2-q^2,\quad 4n^2=2pq,\quad m^2=p^2+q^2$$

其中,$p>0, q>0, (p,q)=1$,p,q 一奇一偶. 不妨设 $2\mid p$,则 $n^2=\frac{p}{2}q$,显然 $\left(\frac{p}{2},q\right)=1$,故 $\frac{p}{2}=s^2$, $q=t^2$,从而 $4s^4+t^4=m^2$. 又 $m^2=a<a^2+b^2=u$,这与 u 的定义相矛盾. 因此方程 $x^4+4y^4=z^2$, $x>0, y>0$ 无整数解.

4. 证明 由 $x^4-y^4=z^2$,得

$$(z^2)^2=(x^4-y^4)^2=(x^4+y^4)^2-4x^4y^4=(x^4+y^4)^2-4(xy)^4$$

即

$$z^4+4(xy)^4=(x^4+y^4)^2$$

若方程有解,则存在 z_0, x_0, y_0,使得

$$z_0^4+4(x_0y_0)^4=(x_0^4+y_0^4)^2$$

成立,则与第 3 题所得到的结论矛盾. 因此方程 $x^4-y^4=z^2$ 无解.

第 3 章

习题 3.1

1. 证明 因

$$n(n+1)(n+2)\equiv 0 \pmod 2$$
$$n(n+1)(n+2)\equiv 0 \pmod 3$$

故

$$n(n+1)(n+2)\equiv 0 \pmod 6$$

即

$$6\mid n(n+1)(n+2)$$

2. 证明 对任意的整数 x,$x\equiv r \pmod m$,$1\leqslant r\leqslant m$,于是 $f(x)\equiv f(r)\not\equiv 0 \pmod m$,从而 $f(x)\neq 0$,所以 $f(x)=0$ 没有整数解.

3. 解 令 $n=\overline{62xy427}$,因 $99=9\times 11$,故 $9\mid n, 11\mid n$.

由 $9\mid n \Rightarrow 9\mid 6+2+x+y+4+2+7=21+x+y \Rightarrow 9\mid x+y+3$;由 $11\mid n\Rightarrow 11\mid 7-2+4-y+x-2+6=13-y+x\Rightarrow 11\mid 2-y+x$.

因 $0\leqslant x,y\leqslant 9$,故 $x+y=6$ 或 15,$-y+x=-2$ 或 9,则

$$\begin{cases}x+y=6\\x-y=-2\end{cases},\quad \begin{cases}x+y=6\\x-y=9\end{cases},\quad \begin{cases}x+y=15\\x-y=-2\end{cases},\quad \begin{cases}x+y=15\\x-y=9\end{cases}$$

故

$$x=2,\quad y=4$$

4. 解 $2\,001=87\times 23$,则 $87\mid 55^n+a\cdot 32^n$,且 $23\mid 55^n+a\cdot 32^n$. 由 $87\mid 55^n+a\cdot 32^n$,得

$$0\equiv 55^n+a\cdot 32^n\equiv(-32)^n+a\cdot 32^n=32^n(a-1) \pmod{87}$$

则
$$a\equiv 1 \pmod{87}$$
同理 $23\mid 55^n+a\cdot 32^n$，可得
$$a+1\equiv 0 \pmod{23}$$
由 $a\equiv 1 \pmod{87}$ 知
$$a=87k+1$$
代入 $a+1\equiv 0 \pmod{23}$，则 $23\mid 18k+2$，即 $23\mid -5k+25$，得 $23\mid k-5$. 所以
$$a_{\min}=87\times 5+1=436$$

5. 证明　因 $C_{p-1}^k\equiv A \pmod p$，则
$$A\equiv \frac{(p-1)(p-2)\cdots(p-k)}{k!} \pmod p$$
故
$$k!\cdot A\equiv (p-1)(p-2)\cdots(p-k)\equiv (-1)(-2)\cdots(-k) \pmod p$$
又因 $(k!,p)=1$，故
$$A\equiv (-1)^k \pmod p$$

6. 证明　因为
$$\sum_{i=1}^{999}|a_i-b_i|\equiv \sum_{i=1}^{999}1\equiv 4 \pmod 5$$
又
$$\sum_{i=1}^{999}|a_i-b_i|\equiv \sum_{i=1}^{999}(a_i+b_i)\equiv 1 \pmod 2$$
所以
$$\sum_{i=1}^{999}|a_i-b_i|\equiv 9 \pmod{10}$$

7. 证明　由 $a\equiv -b \pmod{a+b}$，知
$$a^k\equiv (-b)^k \pmod{a+b}$$
其中 $0\leqslant k\leqslant p-1$. 又
$$\begin{aligned}\frac{a^p+b^p}{a+b}&=a^{p-1}-a^{p-2}b+\cdots-ab^{p-2}+b^{p-1}\\&\equiv b^{p-1}+b^{p-1}+\cdots+b^{p-1}\\&=pb^{p-1} \pmod{a+b}\end{aligned}$$
令 $\left(a+b,\dfrac{a^p+b^p}{a+b}\right)=d$，则 $d\mid pb^{p-1}$，又 $(a,b)=1$ 及 $d\mid a+b$，则
$$(d,b)=1,\quad (d,b^{p-1})=1$$
因此 $d\mid p$，即 $d=1$ 或 p.

8. 证明　易知
$$\begin{aligned}&1\equiv -(p-1) \pmod p\\&3\equiv -(p-3) \pmod p\\&5\equiv -(p-5) \pmod p\\&\cdots\\&p-2\equiv -[p-(p-2)] \pmod p\end{aligned}$$
把上述式子相乘，得
$$\begin{aligned}1\times 3\times 5\times\cdots\times(p-2)&\equiv [-(p-1)][-(p-3)]\cdots(-2)\\&\equiv (-1)^{\frac{p-1}{2}}[2\times 4\times 6\times\cdots\times(p-1)] \pmod p\end{aligned}$$
两边乘以 $1\times 3\times 5\times\cdots\times(p-2)$，再结合 $(p-1)!\equiv -1 \pmod p$ 即得.

习题 3.2

1. 证明 因 $m-1\equiv -1(\bmod m)$，故 $(m-1)^2\equiv(-1)^2\equiv 1(\bmod m)$，则 $0^2,1^2,\cdots,(m-1)^2$ 一定不是模的完全剩余系.

2. 证明 因 $(a,p)=1$，由定理 3.2.2 知，$a,2a,3a,\cdots,(p-1)a,pa$ 构成模 p 的一个完全剩余系，故数列 $a,2a,3a,\cdots,(p-1)a,pa$ 中必有唯一整数 b，使 $b\equiv 1(\bmod p)$ 成立.

设 $b=ak$，那么

(1) $k\neq a$，否则 $b=a^2\equiv 1(\bmod p)$，即 $p\mid(a-1)(a+1)\Rightarrow p\mid a-1$ 或 $p\mid a+1$，这与 $2\leqslant a\leqslant p-2$ 矛盾；易知 $k\neq p$，再证 $k\neq 1,k\neq p-1$ 即可；

(2) $k\neq 1$，否则 $b=1\times a\equiv 1(\bmod p)$，这与 $2\leqslant a\leqslant p-2$ 矛盾；

(3) $k\neq p-1$，否则 $b=-a\equiv 1(\bmod p)$，即 $a\equiv p-1(\bmod p)$，这与 $2\leqslant a\leqslant p-2$ 矛盾.

3. 证明 当 $p=2,3$ 时，结论成立.

不妨设 $p\geqslant 5$，由习题 2 知，对于 $2,3,\cdots,p-2$ 中的每一个整数 a，都存在唯一的整数 $k(2\leqslant k\leqslant p-2)$，使得 $ka\equiv 1(\bmod p)$. 因 $p\geqslant 5$ 且是素数，故 p 必是奇数，从而 $p-2$ 是奇数，则 $2,3,\cdots,p-2$ 共偶数个数.

又由习题 2 知 $k\neq a$，把整数 $2,3,\cdots,p-2$ 进行两两配对，使得 $ka\equiv 1(\bmod p)$ 成立，则

$$2\times 3\times\cdots\times(p-2)\equiv 1(\bmod p)$$

$$1\times 2\times 3\times\cdots\times(p-2)\times(p-1)\equiv p-1\equiv -1(\bmod p)$$

即

$$(p-1)!\equiv -1(\bmod p)$$

4. 证明 由威尔逊定理知

$$-1\equiv(2p)!=p!(p+1)\cdots(2p)\equiv(-1)^p(p!)^2(\bmod 2p+1)$$

故

$$-1\equiv(-1)^p(p!)^2(\bmod 2p+1)$$

由此得

$$(p!)^2+(-1)^p\equiv 0(\bmod 2p+1)$$

5. 证明 由威尔逊定理知

$$(p-1)!\equiv -1\equiv p-1(\bmod p)$$

又

$$(p-1)!\equiv p-1(\bmod p-1)$$

以及 $(p,p-1)=1$，得

$$(p-1)!\equiv p-1(\bmod p(p-1))$$

又 $2N=p(p-1)$，即

$$(p-1)!\equiv p-1(\bmod 2N)$$

故

$$(p-1)!\equiv p-1(\bmod N)$$

6. 证明 设 $n=n_1n_2,1<n_1<n$，由 $(n-1)!\equiv -1(\bmod n)$，得

$$(n-1)!\equiv -1(\bmod n_1)$$

即

$$0\equiv -1(\bmod n_1)$$

矛盾.

7. 证明 (1) 因为 $H=\dfrac{3^{n+1}-1}{3-1}$，数列 $-H,\cdots,-1,0,1,\cdots,H$ 共有 $2\cdot\dfrac{3^{n+1}-1}{3-1}+1=3^{n+1}$ 个数，易知它们两两对模 3^{n+1} 不同余，即是说，$-H,\cdots,-1,0,1,\cdots,H$ 是模 3^{n+1} 的完全剩余系.

又形如 $3^nx_n+3^{n-1}x_{n-1}+\cdots+3x_1+x_0$ 的数 (其中 $x_i=-1,0$ 或 $1,i=0,1,\cdots,n$) 共有 3^{n+1} 个数. 显然，$3^nx_n+3^{n-1}x_{n-1}+\cdots+3x_1+x_0$ 介于 $-H\sim H$.

取 $x_n=x_{n-1}=\cdots=x_1=x_0=1$，得最大值 H；取 $x_n=x_{n-1}=\cdots=x_1=x_0=-1$，得最小值 $-H$. 如果能证明形如 $3^nx_n+3^{n-1}x_{n-1}+\cdots+3x_1+x_0$ 的任意两个数对模 3^{n+1} 不同余，则说明形如 $3^nx_n+3^{n-1}x_{n-1}+\cdots+3x_1+x_0$ 的 3^{n+1} 个数是模 3^{n+1} 的完全剩余系.

假设

$$3^nx'_n+3^{n-1}x'_{n-1}+\cdots+3x'_1+x'_0\equiv 3^nx''_n+3^{n-1}x''_{n-1}+\cdots+3x''_1+x''_0\pmod{3^{n+1}}$$

则

$$3^nx'_n+3^{n-1}x'_{n-1}+\cdots+3x'_1+x'_0\equiv 3^nx''_n+3^{n-1}x''_{n-1}+\cdots+3x''_1+x''_0\pmod 3$$

即

$$x'_0\equiv x''_0\pmod 3$$

由于 x'_0,x''_0 取 $-1,0$ 或 1,从而

$$x'_0=x''_0$$

同理,可得 $3^nx'_n+3^{n-1}x'_{n-1}+\cdots+3x'_1+x'_0\equiv 3^nx''_n+3^{n-1}x''_{n-1}+\cdots+3x''_1+x''_0\pmod{3^2}$,结合 $x'_0=x''_0$,则

$$3x'_1\equiv 3x''_1\pmod{3^2}$$

即

$$x'_1\equiv x''_1\pmod 3$$

所以

$$x'_1=x''_1$$

这样一直做下去,易知

$$x'_2=x''_2,\cdots,x'_n=x''_n$$

由于 $-H,\cdots,-1,0,1,\cdots,H$ 与 $3^nx_n+3^{n-1}x_{n-1}+\cdots+3x_1+x_0$ 表示的两类数都是模 3^{n+1} 的完全剩余系,且都介于 $-H\sim H$,所以这两类数表示的两个集合相等,从而命题得证.

(2) $n+1$ 个砝码的标重分别为 $1,3,3^2,\cdots,3^n$,任取 $h\in\{-H,\cdots,-1,0,1,\cdots,H\}$,由(1)易知

$$h=3^nx_n+3^{n-1}x_{n-1}+\cdots+3x_1+x_0$$

其中,$x_i=-1,0$ 或 $1,i=0,1,\cdots,n$.

当 $x_i=1$ 时,砝码放在右盘,当 $x_i=-1$ 时砝码放在左盘,平衡后,用右盘砝码的标重减去左盘砝码的标重即可衡量 h.

8. 证明　因 u 可取 p^{s-t} 个整数,v 可取 p^t 个整数,故 $x=u+p^{s-t}v$ 可取 $p^t\cdot p^{s-t}=p^s$ 个整数.

假设 $u_1+p^{s-t}v_1\equiv u_2+p^{s-t}v_2\pmod{p^s}$,则

$$u_1+p^{s-t}v_1\equiv u_2+p^{s-t}v_2\pmod{p^{s-t}}$$

故

$$u_1\equiv u_2\pmod{p^{s-t}}$$

又 u_1,u_2 只能取 $0,1,\cdots,p^{s-t}-1$,这 p^{s-t} 个数均与 p^{s-t} 互质,故

$$u_1=u_2$$

则

$$p^{s-t}v_1\equiv p^{s-t}v_2\pmod{p^s}$$

即

$$v_1\equiv v_2\pmod{p^t}$$

因 v_1,v_2 只能取 $0,1,\cdots,p^t-1$,这 p^t 个数均与 p^t 互质,故

$$v_1=v_2$$

则

$$u_1+p^{s-t}v_1=u_2+p^{s-t}v_2$$

故 x 所取的 p^s 个整数关于模 p^s 不同余,即 x 通过模 p^s 的完全剩余系.

9. 证明　由假设可知 x_i 通过 m_i 个整数,故 $\sum\limits_{i=1}^{k}M_ix_i$ 通过 $m_1m_2\cdots m_k=m$ 个整数.只需证明这 m 个整数对模 m 两两不同余即可.

假定 $\sum\limits_{i=1}^{k}M_ix'_i\equiv\sum\limits_{i=1}^{k}M_ix''_i\pmod m$,即 $\sum\limits_{i=1}^{k}M_i(x'_i-x''_i)\equiv 0\pmod m$,则 $m_i\left|\sum\limits_{i=1}^{k}M_i(x'_i-x''_i)\right.$,于是 $m_i\mid M_i(x'_i-x''_i)$.又因 $(m_i,M_i)=1$,故 $m_i\mid x'_i-x''_i$,而 x'_i 与 x''_i 为模 m_i 的完全剩余系中的两整数.因此 $x'_i=x''_i,i=1,2,\cdots,k$,从而结论得证.

10. 证明　当 $n=2$ 时,$x_1+m_1x_2$ 通过 m_1m_2 个整数.

若 $x'_1+m_1x'_2\equiv x''_1+m_1x''_2\pmod{m_1m_2}$,则

$$x_1'+m_1x_2'\equiv x_1''+m_1x_2''(\mathrm{mod}\,m_1),\quad x_1'\equiv x_1''(\mathrm{mod}\,m_1)$$

故
$$x_1'=x_1''$$

即
$$m_1x_2'\equiv m_1x_2''(\mathrm{mod}\,m_1m_2)$$

即
$$x_2'\equiv x_2''(\mathrm{mod}\,m_2),\quad x_2'=x_2''$$

故
$$x_1'+m_1x_2'=x_1''+m_1x_2''$$

$x_1+m_1x_2$ 通过 m_1m_2 个关于模 m_1m_2 不同余的整数,从而 $x_1+m_1x_2$ 通过模 m_1m_2 的完全剩余系.

假设当 $n=k-1$ 时结论成立,即 $x_1+m_1x_2+m_1m_2x_3+\cdots+m_1m_2\cdots m_{k-2}x_{k-1}$ 通过模 $m_1m_2\cdots m_{k-1}$ 的完全剩余系.

当 $n=k$ 时,$x_1+m_1x_2+m_1m_2x_3+\cdots+m_1m_2\cdots m_{k-1}x_k$ 通过 $m_1m_2\cdots m_k$ 个整数.若

$$\begin{aligned}&x_1'+m_1x_2'+m_1m_2x_3'+\cdots+m_1m_2\cdots m_{k-1}x_k'\\ \equiv\ &x_1''+m_1x_2''+m_1m_2x_3''+\cdots+m_1m_2\cdots m_{k-1}x_k''(\mathrm{mod}\,m_1m_2\cdots m_k)\end{aligned}$$

则

$$\begin{aligned}&x_1'+m_1x_2'+m_1m_2x_3'+\cdots+m_1m_2\cdots m_{k-1}x_k'\\ \equiv\ &x_1''+m_1x_2''+m_1m_2x_3''+\cdots+m_1m_2\cdots m_{k-1}x_k''(\mathrm{mod}\,m_1m_2\cdots m_{k-1})\end{aligned}$$

故
$$\begin{aligned}&x_1'+m_1x_2'+m_1m_2x_3'+\cdots+m_1m_2\cdots m_{k-2}x_{k-1}'\\ \equiv\ &x_1''+m_1x_2''+m_1m_2x_3''+\cdots+m_1m_2\cdots m_{k-2}x_{k-1}''(\mathrm{mod}\,m_1m_2\cdots m_{k-1})\end{aligned}$$

由假设可得

$$\begin{aligned}&x_1'+m_1x_2'+m_1m_2x_3'+\cdots+m_1m_2\cdots m_{k-2}x_{k-1}'\\ =\ &x_1''+m_1x_2''+m_1m_2x_3''+\cdots+m_1m_2\cdots m_{k-2}x_{k-1}''\end{aligned}$$

故
$$m_1m_2\cdots m_{k-1}x_k'\equiv m_1m_2\cdots m_{k-1}x_k''(\mathrm{mod}\,m_1m_2\cdots m_k)$$

由 $x_k'\equiv x_k''(\mathrm{mod}\,m_k)$,即

$$x_k'=x_k''$$

故
$$\begin{aligned}&x_1'+m_1x_2'+m_1m_2x_3'+\cdots+m_1m_2\cdots m_{k-1}x_k'\\ =\ &x_1''+m_1x_2''+m_1m_2x_3''+\cdots+m_1m_2\cdots m_{k-1}x_k''\end{aligned}$$

即 $x_1+m_1x_2+m_1m_2x_3+\cdots+m_1m_2\cdots m_{k-1}x_k$ 通过 $m_1m_2\cdots m_k$ 个关于模 $m_1m_2\cdots m_k$ 不同余的整数,故 $x_1+m_1x_2+m_1m_2x_3+\cdots+m_1m_2\cdots m_{k-1}x_k$ 通过模 $m_1m_2\cdots m_k$ 的完全剩余系,由数学归纳法知结论成立.

习题 3.3

1. 解　因为 $700=2^2\cdot 5^2\cdot 7$,所以 $\varphi(700)=700\left(1-\frac{1}{2}\right)\left(1-\frac{1}{5}\right)\left(1-\frac{1}{7}\right)=240$.

2. 证明　m_1 与 m 有相同的素因数,不妨设 $p_1,p_2,\cdots,p_k$,则

$$\varphi(m)=m\left(1-\frac{1}{p_1}\right)\left(1-\frac{1}{p_2}\right)\cdots\left(1-\frac{1}{p_k}\right)$$

$$\varphi(m_1)=m_1\left(1-\frac{1}{p_1}\right)\left(1-\frac{1}{p_2}\right)\cdots\left(1-\frac{1}{p_k}\right)$$

故
$$\varphi(m)=m_2\varphi(m_1)$$

3. 证明
$$\begin{aligned}&\varphi(1)+\varphi(p)+\cdots+\varphi(p^\alpha)\\ =\ &1+(p-1)+(p^2-p)+\cdots+(p^\alpha-p^{\alpha-1})\\ =\ &p^\alpha\end{aligned}$$

4. 证明　设 $a=p_1^{\alpha_1}p_2^{\alpha_2}\cdots p_k^{\alpha_k}$,$d=p_1^{\beta_1}p_2^{\beta_2}\cdots p_k^{\beta_k}$,其中 $0\leqslant\beta_i\leqslant\alpha_i$,于是

$$\begin{aligned}\sum_{d\mid a}\varphi(d) &= \sum_{\beta_1,\beta_2,\cdots,\beta_k}\varphi(p_1^{\beta_1}p_2^{\beta_2}\cdots p_k^{\beta_k})\\ &= \sum_{\beta_1,\beta_2,\cdots,\beta_k}\varphi(p_1^{\beta_1})\varphi(p_2^{\beta_2})\cdots\varphi(p_k^{\beta_k})\\ &= [\varphi(p_1^0)+\varphi(p_1^1)+\cdots+\varphi(p_1^{\alpha_1})]\cdot[\varphi(p_2^0)+\varphi(p_2^1)+\cdots+\varphi(p_2^{\alpha_2})]\\ &\quad\cdot\cdots\cdot[\varphi(p_k^0)+\varphi(p_k^1)+\cdots+\varphi(p_k^{\alpha_k})]\\ &= p_1^{\alpha_1}p_2^{\alpha_2}\cdots p_k^{\alpha_k}=a\end{aligned}$$

5. 证明　设模 m 的最小非负简化剩余系数为 $r_1,r_2,\cdots,r_{\varphi(m)}$，即

$$0\leqslant r_i\leqslant m-1,\quad (r_{\varphi(m)},m)=1,\quad i=1,2,\cdots,\varphi(m)$$

由 ξ 通过模 m 的简化剩余系，$(a,m)=1$ 知，$a\xi$ 通过模 m 的简化剩余系，故

$$\sum_{\xi}\left\{\frac{a\xi}{m}\right\}=\sum_{i=1}^{\varphi(m)}\left\{\frac{r_i}{m}\right\}=\sum_{i=1}^{\varphi(m)}\frac{r_i}{m}=\frac{1}{m}\sum_{i=1}^{\varphi(m)}r_i$$

又 $(m,r_i)=1$，则

$$(m-r_i,m)=1\quad(1\leqslant i\leqslant\varphi(m))$$

因集合 $\{r_1,r_2,\cdots,r_{\varphi(m)}\}$ 与 $\{m-r_1,m-r_2,\cdots,m-r_{\varphi(m)}\}$ 是相同的，故

$$r_1+r_2+\cdots+r_{\varphi(m)}=m-r_1+m-r_2+\cdots+m-r_{\varphi(m)}$$

则

$$2\sum_{i=1}^{\varphi(m)}r_i=m\varphi(m),\quad \sum_{i=1}^{\varphi(m)}r_i=\frac{1}{2}m\varphi(m)$$

即

$$\sum_{\xi}\left\{\frac{a\xi}{m}\right\}=\frac{1}{m}\cdot\frac{1}{2}m\varphi(m)=\frac{1}{2}\varphi(m)$$

6. 证明　因 ξ_i 可取 $\varphi(m_i)$ 个数 $(i=1,2,\cdots,k)$，故 $M_1\xi_1+M_2\xi_2+\cdots+M_k\xi_k$ 可取 $\varphi(m_1)\cdots\varphi(m_k)$ 个数. 又因 $m_1,m_2,\cdots,m_k$ 两两互质可得

$$\varphi(m_1\cdots m_k)=\varphi(m_1)\cdots\varphi(m_k)$$

故 $M_1\xi_1+M_2\xi_2+\cdots+M_k\xi_k$ 通过 $\varphi(m_1\cdots m_k)$ 个数. 由第二节习题 9 知，$M_1\xi_1+M_2\xi_2+\cdots+M_k\xi_k$ 关于模 m 两两不同余. 设 $x_1,x_2,\cdots,x_k$ 分别是 $\xi_1,\xi_2,\cdots,\xi_k$ 所通过的模 $m_1,m_2,\cdots,m_k$ 的简化剩余系中的任意整数，则

$$(x_1,m_1)=1$$

又因 $m_1,m_2,\cdots,m_k$ 两两互质，故

$$(m_1,M_1)=1,\quad (m_1,x_1M_1)=1$$

$$(M_1\xi_1+M_2\xi_2+\cdots+M_k\xi,m_1)=(m_1,x_1M_1)=1$$

同理，可得

$$(M_1\xi_1+M_2\xi_2+\cdots+M_k\xi,m_i)=1$$

其中，$i=2,3,\cdots,k$，则

$$(M_1\xi_1+M_2\xi_2+\cdots+M_k\xi,m)=(M_1\xi_1+M_2\xi_2+\cdots+M_k\xi,m_1\cdots m_k)=1$$

故 $M_1\xi_1+M_2\xi_2+\cdots+M_k\xi_k$ 通过的数与 m 互质，得证.

习题 3.4

1. 解　由 $12\,371\equiv 50\pmod{111}$，得

$$12\,371^{56}\equiv 50^{56}\pmod{111}$$

又因为

$$50^{28}\equiv 125\,000^9\times 50\equiv 14^9\times 50\pmod{111}$$

$$14^3\equiv 80\pmod{111}$$

$$80^3\equiv 68\pmod{111},\quad 68\times 50\equiv 70\pmod{111}$$

所以 $$50^{28} \equiv 70 \pmod{111}$$

从而 $$50^{56} \equiv 70^2 \equiv 16 \pmod{111}$$

则 $$(12\,371^{56} + 34)^{28} \equiv (16 + 34)^{28} \equiv 50^{28} \equiv 70 \pmod{111}$$

2. 解 $\varphi(60) = \varphi(2^2 \cdot 3 \cdot 5) = 60\left(1-\frac{1}{2}\right)\left(1-\frac{1}{3}\right)\left(1-\frac{1}{5}\right) = 16$

$$2\,005 = 125 \times 16 + 5$$

由欧拉定理,得

$$13^{\varphi(60)} = 13^{16} \equiv 1 \pmod{60}$$

故 $$13^{2\,005} \equiv 13^{125\times16+5} \equiv 13^5 \pmod{60}$$

又 $$13^2 \equiv -11 \pmod{60}, \quad 13^4 \equiv 1 \pmod{60}, \quad 13^5 \equiv 13 \pmod{60}$$

则 $a = 13$.

3. 证明 已知,$m-1$ 是满足 $a^{m-1} \equiv 1 \pmod{m}$ 的最小正数,由欧拉定理得

$$a^{\varphi(m)} \equiv 1 \pmod{m}$$

于是 $$\varphi(m) \geqslant m-1$$

但不论 m 是何数,只要 $m > 1$,就有

$$\varphi(m) \leqslant m-1$$

因此 $$\varphi(m) = m-1$$

这就是说 m 是素数.

4. 证明 设 p,q 是两个大于 3 的素数,则 $p^2 - q^2 = (p^2-1)-(q^2-1)$,因 $p^2 \equiv 1 \pmod{3}$,即 $3 \mid p^2-1$,又

$$p^2 - 1 = (p-1)(p+1) = 2k(2k+2) = 4k(k+1)$$

故 $8 \mid 4k(k+1)$,则 $8 \mid p^2-1$,即$(3,8)=1$,故 $24 \mid p^2-1$.

同理 $24 \mid q^2-1$,即 $24 \mid p^2-q^2$.

5. 证明 因为 $$a^{p-1} \equiv 1 \pmod{p}$$

$$p-1 \equiv -1 \pmod{p}$$

$$(p-1)^a \equiv (-1)^a \pmod{p}$$

所以,当 a 是奇数时,

$$a^{p-1} + (p-1)^a \equiv 0 \pmod{p}$$

当 a 是偶数时,

$$a^{p-1} - (p-1)^a \equiv 0 \pmod{p}$$

6. 证明 因 p,q 是两个不同的素数,故

$$(p,q) = 1.$$

则 $$p^{q-1} \equiv 1 \pmod{q}, \quad q^{p-1} \equiv 1 \pmod{p}$$

即 $$p^{q-1} + q^{p-1} \equiv 1 \pmod{q}$$

$$p^{q-1} + q^{p-1} \equiv 1 \pmod{p}$$

故 $$p^{q-1} + q^{p-1} \equiv 1 \pmod{pq}$$

7. 证明 对 n,d 作带余除法,设

$$n = qd + r \quad (0 \leqslant r < d)$$

则 $$a^n \equiv a^{qd+r} \equiv a^{qd}a^r \equiv (a^d)^q a^r \equiv a^r \pmod{n}$$

而 $$a^n \equiv 1 \pmod{n}$$

则 $$a^r \equiv 1 \pmod{n}$$

由 d 的最小性知,$r=0$,故 $d\mid n$.

注意:由该题的结论知,满足 $a^d\equiv 1(\bmod m)$,$(a,m)=1$ 最小整数 d 只可能是 $\varphi(m)$ 的因数.

8. 证明
$$240=3\times 5\times 16$$
因
$$(p,3)=(p,5)=1$$
故
$$p^4\equiv 1(\bmod 5)\quad p^4\equiv (p^2)^2\equiv 1(\bmod 3)$$
又由 p 是一个大于 5 的素数易知,$2\mid p^2+1$,$8\mid p^2-1$,即 $16\mid p^4-1$.得证.

9. 证明 当 $p=2$ 时,取 n 为偶数即可.

当 $p>2$ 时,则 $2^{p-1}\equiv 1(\bmod p)$,令 $n=(kp-1)(p-1)$,其中 k 是正整数,即可.

10. 证明 (1) 当 $a=2$ 时,
$$(h_1+h_2)^p=C_p^0h_1^p+C_p^1h_1^{p-1}h_2+\cdots+C_p^{p-1}h_1h_2^{p-1}+C_p^ph_2^p$$
故
$$(h_1+h_2)^p-(h_1^p+h_2^p)=p(h_1^{p-1}h_2+\cdots+h_1h_2^{p-1})$$
$$(h_1+h_2)^p\equiv h_1^p+h_2^p(\bmod p)$$

假设 $a=k$ 时,
$$(h_1+h_2+\cdots+h_k)^p\equiv h_1^p+h_2^p+\cdots+h_k^p(\bmod p)$$

当 $a=k+1$ 时,
$$\begin{aligned}(h_1+h_2+\cdots+h_{k+1})^p&\equiv[(h_1+h_2+\cdots+h_k)+h_{k+1}]^p\\&\equiv(h_1+h_2+\cdots+h_k)^p+h_{k+1}^p\\&\equiv h_1^p+h_2^p+\cdots+h_{k+1}^p(\bmod p)\end{aligned}$$

由数学归纳法知
$$(h_1+h_2+\cdots+h_a)^p\equiv h_1^p+h_2^p+\cdots+h_a^p(\bmod p)$$

(2) 令 $h_1=h_2=\cdots=h_a=1$,则
$$a^p\equiv(\underbrace{1+1+\cdots+1}_{a\text{个}})^p\equiv\underbrace{1+1+\cdots+1}_{a\text{个}}\equiv a(\bmod p)$$

下面由费马定理来证明欧拉定理.

不妨令 $m=p_1^{\alpha_1}p_2^{\alpha_2}\cdots p_k^{\alpha_k}$,对于任一质数 p_i 来说,由 $a^{p_i}\equiv a(\bmod p_i)$ 易知,若 $(a,m)=1$,则
$$a^{p_i-1}\equiv 1(\bmod p_i)$$

下面我们想把 $a^{p_i-1}\equiv 1(\bmod p_i)$ 中的模 p_i 变为 $p_i^{\alpha_i}$,并且得到相应的结论,即
$$a^{(p_i-1)p_i^{\alpha_i-1}}\equiv 1(\bmod p_i^{\alpha_i})\tag{①}$$
也就是
$$a^{\varphi(p_i^{\alpha_i})}\equiv 1(\bmod p_i^{\alpha_i})$$

要证明式 ① 只须证明:若 $x\equiv 1(\bmod p^k)$,则 $x^p\equiv 1(\bmod p^{k+1})$.

令 $x=yp^k+1$,则
$$\begin{aligned}x^p&=(yp^k+1)^p=1+c_p^1yp^k+\cdots+c_p^p(yp^k)^p\\&=1+p^{k+1}(y+\cdots+y^pp^{pk-k-1})\\&\equiv 1(\bmod p^{k+1})\end{aligned}$$

由 $a^{p_i-1}\equiv 1(\bmod p_i)$,反复利用上述结论,则
$$a^{(p_i-1)p_i}\equiv 1(\bmod p_i^2),\quad a^{(p_i-1)p_i^2}\equiv 1(\bmod p_i^3),\cdots,a^{(p_i-1)p_i^{\alpha_i-1}}\equiv 1(\bmod p_i^{\alpha_i})$$
故式 ① 成立.

对于所有质数 $p_1,p_2,\cdots,p_k$ 来说,都有类似结论
$$a^{\varphi(p_i^{\alpha_i})}\equiv 1(\bmod p_i^{\alpha_i})$$

从而可得 $$a^{\varphi(p_1^{\alpha_1})\cdots\varphi(p_k^{\alpha_k})}\equiv 1 \pmod{p_1^{\alpha_1}\cdots p_k^{\alpha_k}}$$
即 $$a^{\varphi(m)}\equiv 1 \pmod{m}$$
得证.

第 4 章

习题 4.1

1. 解　取模 15 的绝对值最小的完全剩余系{−7，−6，−5，−4，−3，−2，−1，0，1，2，3，4，5，6，7}，直接验算可知 −6，3 是同余方程的解，则该同余方程的解是

$$x\equiv -6,3 \pmod{15}$$

2. 解　直接计算知，该方程无解.

3. 解　由费马定理，设 p 是素数，则对于任意的整数 a，有 $a^p\equiv a \pmod{p}$. 可知，该同余方程的解为 $x\equiv 0,1,2,3,4 \pmod{5}$.

4. 解　因 $(31,17)=1$，故同余方程有解，且解数为 1. 原同余方程与同余方程 $-3x\equiv 5 \pmod{17}$ 等价，即

$$3x\equiv -5 \pmod{17}$$

又 $$6\times 3x\equiv -5\times 6 \pmod{17}$$

故 $x\equiv 4 \pmod{17}$，原同余方程的解为 $x\equiv 4 \pmod{17}$.

5. 解　原同余方程与同余方程 $160x\equiv 160 \pmod{235}$ 等价. 因 $(160,235)=5$，$5\mid 160$，故同余方程有解，且解数为 5.

同余方程 $160x\equiv 160 \pmod{235}$ 等价于不定方程 $160x+235y=160$，即 $32x+47y=32$.
因为 $(1,0)$ 是不定方程的一组解，所以不定方程的解为

$$\begin{cases} x=1+47u \\ y=-32u \end{cases} \quad (u\in \mathbf{Z})$$

故原同余方程的解为 $x\equiv 1,48,95,142,189 \pmod{235}$.

6. 解　消去 y，得

$$8x\equiv 41 \pmod{47}$$

即 $$6\times 8x\equiv 6\times 41 \pmod{47}$$

则 $$x\equiv 11 \pmod{47}$$

代入原方程组中的第二式，得

$$y\equiv 1 \pmod{47}$$

故原方程组的解为

$$\begin{cases} x\equiv 11 \pmod{47} \\ y\equiv 1 \pmod{47} \end{cases}$$

7. 证明　先证 $\dfrac{(p-1)(p-2)\cdots(p-a+1)}{a!}$ 是整数. 由排列组合公式知

$$C_p^a=\frac{p(p-1)(p-2)\cdots(p-a+1)}{a!}\in \mathbf{N}$$

又 $(a,p)=1$，则

$$\frac{(p-1)(p-2)\cdots(p-a+1)}{a!}\in \mathbf{N}$$

所以 $b\cdot(-1)^{a-1}\dfrac{(p-1)(p-2)\cdots(p-a+1)}{a!}$ 是整数. 又 $(a,p)=1$，知方程解唯一，则只需将

$x \equiv b \cdot (-1)^{a-1} \dfrac{(p-1)(p-2)\cdots(p-a+1)}{a!} \pmod p$ 代入，验证它是同余方程 $ax \equiv b \pmod p$ 的解即可.

$$\begin{aligned} ax &\equiv a \cdot b \cdot (-1)^{a-1} \frac{(p-1)(p-2)\cdots(p-a+1)}{a!} \\ &\equiv b \cdot (-1)^{a-1} \frac{(p-1)(p-2)\cdots(p-a+1)}{(a-1)!} \\ &\equiv b \cdot (-1)^{a-1} \frac{(-1)(-2)\cdots(-a+1)}{(a-1)!} \\ &\equiv b \cdot (-1)^{2(a-1)} \frac{1 \cdot 2 \cdot \cdots \cdot (a-1)}{(a-1)!} \\ &\equiv b \pmod p \end{aligned}$$

8. 证明　因为 $(a,m)=1$，所以同余式 $ax \equiv 1 \pmod m$ 必有解 x_0.

(1) 若 $0 \leqslant x_0 \leqslant \tau$，则结论成立.

(2) 若 $\tau < x_0$，令 $m = q_1 x_0 + x_1$，$0 \leqslant x_1 < x_0$，则

$$ax_1 \equiv -(ax_0)q_1 \equiv -q_1 \pmod m$$

又若 $x_1 \leqslant \tau$，则由 $q_1 = \dfrac{m - x_1}{x_0} < \dfrac{m}{\tau}$，结论成立.

若 $\tau < x_1$，令 $x_0 = q_2 x_1 + x_2$，$0 \leqslant x_2 < x_1$，则

$$ax_2 \equiv 1 + q_1 q_2 \pmod m$$

又若 $x_2 \leqslant \tau$，则由 $m = q_1 x_0 + x_1 = q_1(q_2 x_1 + x_2) + x_1$，即

$$m = (1 + q_1 q_2) x_1 + q_1 x_2$$

故 $1 + q_1 q_2 = \dfrac{m - q_1 x_2}{x_1} < \dfrac{m}{\tau}$，结论成立.

若 $\tau < x_2$，令 $x_1 = q_3 x_2 + x_3$ $(0 \leqslant x_3 < x_2)$，则

$$ax_3 \equiv -(q_1 + q_3 + q_1 q_2 q_3) \pmod m$$

若 $x_3 \leqslant \tau$，则

$$\begin{aligned} m &= (1 + q_1 q_2) x_1 + q_1 x_2 = (1 + q_1 q_2)(q_3 x_2 + x_3) + q_1 x_2 \\ &= (q_1 + q_3 + q_1 q_2 q_3) x_2 + (1 + q_1 q_2) x_3 \end{aligned}$$

$$q_1 + q_3 + q_1 q_2 q_3 = \frac{m - (1 + q_1 q_2) x_3}{x_2} < \frac{m}{\tau}$$

结论成立.

若 $\tau < x_3$，令 $x_2 = q_4 x_3 + x_4$，$0 \leqslant x_4 < x_3$，重复上述讨论，

……

注意到 $x_0 > x_1 > x_2 > \cdots$，

故有限步后，必有

$$ax_n \equiv y \pmod m$$

其中，$0 \leqslant x \leqslant \tau$，$0 < |y| \leqslant \dfrac{m}{\tau}$，即结论成立.

习题 4.2

1. 解　由 13，24 互素，得

$$m = 312,\quad M_1 = 24,\quad M_2 = 13$$

又　$$6 \times 24 \equiv 1 \pmod{13},\quad 13 \times 13 \equiv 1 \pmod{24}$$

故

$$\begin{aligned} x &\equiv 6\times 24\times 6+13\times 13\times 7 \\ &\equiv 864+1\,183=2\,047\equiv 175 \pmod{312} \end{aligned}$$

2. 解 因 $$2x\equiv 1 \pmod 5$$

故 $$3\times 2x\equiv 3\times 1 \pmod 5$$

即 $$x\equiv 3 \pmod 5$$

又 $$3x\equiv 4 \pmod 7$$

则 $$5\times 3x\equiv 5\times 4 \pmod 7$$

即 $$x\equiv 6 \pmod 7$$

原同余方程组变形为

$$\begin{cases} x\equiv 3 \pmod 5 \\ x\equiv 6 \pmod 7 \end{cases}$$

因为 5,7 互素,则

$$m=35,\quad M_1=7,\quad M_2=5$$

又 $$3\times 7\equiv 1 \pmod 5,\quad 3\times 5\equiv 1 \pmod 7$$

故 $$x\equiv 3\times 7\times 3+3\times 5\times 6\equiv 63+90=153\equiv 13 \pmod{35}$$

3. 解 原同余方程变形为

$$\begin{cases} x\equiv -2 \pmod 4 \\ x\equiv -2 \pmod 3 \\ x\equiv 6 \pmod 2 \\ x\equiv 6 \pmod 5 \\ x\equiv 1 \pmod 3 \\ x\equiv 1 \pmod 5 \end{cases}$$

即

$$\begin{cases} x\equiv 2 \pmod 4 & ① \\ x\equiv 1 \pmod 3 & ② \\ x\equiv 0 \pmod 2 & ③ \\ x\equiv 1 \pmod 5 & ④ \\ x\equiv 1 \pmod 3 & ⑤ \\ x\equiv 1 \pmod 5 & ⑥ \end{cases}$$

因为 ① 可推出 ③,② 与 ⑤ 相同,④ 与 ⑥ 相同,所以

$$\begin{cases} x\equiv 2 \pmod 4 \\ x\equiv 1 \pmod 3 \\ x\equiv 1 \pmod 5 \end{cases}$$

易知

$$m=4\times 3\times 5=60,\quad M_1=15,\quad M_2=20,\quad M_3=12$$

又 $$3\times 15\equiv 1 \pmod 4,\quad 2\times 20\equiv 1 \pmod 3,\quad 3\times 12\equiv 1 \pmod 5$$

则

$$\begin{aligned} x &\equiv 3\times 15\times 2+2\times 20\times 1+3\times 12\times 1 \\ &\equiv 166\equiv 46 \pmod{60}. \end{aligned}$$

4. 解 $$m=5\times 6\times 7\times 11=2\,310$$

$$M_1 = 6 \times 7 \times 11 = 462$$
$$M_2 = 5 \times 7 \times 11 = 385$$
$$M_3 = 5 \times 6 \times 11 = 330$$
$$M_4 = 5 \times 6 \times 7 = 210$$

又
$$M_3 = 5 \times 6 \times 11 = 330, \quad M_4 = 5 \times 6 \times 7 = 210$$

即
$$x \equiv 3 \times 462 \times b_1 + 1 \times 385 \times b_2 + 1 \times 330 \times b_3 + 1 \times 210 \times b_4 \pmod{2\,310}$$

5. 解　设士兵 x 人,由题意得

$$\begin{cases} x \equiv 1 \pmod{3} \\ x \equiv -2 \pmod{5} \\ x \equiv 3 \pmod{11} \end{cases}$$

由孙子定理得

$$x \equiv 58 \pmod{165}$$

因此有 58 人.

6. 解　可设 $n = 2^{\alpha}3^{\beta}5^{\gamma}$,由条件得

$$\alpha \equiv 1 \pmod{2}, \quad \alpha \equiv 0 \pmod{3}, \quad \alpha \equiv 0 \pmod{5};$$
$$\beta \equiv 0 \pmod{2}, \quad \beta \equiv 1 \pmod{3}, \quad \beta \equiv 0 \pmod{5};$$
$$\gamma \equiv 0 \pmod{2}, \quad \gamma \equiv 0 \pmod{3}, \quad \gamma \equiv 1 \pmod{5}.$$

由孙子定理得

$$\alpha \equiv 15 \pmod{30}, \quad \beta \equiv 10 \pmod{30}, \quad \gamma \equiv 6 \pmod{30}$$

故
$$n = 2^{15}3^{10}5^{6}$$

7. 证明　作同余方程组

$$\begin{cases} x \equiv 0 \pmod{p_1} \\ x \equiv -1 \pmod{p_2} \\ \cdots\cdots \\ x \equiv -n+1 \pmod{p_n} \end{cases}$$

由孙子定理知,此同余方程组有解 x,于是 $x, x+1, \cdots, x+n-1$ 满足要求.

8. 证明　对任意的整数 n,可选出 n 个不同的素数 $p_1, p_2, \cdots, p_n$,考虑同余方程组

$$\begin{cases} x \equiv -1 \pmod{p_1^2} \\ x \equiv -2 \pmod{p_2^2} \\ \cdots\cdots \\ x \equiv -n \pmod{p_n^2} \end{cases}$$

由于 $p_1^2, p_2^2, \cdots, p_n^2$ 两两互素,由孙子定理知,上述同余方程有解.于是 $x+1, x+2, \cdots, x+n$ 这 n 个数分别被 $p_1^2, p_2^2, \cdots, p_n^2$ 整除.

9. 证明　设能整除 c 但不能整除 b 的所有素因数是 $p_1, p_2, \cdots, p_r$,考虑同余方程组

$$\begin{cases} bx + a \equiv 1 \pmod{p_1} \\ bx + a \equiv 1 \pmod{p_2} \\ \cdots\cdots \\ bx + a \equiv 1 \pmod{p_r} \end{cases}$$

显然有解,其解 x 即为所求整数 n.

习题 4.3

1. 解　分别把 $x = 0, \pm 1, \pm 2$ 代入方程,得:

(1) 无解;(2)$x \equiv -2 \pmod{5}$;(3)$x \equiv 1, -1, 2 \pmod{5}$.

2. 解　同余方程等价于下列方程组

$$\begin{cases} x^4 + 3x^3 + 3x^2 + 3x + 2 \equiv 0 \pmod{5} \\ x^4 + 3x^3 + 3x^2 + 3x + 2 \equiv 0 \pmod{6} \end{cases}$$

由 $x^4 + 3x^3 + 3x^2 + 3x + 2 \equiv 0 \pmod{5}$,得

$$x \equiv -2, -1, 2 \pmod{5}$$

由 $x^4 + 3x^3 + 3x^2 + 3x + 2 \equiv 0 \pmod{6}$,得

$$x \equiv -2, -1, 1, 2 \pmod{6}$$

解同余方程组

$$\begin{cases} x \equiv b_1 \pmod{5} \\ x \equiv b_2 \pmod{6} \end{cases}$$

其中,$b_1 = -2, -1$,或 2;$b_2 = -2, -1, 1$,或 2. 由孙子定理得

$$x \equiv 6b_1 + 25b_2 \pmod{30}$$

把 b_1, b_2 代入,得

$$x \equiv -13, -11, -8, -7, -2, -1, 2, 4, 7, 8, 13, 14 \pmod{30}$$

3. 解　原同余方程等价于下列方程组

$$\begin{cases} 19x \equiv 556 \pmod{3} \\ 19x \equiv 556 \pmod{5} \\ 19x \equiv 556 \pmod{7} \\ 19x \equiv 556 \pmod{11} \end{cases}$$

即

$$\begin{cases} x \equiv 1 \pmod{3} \\ -x \equiv 1 \pmod{5} \\ -2x \equiv 3 \pmod{7} \\ -3x \equiv 6 \pmod{11} \end{cases}$$

故

$$\begin{cases} x \equiv 1 \pmod{3} \\ x \equiv 4 \pmod{5} \\ x \equiv 2 \pmod{7} \\ x \equiv 9 \pmod{11} \end{cases}$$

由孙子定理得

$$x \equiv 394 \pmod{1\,155}$$

此即为原同余方程的解.

4. 解　由 $x^4 + 7x + 4 \equiv 0 \pmod{3}$,得

$$x \equiv 1 \pmod{3}$$

令 $x = 1 + 3t$,代入 $x^4 + 7x + 4 \equiv 0 \pmod{3^2}$,有

$$(1 + 3t)^4 + 7(1 + 3t) + 4 \equiv 0 \pmod{3^2}$$

故　$33t + 12 \equiv 0 \pmod{3^2}$

即　$11t + 4 \equiv 0 \pmod{3}$

得　$t \equiv 1 \pmod{3}$

即　$t = 1 + 3t_1$

故　$x = 1 + 3(1 + 3t_1) = 4 + 9t_1$

代入方程 $x^4 + 7x + 4 \equiv 0 \pmod{3^3}$,得

$$(4+9t_1)^4+7(4+9t_1)+4\equiv 0(\bmod 3^3)$$

故 $$256+256\cdot 9t_1+28+63t_1+4\equiv 0(\bmod 3^3)$$

即 $$2+2t_1\equiv 0(\bmod 3)$$

得 $$t_1\equiv 2(\bmod 3)$$

则 $$x=4+9t_1\equiv 22(\bmod 3^3)$$

故 $$x\equiv 22(\bmod 27)$$

5. 解　由 $x^3-2x+6\equiv 0(\bmod 5)$,得

$$x\equiv 1,2(\bmod 5)$$

(1) 当 $x\equiv 1(\bmod 5)$ 时,令 $x=1+5t$,代入 $x^3-2x+6\equiv 0(\bmod 5^2)$,有

$$(1+5t)^3-2(1+5t)+6\equiv 0(\bmod 5^2)$$

故 $$5+5t\equiv 0(\bmod 5^2)$$

即 $$t\equiv -1(\bmod 5)$$

得 $$t=-1+5t_1$$

即 $$x=1+5(-1+5t_1)=-4+25t_1$$

代入方程 $x^3-2x+6\equiv 0(\bmod 5^3)$,得

$$(-4+25t_1)^3-2(-4+25t_1)+6\equiv 0(\bmod 5^3)$$

故 $$-50+3\times(-4)^2\times 25t_1-50t_1\equiv 0(\bmod 5^3)$$

即 $$-2+46t_1\equiv 0(\bmod 5)$$

得 $$t_1\equiv 2(\bmod 5)$$

故 $$x=-4+25t_1\equiv 46(\bmod 5^3)$$

(2) 当 $x\equiv 2(\bmod 5)$ 时,令 $x=2+5t_3$,代入 $x^3-2x+6\equiv 0(\bmod 5^2)$,有

$$10+60t_3-10t_3\equiv 0(\bmod 5^2)$$

故 $$2+10t_3\equiv 0(\bmod 5)$$

则 $2\equiv 0(\bmod 5)$ 无解.

所以原同余方程的解为

$$x\equiv 46(\bmod 5^3)$$

6. 解　因 $54=2\cdot 3^3$,而 $x^2\equiv -1(\bmod 3)$ 无解,故 $x^2\equiv -1(\bmod 54)$ 也无解.

7. 解　因为 $75=3\cdot 5^2$,先解 $3x^2+4x-15\equiv 0(\bmod 3)$,逐一代入,得

$$x\equiv 0(\bmod 3)$$

再解 $3x^2+4x-15\equiv 0(\bmod 5^2)$,逐一代入,得 $3x^2+4x-15\equiv 0(\bmod 5)$ 的解为

$$x\equiv 0,2(\bmod 5)$$

对于 $x\equiv 0(\bmod 5)$,令 $x=5t$,代入 $3x^2+4x-15\equiv 0(\bmod 5^2)$,得

$$t\equiv 2(\bmod 5)$$

于是 $$x=5(2+5t_1)$$

即 $x\equiv 10(\bmod 25)$ 是 $3x^2+4x-15\equiv 0(\bmod 5^2)$ 的一个解;对于 $x\equiv 2(\bmod 5)$,令 $x=2+5t_2$,代入 $3x^2+4x-15\equiv 0(\bmod 5^2)$,得

$$t_2\equiv 4(\bmod 5)$$

于是 $$x=2+5(4+5t_3)=22+25t_3$$

即 $x\equiv 22(\bmod 25)$ 是 $3x^2+4x-15\equiv 0(\bmod 5^2)$ 的一个解;最后构造同余方程组

$$\begin{cases} x\equiv b_1(\bmod 3)\\ x\equiv b_2(\bmod 25)\end{cases}$$

其中，$b_1=0, b_2=10,22$. 由孙子定理得

$$3x^2+4x-15\equiv 0 \pmod{75}$$

两个解为

$$x\equiv 60,72 \pmod{75}$$

8. 证明　任何正整数 m 都可表示为

$$m=2^k\times l \quad (k\geqslant 0, 2\nmid l)$$

若 $k\neq 0, l\neq 1$，则同余方程 $5x^2+11y^2\equiv 1 \pmod m$ 的求解可转化为同余方程组

$$\begin{cases}5x^2+11y^2\equiv 1 \pmod{2^k} & ①\\ 5x^2+11y^2\equiv 1 \pmod l & ②\end{cases}$$

的求解.

对于式 ①，令 $y=2x$ 代入方程，有

$$49x^2\equiv 1 \pmod{2^k},\quad (7x)^2\equiv 1 \pmod{2^k}$$

由于 $(7,2^k)=1$，存在 x_1 使得 $7x\equiv 1 \pmod{2^k}$ 成立，那么 $(7x)^2\equiv 1 \pmod{2^k}$ 也成立，则

$$x\equiv x_1 \pmod{2^k},\quad y\equiv 2x_1 \pmod{2^k}$$

为式 ① 的解.

对于式 ②，令 $y=x$ 代入方程，得

$$16x^2\equiv 1 \pmod l,\quad (4x)^2\equiv 1 \pmod l$$

由于 $(4,l)=1$，存在 x_2 使得 $4x\equiv 1 \pmod l$ 成立，那么 $(4x)^2\equiv 1 \pmod l$ 也成立，则

$$x\equiv x_2 \pmod l,\quad y\equiv x_2 \pmod l$$

为 ② 式的解.

这样便得到两个同余式组

$$\begin{cases}x\equiv x_1 \pmod{2^k}\\ x\equiv x_2 \pmod l\end{cases} \quad ③$$

$$\begin{cases}y\equiv 2x_1 \pmod{2^k}\\ y\equiv x_2 \pmod l\end{cases} \quad ④$$

利用孙子定理得到式 ③ 与式 ④ 的解为

$$x\equiv x_0 \pmod m,\quad y\equiv y_0 \pmod m$$

若 $k=0$ 或 $l=1$ 时，只需解相应的式 ① 或式 ② 便可.

综上，我们便证明了 $5x^2+11y^2\equiv 1 \pmod m$ 对任何正整数 m 都有解.

习题 4.4

1. 解　因 $105=3\cdot 5\cdot 7$，故同余方程 $3x^2+11x-20\equiv 0 \pmod 3$ 的解为

$$x\equiv 1 \pmod 3$$

同余方程 $3x^2+11x-20\equiv 0 \pmod 5$ 的解为

$$x\equiv 0 \text{ 或 } 3 \pmod 5$$

同余方程 $3x^2+11x-20\equiv 0 \pmod 7$ 的解为

$$x\equiv 2 \text{ 或 } 6 \pmod 7$$

构造同余方程组

$$\begin{cases}x\equiv b_1 \pmod 3\\ x\equiv b_2 \pmod 5\\ x\equiv b_3 \pmod 7\end{cases}$$

其中，$b_1=1, b_2=0$ 或 $3, b_3=2$ 或 6. 由孙子定理得，原同余方程的解为

$$x \equiv 13,55,58,100 \pmod{105}$$

2. 解　由费马定理知，$x^5 \equiv x \pmod 5$.

(1) $x^7 - 6 = x^5 \cdot x^2 - 6 \equiv x \cdot x^2 - 6 = x^3 - 6 \equiv 0 \pmod 5$

(2) $x^8 + 2x^7 + x^5 - x^4 - x + 3 \equiv x^5 \cdot x^3 + 2x^5 \cdot x^2 + x^5 - x^4 - x + 3$

$$\equiv x \cdot x^3 + 2x \cdot x^2 + x - x^4 - x + 3$$

$$\equiv 2x^3 + 3 \equiv 0 \pmod 5.$$

3. 解　$2x^3 - x^2 + 3x - 1 \equiv 0 \pmod 5$ 等价于

$$x^3 - 3x^2 + 4x - 3 \equiv 0 \pmod 5$$

又　$$x^5 - x = (x^3 - 3x^2 + 4x - 3)(x^2 + 3x + 5) + 6x^2 - 12x + 15$$

其中，$r(x) = 6x^2 - 12x + 15$ 的系数不都是 5 的倍数，故原方程没有三个解.

4. 解　由费马定理知

$$x^5 \equiv x \pmod 5$$

则

$$3x^{14} + 4x^{10} + 6x - 18 = 3(x^5)^2 x^4 + 4(x^5)^2 + 6x - 18$$

$$\equiv 3x^2 \cdot x^4 + 4x^2 + 6x - 18$$

$$\equiv 3x^2 + 4x^2 + 6x - 18$$

$$\equiv 2x^2 + x - 3 \pmod 5$$

原同余方程等价于

$$2x^2 + x - 3 \equiv 0 \pmod 5$$

将 $x = 0, \pm 1, \pm 2$ 分别代入方程 $2x^2 + x - 3 \equiv 0 \pmod 5$ 进行验算，可知这个同余方程的解是 $x \equiv 1 \pmod 5$.

5. 证明　因　$$(-1)k \equiv p - k \pmod p$$

故　$$(n-1)! \equiv (-1)^{n-1}(p-1)(p-2)\cdots(p-n+1) \pmod p$$

则　$$(n-1)!(p-n)! \equiv (-1)^{n-1}(p-1)! \pmod p$$

由威尔逊定理知

$$(n-1)!(p-n)! \equiv (-1)^{n-1}(-1) \pmod p$$

故　$$(n-1)!(p-n)! \equiv (-1)^{n-1} \pmod p$$

6. 证明　首先验证 $x \equiv yx_0 \pmod m$ 是同余式 $x^k \equiv a \pmod m$ 的解.

因 y 是 $y^k \equiv 1 \pmod m$ 的解，故

$$(yx_0)^k \equiv x_0^k \equiv a \pmod m$$

由此可知 $x \equiv yx_0 \pmod m$ 是同余式的解.

再证明：方程一切解都可以表示为 $x \equiv yx_0 \pmod m$，其中 y 满足同余方程 $y^k \equiv 1 \pmod m$.

设 x' 是同余式 $x^k \equiv a \pmod m$ 的任意一个解，由 $(a,m)=1$ 可推出 $(x_0, m) = 1$，进一步 $(x_0^k, m) = 1$. 若不然，记 $(x_0, m) = d$，且 $d > 1$，因 $x_0^k \equiv a \pmod m$，故 $a = x_0^k + ym$，则 $d \mid a, d \mid (a,m), d = 1$，这与前面所设 $d > 1$ 矛盾.

由 $(x_0, m) = 1$ 可知同余式 $x_0 y \equiv x' \pmod m$ 有解. 不妨设为

$$y \equiv y_0 \pmod m, \quad (x_0 y_0)^k \equiv (x')^k \equiv a \equiv x_0^k \pmod m$$

两边同时约去 x_0^k，得

$$y_0^k \equiv 1 \pmod m$$

故得证.

7. 证明　首先证明在 $(n, p-1) = k$ 条件下，同余式 $x^n \equiv 1 \pmod p$ 与 $x^k \equiv 1 \pmod p$ 的解等价. 因

$k \mid n$,故同余式 $x^k \equiv 1 \pmod p$ 的任意解 x_0 必定满足同余式 $x^n \equiv 1 \pmod p$.

现设 x_1 为同余式 $x^n \equiv 1 \pmod p$ 的任意解,因

$$(n, p-1) = k$$

故存在整数 s, t,使得

$$ns + (p-1)t = k$$

其中,s, t 中有一个大于 0,有一个小于 0.

(1) 当 $s > 0, t < 0$ 时,

$$1 \equiv (x_1^n) \equiv x_1^{k-t(p-1)} \equiv x_1^k \cdot x_1^{-t(p-1)} \equiv x_1^k \pmod p$$

(2) 当 $s < 0, t > 0$ 时,

$$1 \equiv (x_1^{p-1})^t \equiv x_1^{k-ns} \equiv x_1^k \pmod p$$

下面对 k 进行讨论:若 $k = 1$,显然 $x \equiv 1 \pmod p$ 只有一个解,则 $x^n \equiv 1 \pmod p$ 也只有一个解;若 $k > 1$,由定理 4.4.6 易知,$x^k \equiv 1 \pmod p$ 有 k 个解,所以 $x^n \equiv 1 \pmod p$ 也有 k 个解.

8. 证明 (1) 显然$(x-1)\cdots(x-p+1)$ 的首项为 x^{p-1},常数项为$(-1)^{p-1} \cdot (p-1)!$. 当 $p = 2$ 时,结论显然成立. 设 $p \geqslant 3$,此时 $p-1$ 为偶数,故常数项为$(p-1)!$.

令 $g(x) = (x-1)\cdots(x-p+1) - x^{p-1} - (p-1)!$,$g(x)$ 次数为 $p-2$,$g(x) + x^{p-1} + (p-1)! = (x-1)\cdots(x-p+1)$,则$(x-1)\cdots(x-p+1) \equiv 0 \pmod p$ 有 $p-1$ 个解. 从而$(x-1)\cdots(x-p+1)$ 除 $x^p - x$,所得余式的一切系数都是 p 的倍数,不妨设为 $pr(x)$,即

$$\begin{aligned} x^p - x &= x(x-1)\cdots(x-p+1) + pr(x) \\ &= x(g(x) + x^{p-1} + (p-1)!) + pr(x) \\ &= 1 \cdot (x^p + x(p-1)!) + xg(x) + pr(x) \end{aligned}$$

其中,$xg(x) + pr(x)$ 次数小于 $p-1$.

由威尔逊定理,$(p-1)! \equiv -1 \pmod p$,$x^p + x(p-1)! \equiv x^p - x \equiv 0 \pmod p$ 有 p 个解,从而 $xg(x) + pr(x)$ 的一切系数能被 p 整除,即 $xg(x)$ 的一切系数是 p 的倍数,即 $g(x)$ 的一切系数为 p 的倍数.

(2) 令

$$\begin{aligned} F(x) &= (x-1)(x-2)\cdots(x-p+1) \\ &= x^{p-1} + a_{p-2}x^{p-2} + \cdots + a_2x^2 + a_1x + a_0 \end{aligned}$$

易知

$$a_1 = (p-1)!\left(1 + \frac{1}{2} + \cdots + \frac{1}{p-1}\right), \quad a_0 = (p-1)!$$

在 $F(x)$ 中令 $x = p$,则

$$(p-1)! = p^{p-1} + a_{p-2}p^{p-2} + \cdots + a_2p^2 + a_1p + (p-1)!$$

得

$$p^{p-1} + a_{p-2}p^{p-2} + \cdots + a_2p^2 + a_1p = 0$$

即

$$p^{p-2} + a_{p-2}p^{p-3} + \cdots + a_2p + a_1 = 0.$$

由(1) 知,$p \mid a_i, 1 \leqslant i \leqslant p-2$,故由 $p^2 \mid a_2p, \cdots, p^2 \mid p^{p-2}$,得 $p^2 \mid a_1$,即

$$p^2 \mid (p-1)!\left(1 + \frac{1}{2} + \cdots + \frac{1}{p-1}\right)$$

第 5 章

习题 5.1

1. 解 因为$(4,13) = 1$,所以把同余方程 $ax^2 + bx + c \equiv 0 \pmod p$ 两边乘以 $4a$,把同余方程 $4x^2 - 11x - 3 \equiv 0 \pmod{13}$ 两边乘以 16,即

$$16 \cdot 4x^2 - 16 \cdot 11x - 16 \cdot 3 \equiv 0 \pmod{13}$$

化简为
$$(8x-11)^2 \equiv 169 \pmod{13}$$
因此
$$y^2 \equiv 0 \pmod{13}$$
其中
$$y = 8x-11$$
2. 解　因
$$x^2-3x+5 \equiv x^2-82x+5 \equiv (x-41)^2-41^2+5 \pmod{79}$$
令
$$y = x-41$$
则原方程化为
$$y^2 \equiv 17 \pmod{79}$$
3. 解　因
$$5x^2-7x+11 \equiv 5x^2-30x-35 \pmod{23}$$
又
$$(5,23)=1$$
故原方程等价于
$$x^2-6x-7 \equiv (x-3)^2-16 \equiv 0 \pmod{23}$$
令
$$y = x-3$$
则原方程化为
$$y^2 \equiv 16 \pmod{23}$$
4. 解　由定理5.1.2,二次剩余为$1^2,2^2,\cdots,8^2$,把它们化简即可.

$1^2 \equiv 1 \pmod{17}$,　$2^2 \equiv 4 \pmod{17}$,　$3^2 \equiv 9 \pmod{17}$,　$4^2 \equiv 16 \pmod{17}$

$5^2 \equiv 8 \pmod{17}$,　$6^2 \equiv 2 \pmod{17}$,　$7^2 \equiv 15 \pmod{17}$,　$8^2 \equiv 13 \pmod{17}$

模17所有二次剩余为:1,2,4,8,9,13,15,16;模17所有二次非剩余为:3,5,6,7,10,11,12,14.

5. 解　$7^2 \equiv -9 \pmod{29}$,　$7^4 \equiv -6 \pmod{29}$,　$7^6 \equiv -4 \pmod{29}$

$7^7 \equiv 1 \pmod{29}$,　$7^{14} \equiv 1 \pmod{29}$

所以,7是模29的平方剩余.

6. 解　(1) 原方程等价于
$$\begin{cases} x^2 \equiv 16 \pmod{3} \\ x^2 \equiv 16 \pmod{17} \end{cases}$$
即
$$\begin{cases} x^2 \equiv 1 \pmod{3} \\ x^2 \equiv -1 \pmod{17} \end{cases}$$
因为方程$x^2 \equiv 1 \pmod{3}$的解数为2,方程$x^2 \equiv -1 \pmod{17}$的解数为2,所以原方程的解数为4.

(2) 原方程等价于
$$\begin{cases} x^2 \equiv -63 \pmod{11} \\ x^2 \equiv -63 \pmod{17} \end{cases}$$
即
$$\begin{cases} x^2 \equiv 3 \pmod{11} \\ x^2 \equiv 5 \pmod{17} \end{cases}$$
因为方程$x^2 \equiv 5 \pmod{17}$无解,所以原方程无解.

7. 证明　(1) 设$x_1,x_2,\cdots,x_k$为模p的所有二次剩余,则
$$x_1x_2\cdots x_k \equiv 1^2\cdot 2^2\cdot\cdots\cdot\left(\frac{p-1}{2}\right)^2 \equiv \left[\left(\frac{p-1}{2}\right)!\right]^2 \pmod{p}$$
又
$$\begin{aligned}(p-1)! &= 1\cdot 2\cdot 3\cdot\cdots\cdot\frac{p-1}{2}\cdot\frac{p+1}{2}\cdot\frac{p+3}{2}\cdot\cdots\cdot(p-1)\\ &\equiv 1\cdot 2\cdot 3\cdot\cdots\cdot\frac{p-1}{2}\cdot\left(\frac{p+1}{2}-p\right)\cdot\left(\frac{p+3}{2}-p\right)\\ &\quad\cdot\cdots\cdot[(p-1)-p]\\ &\equiv 1\cdot 2\cdot 3\cdot\cdots\cdot\frac{p-1}{2}\cdot(-1)^{\frac{p-1}{2}}\cdot\frac{p-1}{2}\cdot\cdots\cdot 3\cdot 2\cdot 1\\ &= (-1)^{\frac{p-1}{2}}\cdot\left[\left(\frac{p-1}{2}\right)!\right]^2 \pmod{p}\end{aligned}$$

则
$$\left[\left(\frac{p-1}{2}\right)!\right]^2 \equiv (-1)^{\frac{p-1}{2}} \cdot (p-1)!\pmod p$$

故

$$\begin{aligned} x_1x_2\cdots x_k &\equiv (-1)^{\frac{p-1}{2}} \cdot (p-1)! \equiv (-1)^{\frac{p-1}{2}} \cdot (-1) \\ &\equiv (-1)^{\frac{p+1}{2}} \pmod p \end{aligned}$$

(2) 设 $y_1, y_2, \cdots, y_t$ 为模 p 的所有二次非剩余,由威尔逊定理知

$$(p-1)! \equiv -1\pmod p$$

则
$$\begin{aligned} -1 &\equiv 1 \cdot 2 \cdot \cdots \cdot (p-1) \\ &\equiv 1^2 \cdot 2^2 \cdot \cdots \cdot \left(\frac{p-1}{2}\right)^2 \cdot y_1 \cdot y_2 \cdot \cdots \cdot y_t \\ &\equiv (-1)^{\frac{p+1}{2}} \cdot y_1 \cdot y_2 \cdot \cdots \cdot y_t \pmod p \end{aligned}$$

即
$$y_1 \cdot y_2 \cdot \cdots \cdot y_t \equiv (-1)^{(p-1)/2}\pmod p$$

(3) 易知
$$1^2 + 2^2 + \cdots + \left(\frac{p-1}{2}\right)^2 = \frac{(p-1) \cdot p \cdot (p+1)}{24}$$

当 $p = 3$ 时,

$$\frac{(p-1) \cdot p \cdot (p+1)}{24} \equiv 1\pmod p$$

当 $p > 3$ 时,显然 $3 \mid p^2 - 1$,且 $8 \mid p^2 - 1$,从而

$$\frac{(p-1) \cdot p \cdot (p+1)}{24} \equiv 0\pmod p$$

8. 证明 (必要性) 若 $u^2 + av^2 \equiv 0\pmod p$,则有 $p \nmid uv$,因 $(v, p) = 1$,故

$$v^{p-1} \equiv 1\pmod p$$

又
$$u^2 \equiv -av^2\pmod p$$

即 $-av^2$ 是模 p 的平方剩余

$$(-av^2)^{\frac{p-1}{2}} \equiv (-a)^{\frac{p-1}{2}} \cdot v^{p-1} \equiv (-a)^{\frac{p-1}{2}} \equiv 1\pmod p$$

即 $-a$ 是模 p 的二次剩余.

(充分性) $-a$ 是模 p 的二次剩余,即 $x^2 \equiv -a\pmod p$ 有解,在方程 $x^2 + a \equiv 0\pmod p$ 中,令 $x = u, v = 1$,即

$$u^2 + av^2 \equiv 0\pmod p$$

习题 5.2

1. 解 因为 $365 = 5 \cdot 73$,同余方程等价于

$$\begin{cases} x^2 \equiv -1\pmod 5 \\ x^2 \equiv -1\pmod{73} \end{cases}$$

又
$$\left(\frac{n}{p}\right) \equiv n^{\frac{p-1}{2}}\pmod p$$

故
$$\left(\frac{-1}{5}\right) \equiv (-1)^{\frac{5-1}{2}} = 1\pmod 5$$

$$\left(\frac{-1}{73}\right) \equiv (-1)^{\frac{73-1}{2}} = 1\pmod{73}$$

所以原同余方程有解,解数为 4.

2. 证明 由 $\left(\frac{n}{p}\right) \equiv n^{\frac{p-1}{2}}\pmod p$ 及 $\left(\frac{n}{p}\right) = 1$ 得

$$n^{\frac{p-1}{2}} \equiv 1 (\bmod p)$$

两边乘以 n 得

$$n \cdot n^{\frac{p-1}{2}} \equiv n \cdot 1 (\bmod p)$$

故

$$n^{\frac{p+1}{2}} \equiv n (\bmod p)$$

即

$$(n^{\frac{p+1}{4}})^2 \equiv n (\bmod p)$$

由此知 $x^2 \equiv n (\bmod p)$ 的解是

$$x \equiv \pm n^{\frac{p+1}{4}} (\bmod p)$$

3. 证明　当 n 取遍 $0,1,2,\cdots,p-1$ 时，$an+b$ 构成模 p 的一个完全剩余系，这 p 个数中仅有一个是 p 的倍数，由规定知其勒让德符号为 0，其余的 $p-1$ 个数构成模 p 的简化剩余系. 在模 p 的简化剩余系中有 $\frac{p-1}{2}$ 个平方剩余，$\frac{p-1}{2}$ 个平方非剩余. 从而

$$\sum_{n=0}^{p-1}\left(\frac{an+b}{p}\right)=\frac{p-1}{2}(-1)+\frac{p-1}{2}\cdot 1+0=0$$

4. 证明　因为 $p \equiv 1 (\bmod 4)$，设 $p=4k+1$，所以

$$\left(\frac{-1}{p}\right)=1$$

于是

$$\left(\frac{p-r}{p}\right)=\left(\frac{r}{p}\right)$$

由此知，r 与 $p-r$ 同为模 p 的二次剩余或二次非剩余.

对任何整数 $r(1 \leqslant r \leqslant p-1)$，将 r 与 $p-r$ 配对，所以

$$\sum_{r=1}^{p-1} r \cdot \left(\frac{r}{p}\right)=kp+(-kp)=0$$

5. 证明　对于 $1,2,\cdots,\frac{p-1}{2}$ 中任一个整数 x，要么 $x^{\frac{p-1}{2}} \equiv 1 (\bmod p)$，要么 $x^{\frac{p-1}{2}} \equiv -1 (\bmod p)$

则

$$1^{\frac{p-1}{2}} \cdot 2^{\frac{p-1}{2}} \cdot \cdots \cdot \left(\frac{p-1}{2}\right)^{\frac{p-1}{2}} \equiv 1^s \cdot (-1)^t (\bmod p)$$

其中，s 为模 p 在 $1,2,\cdots,\frac{p-1}{2}$ 中的平方剩余个数，t 为模 p 在 $1,2,\cdots,\frac{p-1}{2}$ 中的平方非剩余个数，即

$$\left[\left(\frac{p-1}{2}\right)!\right]^{\frac{p-1}{2}} \equiv (-1)^t (\bmod p)$$

又

$$(p-1)! \equiv -1 (\bmod p)$$

即

$$1 \cdot 2 \cdot \cdots \cdot \frac{p-1}{2} \cdot \frac{p+1}{2} \cdot \cdots \cdot (p-1) \equiv -1 (\bmod p)$$

从而

$$(-1)^{\frac{p-1}{2}}\left(1 \cdot 2 \cdot \cdots \cdot \frac{p-1}{2}\right)^2 \equiv -1 (\bmod p)$$

因为 $p \equiv 3 (\bmod 4)$，则

$$\left(1 \cdot 2 \cdot \cdots \cdot \frac{p-1}{2}\right)^2 \equiv 1 (\bmod p)$$

即

$$\left(\frac{p-1}{2}\right)! \equiv \pm 1 (\bmod p)$$

又 $\frac{p-1}{2}$ 为奇数，由 $\left[\left(\frac{p-1}{2}\right)!\right]^{\frac{p-1}{2}} \equiv (-1)^t (\bmod p)$ 知

$$\left(\frac{p-1}{2}\right)!\equiv(-1)^t \pmod p$$

习题 5.3

1. 解　由于 13 和 131 都是素数，所以

$$\left(\frac{131}{31}\right)=\left(\frac{7}{31}\right)=(-1)^{\frac{7-1}{2}\cdot\frac{31-1}{2}}\left(\frac{31}{7}\right)$$

$$=-\left(\frac{3}{7}\right)=\left(\frac{7}{3}\right)=\left(\frac{1}{3}\right)=1$$

2. 解　因为 71 是素数，$-30=(-1)\cdot 2\cdot 3\cdot 5$，故有

$$\left(\frac{-30}{71}\right)=\left(\frac{-1}{71}\right)\left(\frac{2}{71}\right)\left(\frac{3}{71}\right)\left(\frac{5}{71}\right)$$

由于

$$\left(\frac{-1}{71}\right)=-1,\quad \left(\frac{2}{71}\right)=1$$

$$\left(\frac{3}{71}\right)=-\left(\frac{71}{3}\right)=-\left(\frac{2}{3}\right)=1$$

$$\left(\frac{5}{71}\right)=\left(\frac{71}{5}\right)=\left(\frac{1}{5}\right)=1$$

所以

$$\left(\frac{-30}{71}\right)=-1$$

由此可知 $y\equiv-30 \pmod{71}$ 不是模 71 的平方剩余.

3. 解　因

$$\left(\frac{n}{p}\right)\equiv n^{\frac{p-1}{2}} \pmod p$$

故

$$\left(\frac{2}{59}\right)\equiv 2^{\frac{59-1}{2}}\equiv 2^{29}\equiv(2^6)^4\cdot 2^5\equiv 5^4\cdot 2^5\equiv-1 \pmod{59}$$

所以原同余方程无解.

4. 解　(1) 因为 $\left(\frac{1742}{769}\right)=\left(\frac{204}{769}\right)=\left(\frac{4}{769}\right)\left(\frac{3}{769}\right)\left(\frac{17}{769}\right)=\left(\frac{1}{3}\right)\left(\frac{4}{17}\right)=1$，所以原同余方程有解；

(2) 因为 $\left(\frac{1503}{1013}\right)=\left(\frac{490}{1013}\right)=\left(\frac{2}{1013}\right)\left(\frac{5}{1013}\right)\left(\frac{49}{1013}\right)=\left(\frac{1013}{5}\right)=-\left(\frac{3}{5}\right)=1$，所以原同余方程有解.

5. 解　因为 $3599=59\times 61$，故原同余方程等价于

$$\begin{cases}x^2\equiv 2 \pmod{59}\\ x^2\equiv 2 \pmod{61}\end{cases}$$

又

$$\left(\frac{2}{59}\right)=-1$$

所以原同余方程无解.

6. 证明　若方程有解 (x_0, y_0)，则

$$x_0^2+23y_0^2=17$$

即

$$x_0^2\equiv 17 \pmod{23}$$

计算 $\left(\frac{17}{23}\right)$，易知 $\left(\frac{17}{23}\right)=-1$，矛盾.

7. 解　由 $\left(\frac{11}{p}\right)=1$ 推出

$$(-1)^{\frac{p-1}{2}}\left(\frac{p}{11}\right)=1$$

由此得

$$\begin{cases}(-1)^{\frac{p-1}{2}}=1\\ \left(\frac{p}{11}\right)=1\end{cases} \quad 或 \quad \begin{cases}(-1)^{\frac{p-1}{2}}=-1\\ \left(\frac{p}{11}\right)=-1\end{cases}$$

即

$$\begin{cases}p\equiv 1(\mathrm{mod}\,4)\\ p\equiv 1,3,4,5,9(\mathrm{mod}\,11)\end{cases}$$

或

$$\begin{cases}p\equiv -1(\mathrm{mod}\,4)\\ p\equiv -1,-3,-4,-5,-9(\mathrm{mod}\,11)\end{cases}$$

由孙子定理,得

$$\begin{cases}p\equiv a(\mathrm{mod}\,4)\\ p\equiv b(\mathrm{mod}\,11)\end{cases}, \quad a=1, \quad b=1,3,4,5,9$$

则

$$M_1=11, \quad M_2=4, \quad m=44$$

又

$$-1\times 11\equiv 1(\mathrm{mod}\,4), \quad 3\times 4\equiv 1(\mathrm{mod}\,11)$$

故

$$p\equiv -11a+12b(\mathrm{mod}\,44)$$

分别把 $a=1,b=1,3,4,5,9$ 代入,得

$$p\equiv 1,19,-7,5,9(\mathrm{mod}\,44)$$

同理,由 $\begin{cases}p\equiv -1(\mathrm{mod}\,4)\\ p\equiv -1,-3,-4,-5,-9(\mathrm{mod}\,11)\end{cases}$,得

$$p\equiv -1,-19,7,-5,-9(\mathrm{mod}\,44)$$

故

$$p\equiv \pm 1,\pm 19,\pm 7,\pm 5,\pm 9(\mathrm{mod}\,44)$$

8. 解 因 $\left(\frac{-2}{p}\right)=1$,得

$$\left(\frac{-1}{p}\right)\left(\frac{2}{p}\right)=1$$

故

$$\begin{cases}\left(\frac{-1}{p}\right)=1\\ \left(\frac{2}{p}\right)=1\end{cases} \quad 或 \quad \begin{cases}\left(\frac{-1}{p}\right)=-1\\ \left(\frac{2}{p}\right)=-1\end{cases}$$

即

$$\begin{cases}p\equiv 1(\mathrm{mod}\,4)\\ p\equiv \pm 1(\mathrm{mod}\,8)\end{cases} \quad 或 \quad \begin{cases}p\equiv 3(\mathrm{mod}\,4)\\ p\equiv \pm 3(\mathrm{mod}\,8)\end{cases}$$

得

$$p\equiv 1 \text{ 或 } 3(\mathrm{mod}\,8)$$

9. 解 设以 7 为平方剩余的奇素数是 p,则

$$\left(\frac{7}{p}\right)=(-1)^{\frac{7-1}{2}\cdot\frac{p-1}{2}}\left(\frac{p}{7}\right)=1$$

得

$$\begin{cases}(-1)^{\frac{7-1}{2}\cdot\frac{p-1}{2}}=1\\ \left(\frac{p}{7}\right)=1\end{cases} \quad 或 \quad \begin{cases}(-1)^{\frac{7-1}{2}\cdot\frac{p-1}{2}}=-1\\ \left(\frac{p}{7}\right)=-1\end{cases}$$

因

$$\left(\frac{1}{7}\right)=1, \quad \left(\frac{2}{7}\right)=1, \quad \left(\frac{3}{7}\right)=-1$$

$$\left(\frac{4}{7}\right)=1, \quad \left(\frac{5}{7}\right)=-1, \quad \left(\frac{6}{7}\right)=-1$$

又

$$(-1)^{\frac{7-1}{2}\cdot\frac{p-1}{2}}=1$$

则

$$p\equiv 1(\mathrm{mod}\,4), \quad (-1)^{\frac{7-1}{2}\cdot\frac{p-1}{2}}=-1$$

得
$$p\equiv 3(\bmod 4)$$
故
$$\begin{cases}p\equiv a(\bmod 4)\\ p\equiv b(\bmod 7)\end{cases}$$
其中 $a=1,b=1,2,4$. 由孙子定理得
$$p\equiv 1,9,-3(\bmod 28)$$

同理,由$\begin{cases}p\equiv a(\bmod 4)\\ p\equiv b(\bmod 7)\end{cases}$,其中 $a=3,b=3,5,6$,得
$$p\equiv 3,-9,-1(\bmod 28)$$
故
$$p\equiv\pm 1,\pm 3,\pm 9(\bmod 28)$$

10. 证明　用反证法. 假设只有有限个形如 $8k+3(k\in\mathbf{Z})$ 的素数 $p_1,p_2,\cdots,p_k$, 记 $N=(p_1p_2\cdots p_k)^2+2$,则 $2\nmid N$. 设 q 是 N 的一个奇数因数,则
$$(p_1p_2\cdots p_k)^2\equiv -2(\bmod q)$$
故
$$\left(\frac{-2}{q}\right)=1$$
即
$$q\equiv 1 \text{ 或 } 3(\bmod 8)$$

若 N 所有奇数因数都具有 $8k+1$ 的形式,则 N 也一定是 $8k+1$ 的形式,又
$$(2k+1)^2\equiv 1(\bmod 8)$$
故
$$N\equiv 1+2\equiv 3(\bmod 8)$$

与 N 是 $8k+1$ 的形式矛盾,故 N 至少有一个形如 $8k+3$ 的奇数因数 q. 易知
$$q\neq p_i\quad(1\leqslant i\leqslant k)$$
若 $q=p_i$,则 $q\mid N$,故 $p_i\mid(p_1p_2\cdots p_k)^2+2$,即 $p_i\mid 2$,这不可能. 这与个数有限的假设矛盾,所以形如 $8k+3(k\in\mathbf{Z})$ 的素数有无穷多个.

11. 证明　假设形如 $5k+4$ 的素数只有有限个,记为 $p_1,p_2,\cdots,p_k$,记 $N=5(p_1\cdot p_2\cdots p_k)^2-1$. 设 p 是 N 的一个奇素数因数,因为 $p\mid N$,所以 $p\mid 5N$,即
$$p\mid(5p_1\cdot p_2\cdots p_k)^2-5$$
于是有
$$(5p_1\cdot p_2\cdots p_k)^2\equiv 5\bmod(p)$$
即
$$\left(\frac{5}{p}\right)=1$$
由二次互反律得
$$\left(\frac{p}{5}\right)=(-1)^{\frac{5-1}{2}\cdot\frac{p-1}{2}}\cdot\left(\frac{5}{p}\right)=1$$
所以
$$p\equiv 1\bmod(5)\quad\text{或}\quad p\equiv 4\bmod(5)$$
又因为
$$N\equiv 4\bmod(5)$$
所以一定有一个 p,得
$$p\equiv 4\bmod(5)$$

下面证明 $p\neq p_i(i\neq 1,2,\cdots,k)$,否则,由 $p\mid N$,推得 $p\mid 1$,这与 p 是 N 的一个奇素数矛盾. 故形如 $5k+4$ 的素数有无穷个.

习题 5.4

1. 解　(1) $\left(\frac{101}{15}\right)=\left(\frac{11}{15}\right)=-\left(\frac{4}{11}\right)=-\left(\frac{2}{11}\right)^2=-1$;

(2) $\left(\frac{73}{21}\right)=\left(\frac{10}{21}\right)=\left(\frac{2}{21}\right)\left(\frac{5}{21}\right)=-\left(\frac{5}{21}\right)=-\left(\frac{21}{5}\right)=-\left(\frac{1}{5}\right)=-1$.

2. 解　$\left(\frac{895}{1\,901}\right)=\left(\frac{1\,901}{895}\right)=\left(\frac{111}{895}\right)=-\left(\frac{895}{111}\right)=-\left(\frac{7}{111}\right)=\left(\frac{111}{7}\right)=\left(\frac{-1}{7}\right)=-1$.

3. 解 $\left(\frac{5\ 381}{6\ 277}\right)=\left(\frac{-896}{6\ 277}\right)=\left(\frac{-1}{6\ 277}\right)\left(\frac{2^7}{6\ 277}\right)\left(\frac{7}{6\ 277}\right)=\left(\frac{2}{6\ 277}\right)\left(\frac{7}{6\ 277}\right)$

$$=-\left(\frac{7}{6\ 277}\right)=-\left(\frac{6\ 277}{7}\right)=-\left(\frac{5}{7}\right)=-\left(\frac{7}{5}\right)=-\left(\frac{2}{5}\right)=1.$$

4. 解 因 $\left(\frac{374}{3\ 019}\right)=\left(\frac{2}{3\ 019}\right)\left(\frac{187}{3\ 019}\right)=(-1)(-1)\left(\frac{27}{187}\right)=\left(\frac{3}{187}\right)=-\left(\frac{1}{3}\right)=-1$,

故同余方程无解.

5. 证明 因

$$p=4n+1,\ \frac{p-1}{2}=2n,\ \left(\frac{a}{p}\right)=1$$

则

$$\left(\frac{p-a}{p}\right)=\left(\frac{-a}{p}\right)=\left(\frac{-1}{p}\right)\left(\frac{a}{p}\right)=(-1)^{\frac{p-1}{2}}\cdot\left(\frac{a}{p}\right)=1$$

故 $p-a$ 也是 p 的平方剩余.

习题 5.5

1. 解 因 $\left(\frac{19}{31}\right)=1$,故原方程有解,又 $31=8\cdot 3+7$,则 $x\equiv\pm 19^{\frac{1}{4}(31+1)}\equiv\pm 19(\mathrm{mod}\,31)$ 是原方程的解.

2. 解 因 $\left(\frac{5}{19}\right)=1$,故原方程有解,又 $19=8\cdot 2+3$,则 $x\equiv\pm 5^{\frac{1}{4}(19+1)}\equiv\pm 9(\mathrm{mod}\,19)$ 是原方程的解.

3. 解 因 $\left(\frac{5}{29}\right)=1$,故原方程有解,又 $29=8\cdot 3+5$,且

$$\frac{1}{4}(p-1)=7,5^7\equiv(5^2)^3\cdot 5\equiv(-4)^3\cdot 5\equiv-1(\mathrm{mod}\,29)$$

则 $x\equiv\pm 2^{\frac{1}{4}(p-1)}\cdot a^{\frac{1}{8}(p+3)}\equiv\pm 2^7\cdot 5^4\equiv\pm 18(\mathrm{mod}\,29)$ 是原方程的解.

4. 解 因 $\left(\frac{3}{73}\right)=1$,故同余方程有解,这时

$$p=73=2^3\cdot 9+1,k=3,h=9$$

有 $a^{2^{k-2}h}\equiv 3^{2^{3-2}\cdot 9}\equiv 3^{18}\equiv-1(\mathrm{mod}\,73)$,显然

$$\left(\frac{5}{73}\right)=-1$$

即 5 是 73 的平方非剩余,因此

$$b^{2^{k-1}h}\equiv 5^{2^{3-1}\cdot 9}\equiv 5^{4\cdot 9}\equiv 5^{36}\equiv(5^3)^{12}\equiv(-21)^{12}\equiv 3^6\equiv-1(\mathrm{mod}\,73)$$

两式相乘得

$$5^{4\cdot 9}\cdot 3^{18}\equiv 1(\mathrm{mod}\,73)$$

计算 $5^{18}\cdot 3^9\equiv 75^9\equiv 2^9\equiv 1(\mathrm{mod}\,73)$,于是 $5^{18}\cdot 3^{10}\equiv 3(\mathrm{mod}\,73)$

故原方程的解为

$$x\equiv\pm 5^9\cdot 3^5\equiv\pm 10\cdot 42\equiv\pm 21(\mathrm{mod}\,73)$$

习题 5.6

1. 解 由同余方程 $x^2\equiv 11(\mathrm{mod}\,5)$ 得

$$x\equiv\pm 1(\mathrm{mod}\,5)$$

若 $x\equiv 1(\mathrm{mod}\,5)$,由 $(1+5t_1)^2\equiv 11(\mathrm{mod}\,25)$ 得

$$10t_1\equiv 10(\mathrm{mod}\,25)$$

因此 $$t_1 \equiv 1 \pmod 5$$

于是 $$(6+25t_2)^2 \equiv 11 \pmod{125}$$

$$t_2 \equiv 2 \pmod 5$$

故 $x \equiv 56 \pmod{125}$ 是同余方程的一个解.

若 $x \equiv -1 \pmod 5$,由 $(-1+5t_1)^2 \equiv 11 \pmod{25}$ 得

$$10t_1 \equiv -10 \pmod{25}$$

因此 $$t_1 \equiv -1 \pmod 5$$

于是 $$(-6+25t_2)^2 \equiv 11 \pmod{125}$$

$$t_2 \equiv -2 \pmod 5$$

故 $x \equiv -56 \pmod{125}$ 是同余方程的一个解.

故所求解为

$$x \equiv \pm 56 \pmod{125}$$

2. 解　由同余方程 $x^2 \equiv 39 \pmod 5$ 得

$$x \equiv \pm 2 \pmod 5$$

若 $x \equiv 2 \pmod 5$,由 $(2+5t_1)^2 \equiv 39 \pmod{25}$ 得

$$2t_1 \equiv 1 \pmod 5$$

因此 $$t_1 \equiv 3 \pmod 5$$

$$t_1 = 3+5t_2$$

由 $(17+25t_2)^2 \equiv 39 \pmod{125}$ 得

$$t_2 \equiv 0 \pmod 5$$

$$t_2 = 5t_3$$

从 $(17+125t_3)^2 \equiv 39 \pmod{625}$ 得

$$t_3 \equiv 2 \pmod 5$$

即 $x \equiv 267 \pmod{625}$ 是同余方程 $x^2 \equiv 39 \pmod{625}$ 的一个解.

同理可得,$x \equiv -267 \pmod{625}$ 是同余方程 $x^2 \equiv 39 \pmod{625}$ 的一个解.故所求解为

$$x \equiv \pm 267 \pmod{625}$$

3. 解　由于 $41 \equiv 1 \pmod 8$,所以原方程有 4 个解.

方程 $x^2 \equiv 41 \pmod 8$ 的四个解是 1,3,5,7,其中 3 又是方程 $x^2 \equiv 41 \pmod{16}$ 的解.由定理 5.6.3 知,3,3+8,−3,−3−8 是方程 $x^2 \equiv 41 \pmod{16}$ 的解.在这 4 个解中,3 还是方程 $x^2 \equiv 41 \pmod{32}$ 的解,则 3,3+16,−3,−3−16 是方程 $x^2 \equiv 41 \pmod{32}$ 的解.

又在这 4 个解中 19 = 3+16 是方程 $x^2 \equiv 41 \pmod{64}$ 的解,所以 19,19+32,−19,−19−32 是方程 $x^2 \equiv 41 \pmod{64}$ 的解.故方程 $x^2 \equiv 41 \pmod{64}$ 的解是 $x \equiv \pm 19, \pm 51 \pmod{64}$.

4. 解　由于 $89 \equiv 1 \pmod 8$,所以原方程有 4 个解.

方程 $x^2 \equiv 89 \pmod 8$ 的四个解是 1,3,5,7,其中 3 又是方程 $x^2 \equiv 89 \pmod{16}$ 的解.

由定理 5.6.3 知,3,3+8,−3,−3−8 是方程 $x^2 \equiv 89 \pmod{16}$ 的解.在这四个解中,11 还是方程 $x^2 \equiv 89 \pmod{32}$ 的解,则 11,11+16,−11,−11−16 是方程 $x^2 \equiv 89 \pmod{32}$ 的解.

在这 4 个解中,27 是方程 $x^2 \equiv 89 \pmod{64}$ 的解,所以 27,27+32,−27,−27−32 是方程 $x^2 \equiv 89 \pmod{64}$ 的解.

在这 4 个解中,27 是方程 $x^2 \equiv 89 \pmod{128}$ 的解,所以 27,27+64,−27,−27−64 是方程 $x^2 \equiv 89 \pmod{128}$ 的解.

在这 4 个解中,91 是方程 $x^2 \equiv 89 \pmod{256}$ 的解,则 $91, 91+128, -91, -91-128$ 是方程 $x^2 \equiv 89 \pmod{256}$ 的解.

故方程 $x^2 \equiv 89 \pmod{256}$ 的解是 $x \equiv \pm 91, \pm 219 \pmod{256}$.

5. 解 由 $x^2+5x+13 \equiv 0 \pmod{3^2}$

即
$$x^2+5x+4 \equiv 0 \pmod{3^2}$$
得
$$x \equiv -1, 2, 5 \pmod{3^2}$$

当 $x \equiv -1 \pmod{3^2}$ 时,把 $x = 9t-1$ 代入 $x^2+5x+13 \equiv 0 \pmod{3^3}$ 中,无解.

当 $x \equiv 2 \pmod{3^2}$ 时,把 $x = 9t+2$ 代入 $x^2+5x+13 \equiv 0 \pmod{3^3}$ 中,恒成立,故
$$x \equiv 2, 11, -7 \pmod{3^3}$$

当 $x \equiv 5 \pmod{3^2}$ 时,把 $x = 9t+5$ 代入 $x^2+5x+13 \equiv 0 \pmod{3^3}$ 中,无解.且 $x \equiv 2, 11, -7 \pmod{3^3}$ 是原方程的解.

第 6 章

习题 6.1

1. 解 (1) $m = 5$. 2,3,4 的指数分别是 4,4,2;

(2) $m = 8$. 3,5,7 的指数分别是 2,2,2;

(3) $m = 10$. 3,7,9 的指数分别是 4,4,2.

2. 解 与 14 互素的数是 1,3,5,9,11,13,直接计算知
$$1^1 \equiv 1 \pmod{14},\quad \delta_{14}(1) = 1,\quad 3^6 \equiv 1 \pmod{14},\quad \delta_{14}(3) = 6$$
$$5^6 \equiv 1 \pmod{14},\quad \delta_{14}(5) = 6,\quad 9^3 \equiv 1 \pmod{14},\quad \delta_{14}(9) = 3$$
$$11^3 \equiv 1 \pmod{14},\quad \delta_{14}(11) = 3,\quad 13^2 \equiv 1 \pmod{14},\quad \delta_{14}(13) = 2$$
因
$$\varphi(14) = 14\left(1-\frac{1}{2}\right)\left(1-\frac{1}{7}\right) = 6$$
故 3 与 5 是模 14 的原根.

3. 证明 假设 $t \nmid k$,可令 $k = qt + r (0 < r < t)$,则有
$$2^r \equiv 2^{qt+r} \equiv 2^k \equiv 1 \pmod{m}$$
这与 t 为最小值矛盾,故 $t \mid k$.

4. 证明 假设存在 $n \in \mathbf{N}$,使 $n \mid 2^n - 1$,记 n 的最小值为 n_0,则 $n_0 \mid 2^{n_0} - 1$,即 $2^{n_0} \equiv 1 \pmod{n_0}$.若 n_0 为奇质数,则由欧拉定理有
$$2^{\varphi(n_0)} \equiv 1 \pmod{n_0}$$
于是得到 $\varphi(n_0) \geqslant n_0$,这是不可能的,从而导致矛盾,命题成立.

5. 证明 记 $\delta = \delta_{mn}(a)$,$\delta' = [\delta_m(a), \delta_n(a)]$.由例 6.1.5 知,$\delta_m(a) \mid \delta$,$\delta_n(a) \mid \delta$,则$\delta' \mid \delta$.又
$$a^{\delta'} \equiv 1 \pmod{m},\quad a^{\delta'} \equiv 1 \pmod{n},\quad (m,n) = 1$$
由同余性质知
$$a^{\delta'} \equiv 1 \pmod{mn}$$
故 $\delta \mid \delta'$,即 $\delta = \delta'$.

6. 证明 (1) 设q是 $2^p - 1$ 的一个素因数,则 $2^p \equiv 1 \pmod{q}$,从而$\delta_q(2) \mid p$.因 p 是奇素数,则$\delta_q(2) = 1$ 或 p,而 $2^1 \not\equiv 1 \pmod{q}$,则 $\delta_q(2) \neq 1$,故 $\delta_q(2) = p$.又 $\delta_q(2) \mid \varphi(q) = q-1$,故 $q-1 = t\delta_q(2) = tp$,其中t 必为偶数,因此 q 必为 $2pk+1$ 型.

(2) 同(1),设 q 是 $2^{2^n}+1$ 的一个素因数,则
$$2^{2^n} \equiv -1 \pmod{q}$$

即
$$2^{2^{n+1}} \equiv 1(\bmod q)$$
又 $\delta_q(2) \mid 2^{n+1}$，从而
$$\delta_q(2) = 2^r \quad (0 \leqslant r \leqslant n+1)$$
又 $2^{2^n} \equiv -1(\bmod q)$，必有
$$\delta_q(2) \neq 2^r \quad (0 \leqslant r \leqslant n)$$
故
$$\delta_q(2) = 2^{n+1}$$
又 $\delta_q(2) \mid \varphi(q) = q-1$，则
$$q-1 = k \cdot 2^{n+1}$$
即
$$q = 1 + k \cdot 2^{n+1}$$

习题 6.2

1. 解　设 $p = 41$，则
$$\varphi(41) = 40 = 2^3 \cdot 5$$
于是
$$\varphi(41) = 40 = 2^3 \cdot 5$$
因此，g 是模 41 的原根的充要条件是
$$g^8 \not\equiv 1(\bmod 41),\quad g^{20} \not\equiv 1(\bmod 41),\quad (g,41) = 1$$
用逐一验算得到
$$1^8 \equiv 1(\bmod 41), 2^{20} \equiv 1(\bmod 41), 3^8 \equiv 1(\bmod 41)$$
$$4^{20} \equiv 1(\bmod 41), 5^{20} \equiv 1(\bmod 41)$$
$$6^8 \not\equiv 1(\bmod 41), 6^{20} \not\equiv 1(\bmod 41)$$
又 $(6,41) = 1$，故 6 是模 41 的一个原根.

2. 解　因 $p = 101$，则
$$\varphi(101) = 100 = 2^2 \cdot 5^2$$
于是
$$q_1 = 2,\quad q_2 = 5,\quad \frac{\varphi(101)}{2} = 50,\quad \frac{\varphi(101)}{5} = 20$$
g 是模 101 的原根的充要条件是
$$g^{20} \not\equiv 1(\bmod 101),\quad g^{50} \not\equiv 1(\bmod 101),\quad (g,101) = 1$$
用 1,2,3,…,100 逐一验算得到
$$1^{20} \equiv 1(\bmod 101),\quad 2^{20} \equiv -6 \not\equiv 1(\bmod 101)$$
$$1^{50} \equiv 1(\bmod 101),\quad 2^{50} \equiv 100 \not\equiv 1(\bmod 101)$$
又 $(2,101) = 1$，故 2 是模 101 的一个原根.

3. 解　即计算 2^{100} 对模101^2 的剩余.
$$2^{20} = 1024^2 \equiv ({}^1 4 + 10 \cdot 101)2 \equiv 196 + 280 \cdot 101$$
$$\equiv (2 \cdot 101 - 6) + (3 \cdot 101 - 23) \cdot 101 \equiv -6 - 21 \cdot 101(\bmod 101^2)$$
同理，可得
$$2^{20} \equiv 10 + 33 \cdot 101(\bmod 101^2)$$
$$2^{100} \equiv 1 + 92 \cdot 101 \not\equiv 1(\bmod 101^2)$$
因 $101 \nmid 92$，故 2 是模101^4 的原根.

4. 解　因 $43 - 1 = 42 = 2 \cdot 3 \cdot 7$，且 42 的因数有 1,2,3,7,6,14,21,42.

先求 2 的指数. 经计算知
$$2^{14} \equiv 1(\bmod 43)$$

所以 $$\delta_{43}(2)=14$$

再求 3 的指数.经计算知

$$3^{21}\equiv -1 \pmod{43}$$

则 $$3^{42}\equiv 1 \pmod{43}$$

所以 3 是模 43 的原根.

下面再求 3^{42} 对模$43^2=1\,849$ 的剩余,经计算知

$$3^{42}\equiv (43+1)^2\equiv 1+2\cdot 43 \pmod{43^2}$$

由 $43\nmid 2$ 及 3 是奇数知,3 是所有的模41^{α},$2\cdot 41^{\alpha}$ 的原根.

习题 6.3

1. 解 即解 $$12\mathrm{ind}x\equiv \mathrm{ind}37 \pmod{40}$$

即 $$12\mathrm{ind}x\equiv 32 \pmod{40}$$

因 $$d=(12,40)=4,\quad \mathrm{ind}37=32,4\mid 32$$

故同余方程有解,且有 4 个解.则

$$3\mathrm{ind}x\equiv 8 \pmod{10}$$

即 $$\mathrm{ind}x\equiv 6,16,26,36 \pmod{40}$$

查以 6 为底的模 41 的指标表,易知

$$x\equiv 39,18,2,23 \pmod{41}$$

2. 解 即解 $$4\mathrm{ind}x=\mathrm{ind}a \pmod{40}$$

因为 $d=(4,40)=4$,则同余式有解的充要条件是 $4\mid \mathrm{ind}a$.查以 6 为底的模 41 的指标表,从中找出指标是 4 的倍数对应的数,则

$$\mathrm{ind}a=0,4,8,12,16,20,24,28,32,36$$

再分别找对应的 a 值是:1,25,10,4,18,40,16,31,37,23.从小到大排列是:1,4,10,16,18,23,25,31,37,40.

3. 解 易知 3 是模 17 的一个原根,构造以 3 为底的模 17 的指标表:

a	1	2	3	4	5	6	7	8	9	10	11	12	13	14	15	16
ind$a$	16	14	1	12	5	15	11	10	2	3	7	13	4	9	6	8

即解 $$\mathrm{ind}(6x^{12})\equiv \mathrm{ind}11 \pmod{16}$$

$$\mathrm{ind}6+12\mathrm{ind}x\equiv \mathrm{ind}11 \pmod{16}$$

查表 6.3.1,得

$$15+12\mathrm{ind}x\equiv 7 \pmod{16}$$

即 $$12\mathrm{ind}x\equiv 8 \pmod{16}$$

则 $$\mathrm{ind}x\equiv 2 \pmod{4}$$

$$\mathrm{ind}x\equiv 2,6,10\text{ 或 }14 \pmod{16}$$

查表 6.3.1,得

$$x\equiv 9,15,8\text{ 或 }2 \pmod{17}$$

4. 解 由第 3 题知,3 是模 17 的原根.即

$$\mathrm{ind}(7^x)\equiv \mathrm{ind}6 \pmod{16}$$

则 $$x\cdot \mathrm{ind}7\equiv \mathrm{ind}6 \pmod{16}$$

$$11x\equiv 15 \pmod{16}$$

即 $$3\cdot 11x\equiv 3\cdot 15\pmod{16}$$

故 $$x\equiv 13\pmod{16}$$

第 7 章

习题 7.1

1. 解 $\dfrac{62}{23}$.

2. 解 $\dfrac{p_1}{q_1}=1,\dfrac{p_2}{q_2}=\dfrac{3}{2},\dfrac{p_3}{q_3}=\dfrac{10}{7}$.

3. 解 $$\frac{67}{29}=2+\frac{9}{29}=2+\frac{1}{\frac{29}{9}}=2+\frac{1}{3+\frac{2}{9}}=2+\frac{1}{3+\frac{1}{\frac{9}{2}}}$$
$$=2+\frac{1}{3+\frac{1}{4+\frac{1}{2}}}$$
$$=\langle 2,3,4,2\rangle$$

4. 解 设 $x=\langle 2,3,2,3,\cdots\rangle$,则
$$x=2+\frac{1}{3+\frac{1}{x}}$$
所以
$$x=\frac{3+\sqrt{15}}{3}$$

5. 证明 用数学归纳法证明.当 $k=1,2$ 时,易知
$$p_1=|a_1|=a_1,p_2=\begin{vmatrix}a_1 & -1\\ 1 & a_2\end{vmatrix}=a_1a_2+1$$
结论成立.假设 $k\leqslant i-1$ 时结论成立,则 $k=i$ 时,有
$$p_i=\begin{vmatrix}a_1 & -1 & 0 & \cdots & 0 & 0\\ 1 & a_2 & -1 & \cdots & 0 & 0\\ 0 & 1 & a_3 & \cdots & 0 & 0\\ \vdots & \vdots & \vdots & & \vdots & \vdots\\ 0 & 0 & 0 & \cdots & a_{i-1} & -1\\ 0 & 0 & 0 & \cdots & 1 & a_i\end{vmatrix}$$
$$=a_i\begin{vmatrix}a_1 & -1 & 0 & \cdots & 0\\ 1 & a_2 & -1 & \cdots & 0\\ 0 & 1 & a_3 & \cdots & 0\\ \vdots & \vdots & \vdots & & \vdots\\ 0 & 0 & 0 & \cdots & a_{i-1}\end{vmatrix}+\begin{vmatrix}a_1 & -1 & 0 & \cdots & 0 & 0\\ 1 & a_2 & -1 & \cdots & 0 & 0\\ 0 & 1 & a_3 & \cdots & 0 & 0\\ \vdots & \vdots & \vdots & & \vdots & \vdots\\ 0 & 0 & 0 & \cdots & a_{i-2} & -1\end{vmatrix}$$
$$=a_i\begin{vmatrix}a_1 & -1 & 0 & \cdots & 0\\ 1 & a_2 & -1 & \cdots & 0\\ 0 & 1 & a_3 & \cdots & 0\\ \vdots & \vdots & \vdots & & \vdots\\ 0 & 0 & 0 & \cdots & a_{i-1}\end{vmatrix}+\begin{vmatrix}a_1 & -1 & 0 & \cdots & 0\\ 1 & a_2 & -1 & \cdots & 0\\ 0 & 1 & a_3 & \cdots & 0\\ \vdots & \vdots & \vdots & & \vdots\\ 0 & 0 & 0 & \cdots & a_{i-2}\end{vmatrix}$$

$$= a_i p_{i-1} + p_{i-2}$$

得证.

同理可证 q_k.

6. 证明　当 $k=2$ 时,则

$$\begin{pmatrix} a_1 & 1 \\ 1 & 0 \end{pmatrix}\begin{pmatrix} a_2 & 1 \\ 1 & 0 \end{pmatrix} = \begin{pmatrix} a_1 a_2 + 1 & a_1 \\ a_2 & 1 \end{pmatrix} = \begin{pmatrix} p_2 & p_1 \\ q_2 & q_1 \end{pmatrix}$$

结论成立.

假设当 $k=i$ 时,即

$$\begin{pmatrix} a_1 & 1 \\ 1 & 0 \end{pmatrix}\begin{pmatrix} a_2 & 1 \\ 1 & 0 \end{pmatrix}\cdots\begin{pmatrix} a_i & 1 \\ 1 & 0 \end{pmatrix} = \begin{pmatrix} p_i & p_{i-1} \\ q_i & q_{i-1} \end{pmatrix}$$

则 $k=i+1$ 时,

$$\begin{aligned} &\begin{pmatrix} a_1 & 1 \\ 1 & 0 \end{pmatrix}\begin{pmatrix} a_2 & 1 \\ 1 & 0 \end{pmatrix}\cdots\begin{pmatrix} a_i & 1 \\ 1 & 0 \end{pmatrix}\begin{pmatrix} a_{i+1} & 1 \\ 1 & 0 \end{pmatrix} \\ &= \begin{pmatrix} p_i & p_{i-1} \\ q_i & q_{i-1} \end{pmatrix}\begin{pmatrix} a_{i+1} & 1 \\ 1 & 0 \end{pmatrix} \\ &= \begin{pmatrix} a_{i+1} p_i + p_{i-1} & p_i \\ a_{i+1} q_i + q_{i-1} & q_i \end{pmatrix} = \begin{pmatrix} p_{i+1} & p_i \\ q_{i+1} & q_i \end{pmatrix} \end{aligned}$$

故结论成立.

习题 7.2

1. 解　$\dfrac{13}{5} = \langle 2,1,1,2 \rangle$.

2. 解　$\sqrt{5} = \langle 2,4,4,4,\cdots \rangle$.

3. 解　$\sqrt{11} = \langle 3,3,6,3,6,3,6,\cdots \rangle$.

4. 解　$\sqrt{23} = \langle 4,1,3,1,8,13,1,8,\cdots \rangle$.

5. 解　计算可知

$$1+\sqrt{5} = \langle 3,4,4,4,\cdots \rangle$$

根据推论 7.2.1,要求 $\dfrac{p_k}{q_k}$ 使得

$$\left| 1+\sqrt{5} - \frac{p_k}{q_k} \right| < \frac{1}{q_k q_{k+1}} \leqslant 10^{-4}$$

由于

$$\frac{p_1}{q_1} = 3,\quad \frac{p_2}{q_2} = \frac{13}{4},\quad \frac{p_3}{q_3} = \frac{55}{17}$$

$$\frac{p_4}{q_4} = \frac{233}{72},\quad \frac{p_5}{q_5} = \frac{987}{305},\quad \frac{p_6}{q_6} = \frac{4181}{1\,292}$$

易知,$\dfrac{233}{72}$ 满足要求.

习题 7.3

1. 解　令 $\alpha = \langle 1,2,1,1,2,1,1,2,1,\cdots \rangle$,则

$$\alpha = 1 + \cfrac{1}{2 + \cfrac{1}{1+\alpha}}$$

即
$$3\alpha^2-2\alpha-3=0$$
所以
$$\alpha=\frac{1+\sqrt{10}}{3}\text{（负根舍去）}$$

2. 解　令 $\alpha=\langle 6,3,6,3,6,3,\cdots\rangle$，则
$$\alpha=6+\cfrac{1}{3+\cfrac{1}{\alpha}}$$
即
$$\alpha^2-6\alpha-2=0$$
所以
$$\alpha=3+\sqrt{11}\text{（负根舍去）}$$

3. 解　$\sqrt{28}=\langle 5,3,2,3,10,3,2,3,10,\cdots\rangle$.

4. 解　$\dfrac{24-\sqrt{15}}{17}=\langle 1,5,2,3,2,3,2,3,\cdots\rangle$.

习题 7.4

1. 解　可知 $\sqrt{73}=\langle 8,\dot{1},\dot{1},\dot{5},\dot{5},\dot{1},\dot{1},\dot{1}\dot{6}\rangle$，循环节长度为 7，方程 $x^2-73y^2=-1$ 最小的正整数解为
$$p_6=1068,\quad q_6=125$$

2. 解　可知$\sqrt{8}=\langle 2,\dot{1},\dot{4}\rangle$，循环节长度为 2，方程 $x^2-8y^2=1$ 最小的正整数解为
$$p_1=3,\quad q_1=1$$

3. 证明　易知
$$r^2-ds^2=1, X^2-dY^2=n$$
将 $Xr+dYs, Xs+Yr$ 代入 $x^2-dy^2=n$ 得
$$\begin{aligned}x^2-dy^2&=(Xr+dYs)^2-d(Xs+Yr)^2\\&=X^2r^2+2XrdYs+d^2Y^2s^2-dX^2s^2-2XrdYs-dY^2r^2\\&=X^2(r^2-ds^2)-dY^2(r^2-ds^2)\\&=X^2-dY^2=n\end{aligned}$$
同理可证，$Xr-dYs, Xs-Yr$ 也是方程 $x^2-dy^2=n$ 的解.

参 考 文 献

胡典顺，徐汉文，2011. 初等数论[M]. 北京：科学出版社.

闵嗣鹤，严士健. 2004. 初等数论[M]. 北京：高等教育出版社.

潘承洞，潘承彪. 2003. 初等数论[M]. 2 版. 北京：北京大学出版社.

于秀源，瞿维建. 2001. 初等数论[M]. 济南：山东教育出版社.

Rosen K H. 2008. 初等数论及其应用[M]. 夏鸿刚，译. 北京：机械工业出版社.

Silverman J H，2009. 数论概论[M]. 孙智伟，等，译. 北京：机械工业出版社.